Gert Lang

Von CIM zur Unternehmensintegration

Anwendungs- und Integrationsmodelle für rechnergestützte Informationssysteme in der Fertigungsindustrie

Mit 153 Abbildungen

Physica-Verlag Heidelberg

Dipl.-Wirtsch.-Ing. Gert Lang
Heidenfeld, Eichenweg 12
D-8721 Röthlein

ISBN-13:978-3-642-93632-6 e-ISBN-13:978-3-642-93631-9
DOI: 10.1007/978-3-642-93631-9

Softcover reprint of the hardcover 1st edition 1991

7100/7130-543210

V o r w o r t

Anwendungs- und Integrationsmodelle - kurz AIM - beschreiben die Struktur und den Integrationsgrad von rechnergestützten Informationssystemen im Unternehmen. Gängige Beispiele für AIM aus dem Bereich der Fertigungsindustrie sind CIM (Computer Integrated Manufacturing) und CIB (Computer Integrated Business).

Für die Entwicklung von Anwendungs- und Integrationsmodellen gibt es für den Praktiker bis heute nur ungenügende Hilfestellung. Diese Modellierungsaufgabe erfaßt das gesamte Unternehmen als wirtschaftliche Einheit, definiert die Einsatzfelder (Funktions-/Tätigkeitsbereiche) für Anwendungs-Software im allgemeinen und führt über die Beurteilung der Realisierungsmöglichkeiten

- Eigenentwicklung
- Fremdentwicklung
- Standard-Software

zu den **Ziel-Einsatzfeldern von Individual- und Standard-Software**. Strukturierungsparameter der Konzeption und Modellierung sind die Organisation des Unternehmens, seine Märkte und Produkte sowie sein technologischer Besitzstand.

Die erfolgreiche Bewältigung der **Konstruktionsphase** integrierter DV-Anwendungsmodelle ist neben der Projektorganisation nahezu ausschließlich die Basis für die erfolgreiche Entwicklung oder Implementierung von Anwendungs-Softwareprodukten. Das vorliegende Buch zeigt die Grundlagen und Lösungsansätze zu dieser zukunftsentscheidenden Aufgabenstellung auf und erläutert anhand von praktischen Fallbeispielen die wesentlichen Einflußparameter.

Schweinfurt, November 1990 Lang Gert

Inhaltsverzeichnis

Einleitung

In den folgenden Ausführungen wird den Leser ein Begriff wie ein roter Faden bis zum Schlußwort begleiten: die Integration.

Der Integrationsgedanke entstand, nachdem die in den 60er und 70er Jahren entwickelten rechnergestützten Anwendungen zwar zunehmend zu leistungsfähigen, dialogorientierten Systemen ausgebaut wurden, diese Systeme aber Anwendungsinseln im Unternehmen blieben. Die Fortschritte in der Rechner-, Kommunikations- und Softwaretechnologie förderten die Idee, größere Anwendungsbereiche software- und hardwaremäßig zu integrieren. Ca. Mitte der 80er Jahre festigte sich ein Integrations-Modell, das die Produktion in den Mittelpunkt stellt: CIM, Computer Integrated Manufacturing oder die rechnerintegrierte Produktion, das PPS-Funktionen und CA-Systeme als **eine** logische Anwendung betrachtet.

Obwohl das CIM-Gedankengut heute noch nicht flächendeckend im Sinne produktiver "CIM-Systeme" realisiert ist, gibt es Ansätze, das **gesamte Unternehmen** zum Betrachtungsobjekt integrierter DV-Anwendungen zu erklären. Diese Ansätze sind - unabhängig von der technischen Realisierbarkeit - wichtig, weil Modell und Konzept zukünftiger DV-Systeme der technologischen Entwicklung vorauseilen müssen, um sie beeinflussen zu können; sie sind weiterhin wichtig, weil bei der Entwicklung von unternehmensindividuellen Anwendungs- und Integrationsmodellen diese Ansätze aufgegriffen werden müssen, um zukunftssichere Strukturen für die mittel-/langfristige DV-Entwicklung zu formulieren.

Sowohl das produktionsorientierte CIM als auch unternehmensorientierte Modelle wie CAI oder CIB sind auf die Fertigungsindustrie oder industrielle Branchen zugeschnitten; das einzelne Unternehmen kann diese globalen Modelle nicht eins zu eins als Anwendungsentwicklungs-Modell übernehmen, sondern muß das **Gedankengut** in die Entwicklung seines individuellen

Anwendungs- und Integrationsmodells einfließen lassen. CIM oder CIB etc. kann man nicht erwerben, man muß es für das jeweils betrachtete Unternehmen erarbeiten.

Ausgehend von den Begriffen "Unternehmen" und "Standard-Software" und den Grundlagen der Integration wird der Leser über die produktions- und unternehmensorientierten Modelle zu einem Anwendungs- und Integrationsmodell geführt, das auch die Entscheidungen für den effizienten Einsatz von Standard-Software unterstützen kann. Den Abschluß bildet die Beschreibung eines Projektes aus der Praxis, das auf der Basis dieses Modells entwickelt und realisiert wurde.

A. Begrifflicher Gültigkeitsbereich und Grundlagen der Integration

Auf den ersten Blick scheint eine Verbindung der Objekte "Unternehmen" und "Standard-(Applikations-)Software" wenig sinnvoll zu sein. Unternehmen sind soziotechnische Gebilde, die durch ihre Märkte, Produkte, Traditionen, das vorherrschende volkswirtschaftliche System, die Gesetzgebung und vor allem durch die dort tätigen Menschen geprägt werden; sie sind so individuell wie ihre Mitarbeiter.

Der Begriff "Standard-Software" vermittelt den Eindruck von genereller Einsatzfähigkeit, z. B. für verschiedene Organisationsstrukturen, verschiedene Hardware-Systeme, verschiedene Branchen, von einem Gut oder einer Ware ohne Verwendungseinschränkung. Dies trifft für normierbare Anwendungsbereiche auch zu (z. B. Tabellenkalkulation, Textverarbeitung, Graphik). Für andere Kategorien von Software-Systemen, z. B. für die Dialogisierung der Kundenauftragsbearbeitung, der Produktionsplanung und -steuerung oder der Konstruktionstätigkeit gibt es sehr wohl Verwendungseinschränkungen bezüglich der am Markt verfügbaren Software-Produkte, da sich die Unternehmen durch ihre Individualität und damit durch ihr Anforderungsprofil sehr stark unterscheiden (Verwendungseinschränkungen liegen vor, wenn der Erfüllungsgrad - bezogen auf das Anforderungsprofil des Unternehmens - durch die Standard-Software kleiner 100 % ist). Die Begriffe "Individual-Software" (Eigenentwicklung/Fremdentwicklung) und "Unternehmen" passen per se besser zusammen.

Daß die Standard-Software trotz moderner leistungsfähiger Software-Produktions-Umgebungen (SPU) und CASE-Tools (CASE = Computer Aided Software Engineering) an Bedeutung gewinnt, zeigt die ständig zunehmende Installationsdichte dieser Systeme. Die Bereitschaft der Unternehmen wächst, vor dem Hintergrund steigenden Konkurrenz- und Kostendruckes Verwendungseinschränkungen in Kauf zu nehmen, wenn dadurch das Realisierungsrisiko gemindert werden kann, der Realisierungszeitraum verkürzt werden kann und/oder nennenswerte Kostenvorteile gegenüber einer Individualentwicklung erzielt werden können. Weitere Gründe können unzureichendes Know How oder unzureichende Personalressourcen im Unternehmen für die notwendigen Eigenentwicklungen sein, vor allem in mittelständischen Unternehmen. Relativ neu für die Entscheidung pro Standard-Software sind die Motive "Integration" und "Homogenisierung" der im Unternehmen eingesetzten Systeme und damit die Ablösung von eigenentwickelten oder zugekauften Insellösungen, um die Schnittstellenproblematik und den Software-Wartungsaufwand wieder beherrschbar zu machen.

Die Grundüberlegung oder bereits die Entscheidung zum Einsatz von Standard-Software darf aber erst zu einem Auswahlprozeß führen, wenn das zukünftige Anwendungs- und Integrationsmodell definiert ist.

1. Begriffsbestimmung "Unternehmen"

WÖHE gliedert "Betriebe" u. a. nach der **Art der erstellten Leistung in Sachleistungsbetriebe** und **Dienstleistungsbetriebe** (vgl. Wöhe, Einführung in die Allgemeine BWL 1975, S. 9 - 14). Funktionsumfang und Struktur integrierter DV-Anwendungen unterscheiden sich bei diesen beiden Betriebstypen erheblich; beispielsweise sind die Funktionen der Produktionsplanung und -steuerung (PPS) bei Dienstleistungsbetrieben in der Regel irrelevant, läßt man die Instandhaltungsaufgaben von Verkehrsbetrieben außer acht. Für die Entwicklung von Anwendungs- und Integrationsmodellen ist deshalb eine Einschränkung des Begriffes Betrieb/Unternehmen angezeigt, wenn die Ausführungen nicht zu allgemein werden sollen.

Die folgenden Ausführungen konzentrieren sich bei den Sachleistungsbetrieben auf Produktionsmittel- und Verbrauchsgüterbetriebe, die in Abb. 1 schraffiert dargestellt sind. Anstelle von "Betrieb" wird in der Folge der Begriff "Unternehmen" gewählt, weil er nach Meinung des Verfassers treffender ist (z. B. unternehmerisches Wagnis und Risiko).

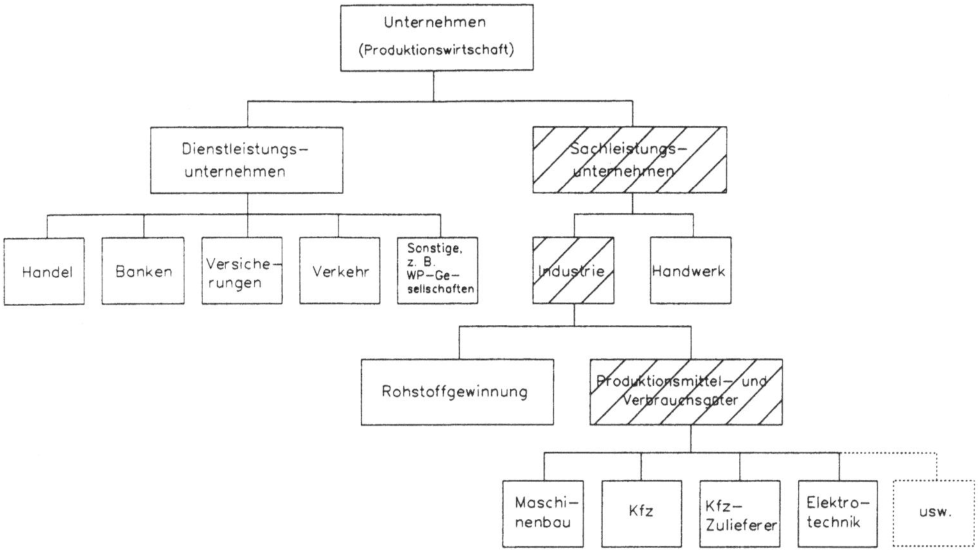

Abb. 1: Gliederung von Unternehmen
in Anlehnung an: Wöhe, Einführung in die Allgemeine BWL 1975, S. 13

2. Begriffsbestimmung "Standard-Software"

Unter Software versteht man die Gesamtheit aller Programme, die einem DV-System seine funktionelle Ablaufsteuerung verleihen. Abb. 2 zeigt eine mögliche Gliederung der Software-Komponenten, in der die Verarbeitungsprogramme und hier wiederum die Anwendungsprogramme im Rahmen dieses Buches wesentlich sind. Anwendungsprogramme können in Eigenentwicklung produziert werden, bei einem Dritten in Auftrag gegeben werden (Fremdentwicklung) oder als Standard-Anwendungsprogramme zugekauft werden. Eigen- und Fremdentwicklung werden häufig auch als Individualentwicklung bezeichnet (Ergebnis: Individual-Software), die Standard-Anwendungsprogramme sollen im folgenden kurz "Standard-Software" genannt werden.

. Verarbeitungsprogramme
.. Anwendungsprogramme
.. Übersetzer
... Assemblierer
... Kompilierer
... Interpretierer
.. Dienstprogramme
. Systemprogramme (Betriebssystem)
.. Betriebsorganisationsprogramme
... Einleitendes Ladeprogramm
... Supervisor
... Zugriffsmethoden
... Datenbankroutinen
... Datenkommunikationsroutinen
... Auftragssteuerung
.. Betriebsverwaltungsprogramme
... Programmbinder
... Bibliotheksführung

Abb. 2: Software-Komponenten
aus: Ganzhorn, Schulz, Walter, Datenverarbeitungssysteme 1981, S. 50

HORVATH/PETSCH/WEIHE führen aus, daß der Begriff "Standard-Software" in der Literatur nicht einheitlich verwendet wird. Sie legen - neben der generellen Einsatzfähigkeit - u. a. folgende Merkmale für die Charakterisierung zugrunde:

". Übernahme einer definierten Funktion, einer Problemlösung;
. klare Fixierung und Minimierung der organisatorisch-systemtechnischen Anpassung in zeitlichem und mengenmäßigem Aufwand;
. eindeutige Festpreisformulierung und -garantie für die komplette, problemlose Integration der Software in das ADV-System des Anwenders mit Erfüllung aller notwendigen Zusatzleistungen." (Horvath/Petsch/Weihe, Standard-Anwendungssoftware für das Rechnungswesen 1986, S. 6).

Die **generelle** Einsatzfähigkeit von Standard-Software für verschiedene Unternehmen bzw. sogar Branchen ist nach Meinung des Verfassers zu relativieren. Im einzelnen sprechen dafür folgende Gründe:

- Verschiedene Unternehmen/Branchen
  Anwendungsbereiche wie die Finanzbuchhaltung (die als externes Rechnungswesen gesetzgeberischen Normierungen unterliegt), die Bürokommunikation oder diverse PC-Anwendungen können in hohem Maße standardisiert werden; logistische Anwendungsbereiche wie Vertrieb und PPS lassen sich sehr schwer standardisieren, da es hier bezüglich der Anforderungen zwischen Unternehmen selbst einer Branche sehr starke Unterschiede gibt, z. B. für den Einmal-, Einzelfertiger, Variantenfertiger oder Serienfertiger. Die Chance, ein passendes Standard-Softwareprodukt für die Finanzbuchhaltung zu finden, ist demzufolge relativ gut; die Chance, ein passendes Logistik-Softwarepaket zu finden, das ohne nennenswerte Adaption/Modifikation eingesetzt werden kann, ist relativ gering!

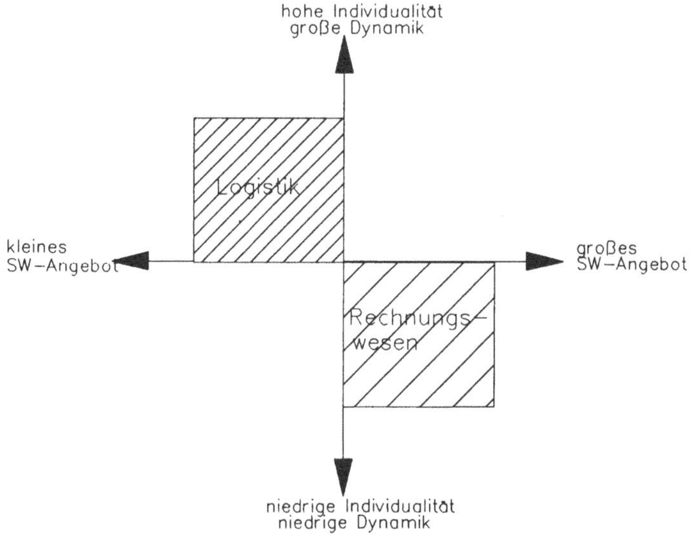

Abb. 3: Marktbetrachtung Standard-Software

aus: Fagenzer, Zukunftsweisende Logistiksoftware-Konstruktion 1989, S. 647

- Verschiedene Hardware-Systeme
  Die meisten Standard-Systeme laufen auch heute in der Regel nur auf der Hardwarefamilie, auf der sie entwickelt wurden.

- Verschiedene Organisationsstrukturen
  Der signifikanteste Einflußfaktor auf die Organisationsstruktur (und deren Komplexität) ist die Größe des Unternehmens. Demzufolge werden Standard-Pakete für große Host-Systeme, für Anlagen der Mittleren Datentechnik und für Micro-Systeme angeboten. Innerhalb dieser Kategorien kann Standard-Software unterschiedlichen Organisationsstrukturen gerecht werden, aber nicht generell allen größen- und produktabhängigen Organisationsstrukturen.

Der Begriff "Standard-Software" trifft im logistischen Anwendungsbereich auch für solche Produkte zu, die sich auf die spezifischen Anforderungen stark vergleichbarer Unternehmen spezialisiert haben und dort potentiell mehrfach einsetzbar sind. Die Charakterisierung von Standard-Software muß für komplexe Anwendungssysteme im betriebswirtschaftlich-planerischen oder technischen Bereich neben der Applikation und der Preisgestaltung auch den Applikations-Anbieter und die Basis-Software mit einbeziehen. Wesentliche Merkmale einer umfassenderen Charakterisierung sind:

2.1 Applikations-Software

Sie soll eine definierte Funktion bzw. einen oder mehrere Funktionsbereiche übernehmen und eine Problemlösung anbieten (vgl. Horvath/Petsch/Weihe, Standard-Anwendungssoftware für das Rechnungswesen 1986, S. 6).

Die Auslieferversion der Software muß auch in Quell-Code möglich sein; damit kann sich ein Anwender ein Standard-Produkt kaufen und die Weiterentwicklung selbst betreiben.

Der DV-technische Aufbau soll den Anforderungen genügen:
- Nutzungsmöglichkeit als Mandantensystem (mehrere rechtlich selbständige Unternehmen können die gleiche Software nutzen);
- modularer Aufbau der Software-Komponenten, um sukzessive implementieren zu können;

- integrierte Aktions- und Trigger-Funktionen.

Individualisierungsmöglichkeiten des Systems sollen in hohem Maße durch eine komfortable Parametrierbarkeit (nicht Programmieren, sondern durch Tabellenanpassung) gegeben sein; eine Endbenutzersprache für ad hoc-Auswertungen sollte vorhanden sein; das System sollte durchgängig in einer Software-Entwicklungssprache codiert sein.

Die **Benutzeroberfläche** soll einheitlich sein und durch Help-Funktionen, On line-Dokumentation und Menue-Technik unterstützt werden. Die **Portabilität** muß zumindest auf allen Hardware-Systemen eines (großen) Herstellers gegeben sein.

Für den **Datenschutz** werden Änderungsberechtigungen, Zugriffsberechtigungen und der Nachweis von Zugriffsversuchen erwartet.

Schnittstellen zu Umsystemen sollen angeboten werden können, z. B. PC-Host-Verbindung, DFÜ-Schnittstelle, Schnittstelle zu CAD.

2.2 Applikations-Anbieter

Der Anbieter sollte ein zukunftssicheres und vertrauenerweckendes **Profil** haben, weil durch ihn die **mittel-/langfristige Tragfähigkeit der Anwendungen** bestimmt wird (vgl. Lang, Auswahl von Standard-Applikations-Software 1989, S. 115).

Die **Entwicklung** sollte im jeweiligen Sprachraum liegen (Dokumentation!).

Die **Einflußmöglichkeit** des Anwenders auf laufende Entwicklungen sollte selbstverständlich sein, gemeinsame Entwicklungen (Anwender - Anbieter) und Projekte, die für den Anwender wichtig sind, sollten möglich sein.

Das **Service-Konzept** sollte Merkmale aufweisen wie:

- Hot-line-Telefondienst;
- Fehler-Informationsdatenbank;
- Fernwartung/-diagnose.

Der nächste Stützpunkt sollte idealerweise in der Nähe des Anwender-Standortes liegen.

Ein **Wartungsvertrag** für die Anwendungen sollte geschlossen werden können; die Weiterentwicklung des Systems soll durch periodische **Releases** erfolgen, die ausreichend dokumentiert sind. Migrations-Tools (Einsatzhilfen) wären von Vorteil. Die Wartung deckt die Funktionsänderungen bzw. -ergänzungen ab, die extern gefordert werden (Änderungen im Sozialversicherungsrecht, in der Steuergesetzgebung, in den Tarifverträgen etc.).

Der Anbieter leistet bei Bedarf **Projektmanagement-Unterstützung** und gewährt **ausreichende Produktberatung**. Er schult bei Bedarf die Projektgruppe bzw. die Anwender Inhouse (beim Anwender) und hat ausreichende **Schulungskapazitäten** bei sich selbst.

2.3 Basis-Software

Durch die Basis-Software wird die **Wartbarkeit** und **Anpassungsfähigkeit** der Standard-Software bestimmt (vgl. Lang, Auswahl von Standard-Applikations-Software 1989, S. 116). Die **Datenbasis** soll einheitlich sein, der Automatisierungsgrad hinreichend und der Aufwand für die Verwaltung möglichst gering.

Die **Programmiersprache** sollte anwenderfreundlich sein (4. Generation), die Integration zum Data Dictionary vorhanden.

Das **Data Dictionary** verwaltet
- Daten- und Maskendefinitionen,
- Prozeduren,
- Programme,

- Nachrichten,
- Prüfregeln,
- Zugriffsberechtigungen.

2.4 Preise/Kosten

Lizenzgebühren, Wartungskosten, Schulungspreise, Kostensätze für Produktberatung/Projektmanagement und einmalige Installationskosten sollten aus einer Preisliste hervorgehen.

Bei Projekten, bei denen der Anbieter im Auftrag und für den Anwender das Standard-System anpaßt/ergänzt und dann gemeinsam mit dem Anwender implementiert, runden die Merkmale "Festpreisformulierung und -garantie" und "komplette Integration in das DV-System des Anwenders" die Charakterisierung ab (Horvath/Petsch/Weihe, Standard-Anwendungssoftware für das Rechnungswesen 1986, S. 6). Diese Kriterien erhalten besonderes Gewicht, wenn man bedenkt, daß bei dieser Strategie des Software-Einsatzes - die letztlich eine Abkehr von der Standard-Lösung bedeutet - die Modifikationskosten ein Mehrfaches des Preises für das Standard-System betragen können. MARKMILLER hat in einem Projekt, wo die Entscheidung für eine "Logistik-Software" zu treffen war, die Erfahrung gemacht, daß sich die Angebote für Modifikationen zwischen dem 1,2- und 3fachen der Angebote für die Standard-Software bewegten oder anders ausgedrückt: zwischen 2 und 3 Mio. DM! (vgl. Markmiller, Erfahrungen eines Zulieferunternehmens bei der Suche nach Logistik-Software 1988, S. 601).

3. Grundlagen der Integration

Unter Integration versteht man gängigerweise die (Wieder-) Herstellung eines Ganzen bzw. einer Einheit oder die Eingliederung in ein größeres Ganzes.

In der Informations- und Kommunikationstechnik hat die Herstellung eines einheitlichen Ganzen eine zentrale Bedeutung, da - historisch bedingt - die DV-Systeme der meisten Unternehmen eine Summe von "Insellösungen" darstellen, die aus unterschiedlichsten Gründen integriert werden **müssen** (Kosten- und Zeit-Kriterien). Das Entstehen von Insellösungen wird auch heute noch durch die im Unternehmen üblichen Funktions-Hierarchien und -Teilungen gefördert, aber die mittlerweile gegebenen technischen Möglichkeiten der Integration als auch eine sich ändernde Grundeinstellung von Anwender und DV-Abteilung wirken hier glücklicherweise gegenläufig.

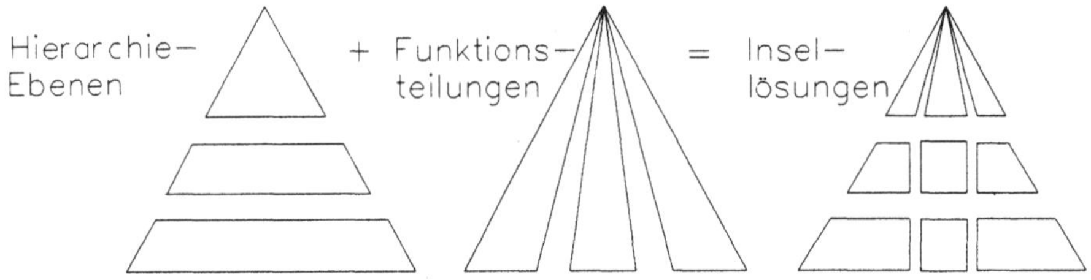

Abb. 4: DV-Systeme als Insellösungen

Ziel ist es, die Vielzahl von heterogenen Anwendungssystemen, Rechnern und Netzen so zu gestalten oder zu verbinden, daß sie aus Sicht des Anwenders wie **ein** homogenes System wirken.

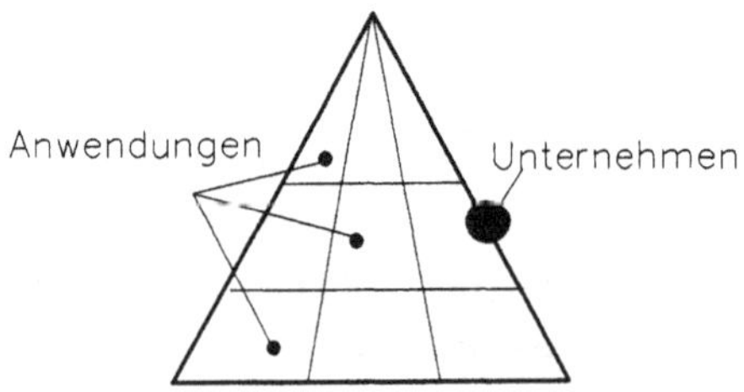

Abb. 5: Integriertes System als Zielvorstellung

3.1 Tendenzen und Möglichkeiten der Verteilung von Daten und Funktionen

Von den Anfängen der EDV bis ca. Ende der 70er Jahre war die Datenverarbeitung überwiegend **zentral** organisiert; wesentliche Merkmale dieser Organisation waren

- das Rechenzentrum wurde als "Closed Shop" betrieben, Mitarbeiter in weißen Mänteln übernahmen das Operating der immer größer und leistungsfähiger werdenden Host-Rechner;

- die Endgeräte (Terminals) für die ersten Dialog-Anwendungssysteme verfügten über keine eigene "Intelligenz"; sie waren in Sternverkabelung mit dem zentralen Host-System verbunden;

- die Entwickler von Anwendungsprogrammen waren meist auf wenigstens zwei Organisationseinheiten aufgeteilt: für kommerzielle Anwendungen war eine Organisationseinheit im Bereich der - kaufmännischen - Verwaltung angesiedelt, in dem die ersten DV-Anwendungen überhaupt entstanden (z. B. für Personal- und Materialabrechnung ab Mitte der 50er Jahre); für technische Anwendungen, die sich später entwickelten (CAD/CAE ab Mitte der 70er Jahre), wurde in der Regel eine Organisationseinheit im Bereich Technik/Produktion gebildet. In den meisten Fällen führte dies auch zur Einrichtung eines zweiten - technischen - Rechenzentrums.

Die zentralisierte Form der DV-Organisation und -Systeme zeigte insbesondere seit Beginn der 80er Jahre Begleiterscheinungen wie Inflexibilität und Anwendungsentwicklungsstaus, die zunächst in die unkontrollierte, teilweise konzeptlose Flucht des Anwenders in die PC-Welt führten. Parallel mit der Entwicklung des CIM-Gedankengutes erfolgte die Erarbeitung der Grundlagen für Anwendungssysteme, die auf mehrere Rechner verteilt sind; dies war der Durchbruch für die **systematische Dezentralisierung**.

3.1.1 Rechnerhierarchien/Denzentralisierung

In jedem Unternehmen existieren Hierarchie-Ebenen unterschiedlicher Anzahl. Auf jeder Ebene können die Funktionen definiert werden, die DV-gestützt ablaufen sollen. Dadurch entstehen Funktions-Cluster (Module), die ebenfalls hierarchisch aufeinander aufbauen. Diese Cluster können in der entstandenen Form - oder nach vorheriger Zusammenfassung von Clustern einzelner Stufen - dedizierten Rechnern zugeordnet werden. Es entstehen Rechnerhierarchien für verteilte Systeme, die bis an den Arbeitsplatz des Endanwenders dezentralisiert sind. Spekulative und technische Argumente für diese Verteilung sind:

Spekulativ	Technisch
a) Die reale Welt ist nicht zentralistisch ausgerichtet, sondern eher dezentral. Verteilte Systeme entsprechen daher mehr der Realität. b) Ein gigantisches Zentralsystem bringt eine Bürokratie mit sich, die Produktivität und Kreativität lähmen. c) Die Komplexität ist ab einer bestimmten Größe nicht mehr beherrschbar. ein verteiltes System verspricht mehr Überschaubarkeit. d) Einen Ausfall der Hardware oder der Software kann ein verteiltes System besser verkraften. e) Es besteht ein starker Wunsch nach mehr Eigenverantwortung.	a) Die Kosten für zentrale Systeme steigen überproportional zur Leistung. b) Bei verteilten Systemen besteht die Möglichkeit, die Leitungskosten zu senken. c) Die Leistungsfähigkeit eines Rechners ist prinzipiell begrenzt und kann nicht, auch nicht kurzfristig, überzogen werden. d) Bestimmte Funktionen und Daten müssen 24 Stunden zur Verfügung stehen. e) Mit einer persönlich zugeordneten Hardware (Workstation) lassen sich völlig andere Benutzeroberflächen realisieren. f) Der graphische Arbeitsplatz fällt mit seinem Leistungsbedarf so aus dem Rahmen, daß er nicht mehr kostengünstig auf einem Zentralrechner realisiert werden kann.

Abb. 6: Spekulative und technische Argumente zu verteilten Systemen

In Anlehnung an: Plattner, Nur Standards können aus der Misere führen 1989

Eine zweistufige Rechnerhierarchie stellt beispielsweise eine Host-Workstation-Konfiguration dar, die um Server ergänzt werden kann. Server ermöglichen die gemeinsame Nutzung von Platten oder Druckern (File- und Print-Server) durch mehrere PCs oder Workstations. Diese Konfiguration ist häufig im Funktionsbereich CAD, Werkstattsteuerung (graphischer Leitstand) oder Bürokommunikation zu finden.

Eine sechsstufige Hierarchie definiert SCHEER im Zusammenhang mit CIM am Beispiel eines Industriekonzerns mit den Hierarchie-Stufen:

- Konzern-Ebene,
- Produktbereichs-Ebene,
- Werks-Ebene,
- Bereich/Betriebsmittelgruppen-Ebene,
- Betriebsmittel-Ebene,
- Betriebsmittelkomponenten-Ebene.

Er gibt dazu folgende Erläuterungen (Scheer, CIM Computer Integrated Manufacturing 1987, S. 77 - 80):

"Typisch für die hierarchische Struktur ist, daß jede Einheit einer Ebene mehrere Einheiten der direkt untergeordneten Ebene koordiniert (Baumstruktur). Werke können für mehrere Produktbereiche tätig sein, so daß hier mehrere Pfeile einmünden. Alle Pfeile charakterisieren eingehende und abgehende Informationswege. In Abb. 7 sind wesentliche computerunterstützte Funktionen aus den CIM-Bereichen PPS, Konstruktion und Fertigung eingetragen.

Der **Konzern-Ebene** sind strategische Planungsfunktionen zur Festlegung der Produkt- und Produktionsstrategie zugeordnet. Gleichzeitig werden hier übergreifende betriebswirtschaftliche Funktionen wie Zahlungsausgleich, Lohn- und Gehaltsrechnung und das Controlling angesiedelt. Es kann sinnvoll sein, auch den Einkauf wegen seiner übergreifenden Funktion zentral zu bearbeiten. Als wesentliche Grunddaten werden Personaldaten, Kreditoren und Debitoren benötigt. Gleichzeitig

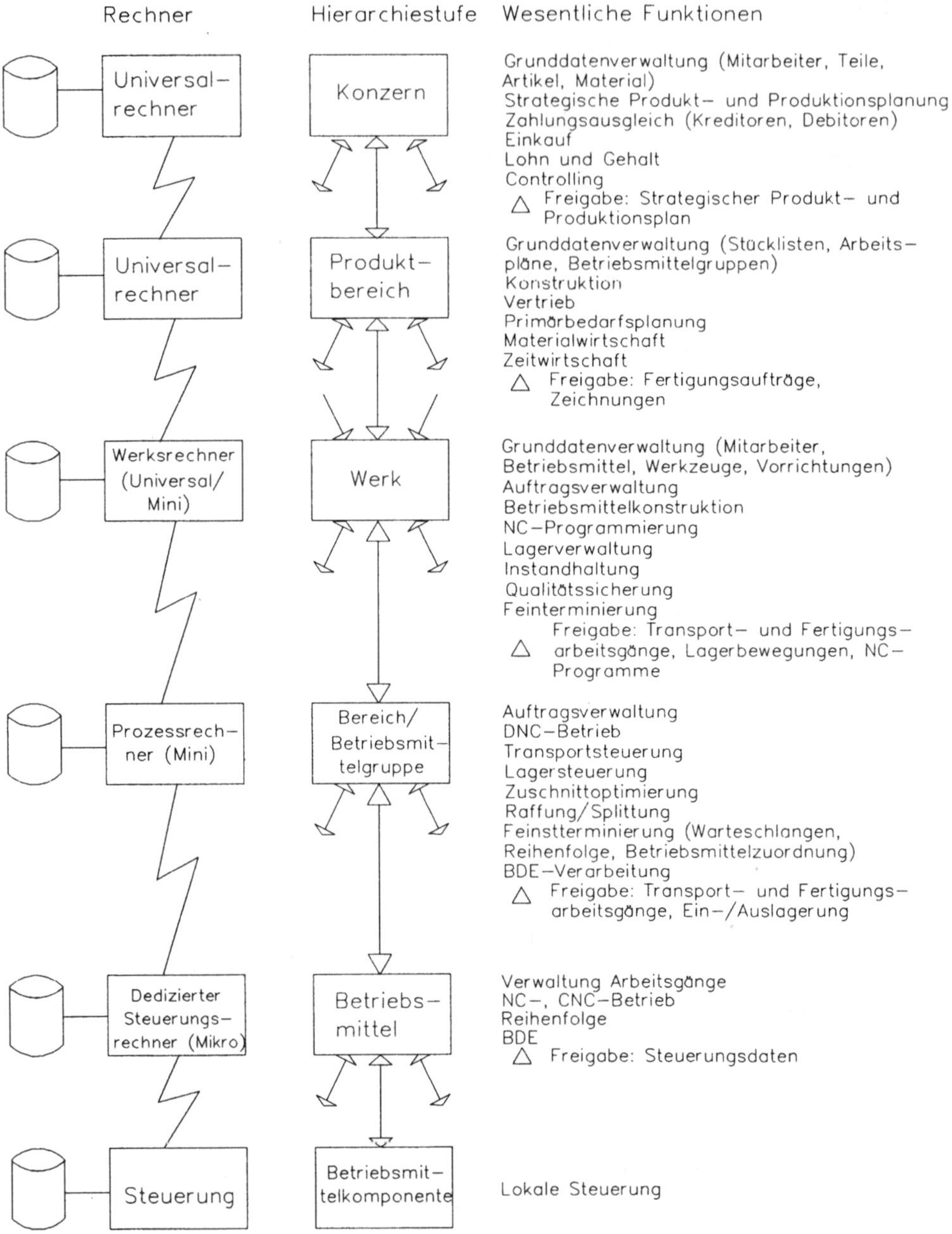

Abb. 7: Funktions- und Rechnerhierarchie eines Industrie-Konzerns

aus: Scheer, CIM Computer Integrated Manufacturing 1987, S. 78

werden auch Artikel- und Materialdaten zentral geführt. Aufgrund des mehr administrativen Charakters der Funktionen sind auf der Konzern-Ebene Universalrechner mit der Fähigkeit zur Verwaltung großer Datenbanken erforderlich.

Für CIM wesentliche Ergebnisdaten, die an die nächste Hierarchiestufe weitergegeben werden, sind der strategische Produkt- und Produktionsplan.

Auf der Ebene der **Produktbereiche** werden die Grunddaten für Stücklisten, Arbeitspläne und Betriebsmittel verwaltet. Als technisch orientierte Funktion ist die Konstruktion (CAD) zugeordnet. Die mehr PPS-orientierten Funktionen dieser Ebene sind der Vertrieb, die Primärbedarfsplanung sowie die Material- und Zeitwirtschaft. Die für den Bereich PPS benötigten EDV-Leistungen werden wiederum von Universalrechnern gedeckt. Für CAD-Funktionen können zusätzlich dedizierte Rechner oder Workstations, die mit dem Universalrechner verbunden sind, eingesetzt werden.

Ergebnisse dieser Ebene sind freigegebene Fertigungsaufträge sowie freigegebene Zeichnungen (Konstruktionen).

Auf der **Werks-Ebene** werden die von der Material- und Zeitwirtschaft freigegebenen Fertigungsaufträge verwaltet. Typische Stammdatenbestände, die auf Betriebs-Ebene verwaltet werden, sind Werkzeug- und Vorrichtungsdaten sowie Mitarbeiterdaten. Als mehr technisch orientierte EDV-Funktionen können die Konstruktion von Betriebsmitteln, die NC-Programmierung, die Steuerung der Instandhaltung und die Qualitätssicherung dieser Ebene zugeordnet werden. Gleichzeitig können Lagersysteme eingerichtet sein. Aus dem Bereich der Produktionsplanung und -steuerung werden die Feinterminierung der übernommenen Aufträge und damit verbundene Zuordnungsprobleme auf unterschiedliche betriebliche Teilbereiche vorgenommen. Die genannten Funktionen können zum Teil auf Universalrechnern (bei CAD unter Einsatz von zusätzlichen Workstations oder dedizierten Rechnern) durchgeführt werden. Bei einer engen zeitlichen Kopplung an darunterliegende Betriebsprozesse kann aber auch der Einsatz von mehr prozeßrechnerorientierten Werksrechnern sinnvoll sein.

Ergebnis der Werks-Ebene sind freigegebene Fertigungsaufträge auf der Basis von Arbeitsgängen, freigegebene Transportaufträge und freigegebene NC-Programme.

Innerhalb eines Werkes können unterschiedliche **Fertigungsbereiche** definiert sein. Hier ist gerade unter Beachtung neuer Trends der Fertigungs**dezentralisierung** mit einem **Anwachsen sich selbst regelnder Teilbereiche** zu rechnen. Hierzu gehören flexible Fertigungssysteme, Fertigungsinseln, Kanban-Straßen, Bearbeitungszentren, Montageinseln usw. Auch hier müssen zunächst die übernommenen Aufträge verwaltet werden. Gleichzeitig können auch für Spezialwerkzeuge Stammdaten geführt werden. Als mehr technisch orientierte Funktionen sind der DNC-Betrieb sowie die Steuerung von bereichsweisen Transport- und Lagersystemen zu nennen. Aus dem Bereich PPS sind Zuschnitts- und Optimierungsprobleme, die Feinsttermininierung der Arbeitsgänge unter Beachtung von Raffung und Splittung sowie die Reihenfolgebestimmung und Betriebsmittelzuordnung wesentlich. Gleichzeitig können Betriebsdatenerfassungsfunktionen durchgeführt werden. Aufgrund der Nähe zur Fertigungs-Ebene sind Rechner (Prozeßrechner) mit hoher Verfügbarkeit und zum Teil Real-time-Fähigkeit sowie der Anschließbarkeit unterschiedlicher peripherer Geräte erforderlich.

Ergebnis dieser Hierarchie-Ebene sind freigegebene Aufträge an konkrete Betriebsmittel mit der Detaillierung Arbeitsgänge, konkrete Transportaufträge usw.

Auf der Ebene der **Betriebsmittel** werden die auszuführenden Arbeitsgänge verwaltet. Als technische Funktionen sind der NC- und CNC-Betrieb vorzunehmen. Bei einem direkten Abtasten von Wiege- und Zählvorgängen können Betriebsdaten direkt aus den Steuerungen entnommen werden. Für die Steuerungsfunktionen sind dedizierte Steuerungen und in zunehmenden Maße auch Mikrocomputer zu deren Versorgung einzusetzen.

Ergebnis dieser Hierarchiestufen sind konkrete Steuerungsanweisungen an Betriebsmittelkomponenten.

Auf der Ebene der **Betriebsmittelkomponenten** werden dedizierte Steuerungen eingesetzt, die z. B. auf einem Wagen innerhalb eines fahrerlosen Transportsystems ständig Kollisionsprüfungen vornehmen.

Die dargestellte Funktionszuordnung auf Unternehmens- und Rechnerhierarchien kann nur ein Beispiel sein. Sie ist aber so gewählt worden, daß ein möglichst weiter Bereich von Anwendungen abgedeckt wird und die wesentlichen Argumente bezüglich Rechner- und Datenverfügbarkeit berücksichtigt werden. Sie kann deshalb als Anregung für eine unternehmensinterne Diskussion derartiger Zuordnungsfragen dienen."

Da die in Abb. 7 entwickelte Hierarchie gegenwärtig noch kaum implementiert ist, wurde auch die Frage einer standardisierten Modularisierung der Funktionen noch wenig diskutiert. Die einzelnen Ebenen können als Funktionsschichten betrachtet werden, die von übergeordneten Schichten übernommene Eingangsdaten durch Planungs- und Steuerungsfunktionen transformieren und an untergeordnete Schichten weitergeben; im umgekehrten Weg werden Rückmeldungen aus untergeordneten Schichten aufgenommen, transformiert und an übergeordnete Schichten weitergeleitet (Abb. 8). Die untergeordnete Ebene kann jeweils so lange eigenverantwortlich Steuerungsfunktionen durchführen, wie sie die von der höheren Schicht erhaltenen Eckdaten nicht verletzt.

Eindeutige und einfache Hierachiewege sichern den kontrollierten Informationsfluß. Es muß jedoch zulässig sein, daß definierte Daten mehrere Hierarchiestufen überspringen können, anstatt von Stufe zu Stufe weitertransportiert zu werden (vgl. Scheer, CIM Computer Integrated Manufacturing 1987, S. 81).

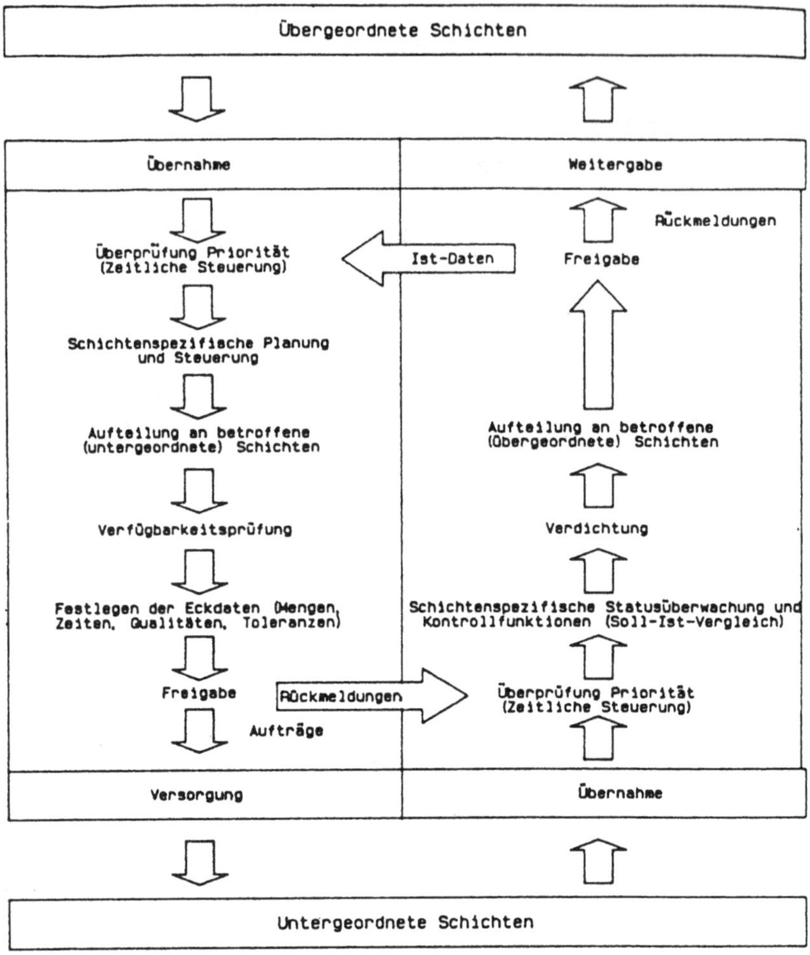

Abb. 8: Modularisierung der Funktionen einer CIM-Hierarchie

aus: Scheer, CIM Computer Integrated Manufacturing 1987, S. 81

3.1.2 Technische Möglichkeiten der Verteilung und Integration

Das Problem der Verteilung und Integration von Anwendungen existierte bereits bei den Zentralrechner-Lösungen, allerdings nicht über Rechnergrenzen hinweg. Die Insellösungen waren auf dem Host nebeneinander mit eigenen Datenbasen implementiert, beim Datenaustausch zwischen den Anwendungssystemen waren Formatumwandlungen üblich, aber die Anpassung an die Konventionen eines anderen Rechners für Datenübertragung und rechnerinterne Darstellung war nicht notwendig.

In der Funktions- und Rechnerhierarchie, in der spezialisierte Rechner auf den jeweiligen Stufen - Universalrechner, Minis, Micros - einen definierten Teil der Gesamtaufgaben in Funktionsschichten übernehmen, müssen die Rechner anwendungsmäßig miteinander verbunden werden. Dazu gibt es die im folgenden beschriebenen Möglichkeiten (vgl. Plattner, Nur Standards können aus der Misere führen 1989):

3.1.2.1 Periodischer Austausch von Stamm- und Bewegungsdaten

Die Anwendungen sind völlig unabhängig voneinander und besitzen jeweils ihre eigenen Datenbestände. In periodischen Abständen findet ein vordefinierter Austausch von Daten statt. Ob die Daten über Datenfernübertragung oder physische Datenträger ausgetauscht werden, ist im Prinzip unerheblich. In der Regel müssen die Datenformate beim Übergang auf den jeweils anderen Rechner umgesetzt werden. Der periodische Datenaustausch setzt der Aktualität der Daten natürliche Grenzen. Dennoch ist diese Art der Kopplung sicher die am weitesten verbreitete.

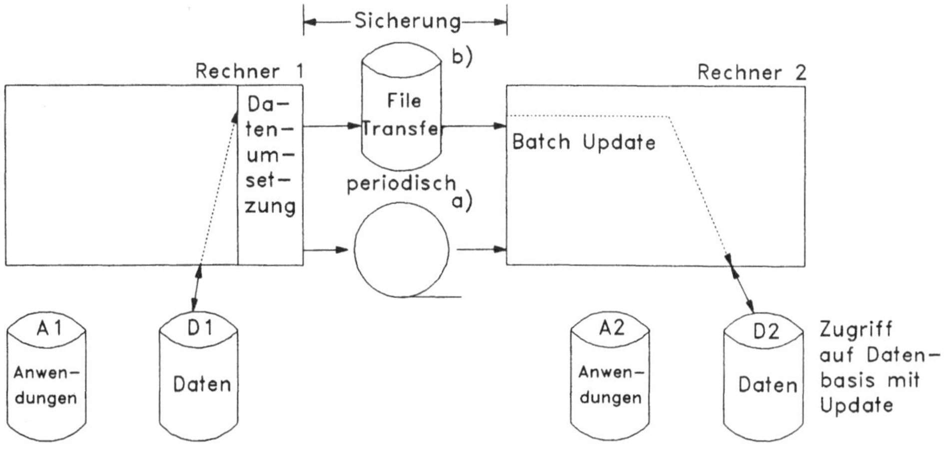

Abb.9: Periodischer Austausch von Stamm- oder Bewegungsdaten

Wenn sowohl Rechner 1 als auch Rechner 2 beide Formate verarbeiten kann, ist es irrelevant, wo die Umsetzung erfolgt. Es muß lediglich definiert sein.

Ein gängiges Beispiel für diese Form des Datenaustausches ist eine dominierende Materialstammdatei in einem Produktbereich für mehrere Werke (abhängige Systeme). Änderungen in der dominierenden Datei werden z. B. täglich in die abhängigen Systeme synchronisiert.

3.1.2.2 Periodischer Austausch von Transaktionsdaten

Beim **periodischen Austausch von Transaktionsdaten** werden die Daten nicht auf der Basis der abgespeicherten Datenbestände, sondern in Form von Transaktionsdaten ausgetauscht. Die Systeme informieren einander, welche Transaktionen mit welchen Daten abgelaufen sind. Besitzen die beteiligten Anwendungssysteme entsprechende Schnittstellen für die transaktionsweise Datenübernahme bzw. -weitergabe, kann schon eine **relativ intelligente Kopplung** aufgebaut werden. Jeweils der Empfänger von Daten ist für ihre ordnungsgemäße Verarbeitung verantwortlich. Im Falle von nicht verarbeitbaren Daten muß in der Regel manuell eingegriffen werden. Ein typisches Beispiel hierfür sind die Datenaufnahmeschnittstellen von Standardsystemen in der Finanzbuchhaltung. Auch bei dieser Variante liegt das Problem in der Datenumsetzung. Zwei voneinander unabhängig entwickelte Anwendungssysteme haben mit größter Wahrscheinlichkeit unterschiedliche Datendefinitionen für gleiche Begriffe. Will man Systeme auf diese Weise koppeln, muß man sowohl die Datendefinitionen des Senders als auch die des Empfängers im Detail kennen.

Anmerkung:

Die Transaktionsdaten werden in der Regel als Journal- oder Protokolldaten im sendenden Rechner (R1) verwaltet. Bei der Datenaufbereitung und -umsetzung für die Übermittlung an R2 müssen u. U. unveränderbare Daten (z. B. für den Maskenaufbau) aus D1 hinzugemischt werden; es ist sowohl die Transaktions- als auch die Datenstruktur zu beachten (in der Regel nicht identisch). Die abgelaufene Transaktion A1 auf R1 ist bei der Übermittlung auf R2 nicht aktiv.

Fehler, die in R2 bereinigt werden (manuell) und Auswirkungen auf R1 haben, müssen entweder nach R1 rücksynchronisiert werden oder manuell in R1 berichtigt werden.

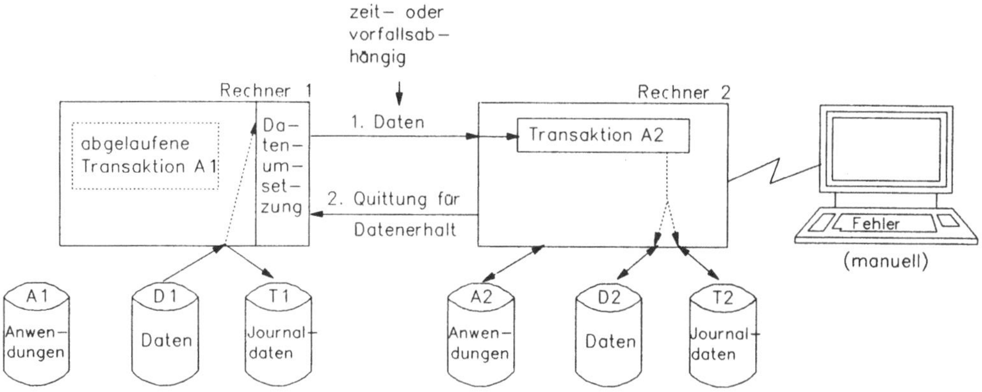

Abb. 10: Periodischer Austausch von Transaktionsdaten

3.1.2.3 Transaktionsdatenaustausch mit festem Protokoll

Die im vorhergehenden Abschnitt geschilderte Form des Datenaustausches kann für eine Reihe von Fällen genormt und über feste Protokolle abgewickelt werden. In diesem Fall einigen sich Sender und Empfänger über die Struktur der auszutauschenden Informationen. Es ist klar, daß Änderungen dieser festen Protokolle immer problematisch sein müssen. Deshalb ist die Anwendung auf bestimmte Fälle beschränkt, wie Bankdatenaustausch, Platzbuchungssysteme, Betriebsdatenerfassung usw.

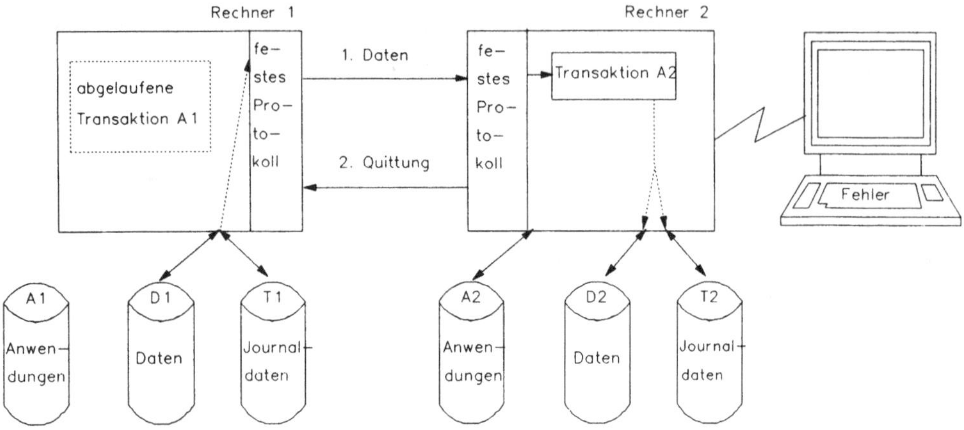

Abb. 11: Transaktionsdatenaustausch mit festem Protokoll

3.1.2.4 Transaktionsdatenaustausch mit Data Dictionary (DD) und Electronic Data Interchange (EDI)

Eine erhebliche Verbesserung des transaktionsweisen Datenaustausches kann über die Einführung eines allgemeinen Data Dictionary erreicht werden. Alle Datenfelder, die ausgetauscht werden können, müssen in einem DD definiert werden. Die Struktur der Nachrichten wird durch eine feste Syntax bestimmt und die maximalen Inhalte im DD beschrieben. Codiert ein Sender transaktionsorientierte Daten in der vorgeschriebenen Weise, kann jeder beliebige Empfänger sie mit Hilfe des allgemeinen DD wieder decodieren und in seine eigenen Datenformate überführen. Der Vorteil liegt in der völligen Entkopplung von Sender und Empfänger bezüglich der Datenstrukturen. Dem elektronischen Datenaustausch (EDI) gehört die Zukunft. Nicht nur zwischen verschiedenen Firmen, sondern auch innerhalb einer Firma, beim Übergang von einem Rechner auf einen anderen, bietet ein Nachrichtenformat, das unabhängig von Sender und Empfänger definiert wurde, große Vorteile.

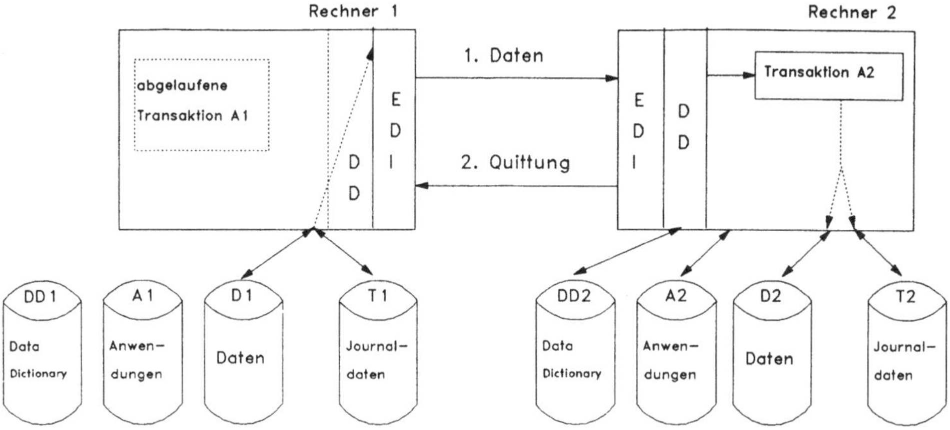

Abb. 12: Transaktionsdatenaustausch mit Data Dictionary und EDI

Der Transaktionsdatenaustausch mit DD und EDI erlaubt in einfacher Weise die Umkehrung der Kommunikationsrichtung (von R2 an R1).

3.1.2.5 Verteilung von Daten mit einem File Management System (FMS)

Ein **File Management System ermöglicht den direkten Zugriff lesender und schreibender Art auf Datenbestände, die auf mehreren Rechnern verteilt liegen.** Die Struktur der Daten ist nur den Anwendungsprogrammen bekannt. Das FMS hat nur Kenntnis über den Primärschlüssel. Die Entkoppelung der Anwendungsprogramme von der abgespeicherten Datenstruktur wird in Standardsystemen durch die Einführung einer Datenbankschnittstelle erreicht. Diese Datenbankschnittstellen basieren auf dem Data Dictionary des Anwendungssystems und arbeiten heute in den meisten Fällen bereits feldorientiert. Soll anders als über den Primärschlüssel zugegriffen werden, muß das Anwendungssubsystem entsprechende Indices verwalten. Auf dieser Technik beruhen heute die meisten Standardanwendungen, und eine Verteilung von Daten mit Hilfe des FMS wäre durchaus **denkbar.**

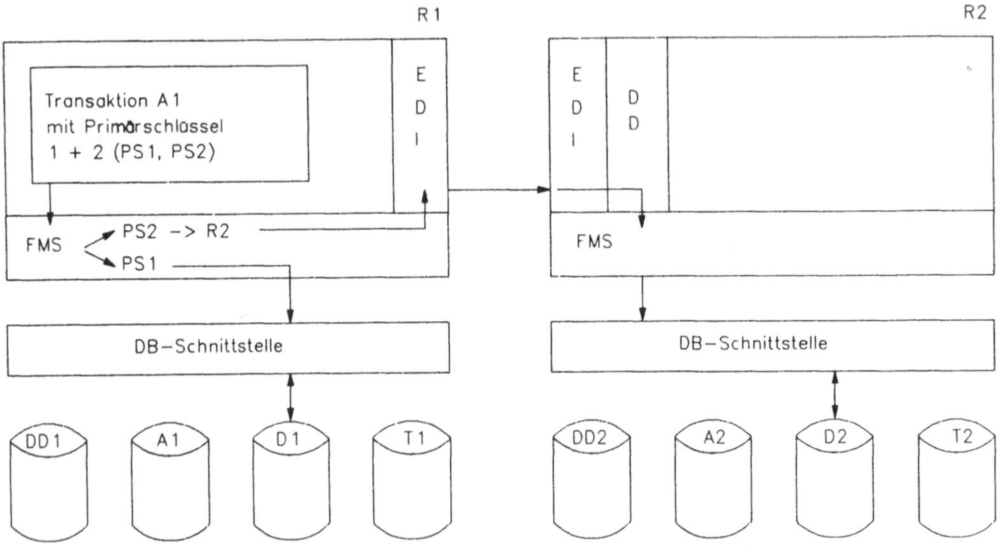

Abb. 13: Verteilung von Daten mit einem File Management System

Die Vorteile dieser Lösung liegen in der Portierbarkeit der Anwendungen und in der Schnittstellenvereinheitlichung beim Rückgang auf die Zielrechner. Die Datenbasen sind voneinander unabhängig.

3.1.2.6 Verteilung auf Anwendungsebene

Die Verbindung zwischen zwei Rechnersystemen kann auch auf der Ebene der Anwendungsprogramme stattfinden. IBM stellt z. B. mit APPC/PC (Advanced Program to Program Communication/ Personal Computer) auf den beiden zu verbindenden Rechnern jeweils eine Schnittstelle zur Verfügung, über die zwei Anwendungsprogramme direkt miteinander kommunizieren können. Mit APPC wird es möglich, eine Anwendertransaktion auf zwei Rechner zu verteilen. Ein typisches Beispiel hierfür ist die Einbindung des PC in die transaktionsorientierte Verarbeitung auf dem Zentralrechner. Die Datenbanken auf dem PC und dem Zentralrechner bleiben dabei völlig unabhängig voneinander. Sollen Daten aus der einen Datenbank in die andere gestellt werden, übernimmt dies die Logik des Anwendungsprogramms. Mit dieser Technik kann die relativ hohe Prozeßleistung von Workstations für bestimmte rechenintensive Anwendungen genutzt werden, ohne die Vorteile des zentralen Systems zu verlieren.

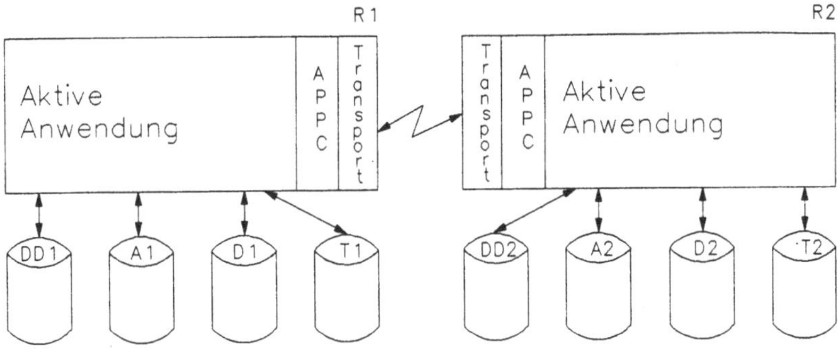

Abb. 14: Programm-zu-Programm-Verbindung

3.1.2.7 Verteilung auf Datenbankebene

Auf mehreren Rechnern befinden sich Datenbanken, die über ein Datenbank-Management-System (DBMS) gemeinsam verwaltet werden. Von jedem Rechner aus kann auf jedes Datenelement lesend und schreibend zugegriffen werden. Wo sich die Daten befinden oder ob auf redundante Kopien zugegriffen wird, braucht das Anwendungsprogramm nicht zu wissen. Die einzelnen Datenbanken müssen autonom existieren können, d. h. dürfen nicht von einem zentralen Katalog abhängig sein. Um den Zugriff auf verteilte Daten effizient zu gestalten, muß eine mengenorientierte Datenbeschaffung und -manipulation unterstützt werden. Objekt der Verteilung sind nicht physische Datensätze, sondern beliebige Satzausschnitte: zum Beispiel Projektion und Selektion von Relationen. Eine dieserart verteilte Datenbank stellt sicher eines der komplexesten Probleme der heutigen Datenverarbeitung dar. In der Theorie geht man davon aus, daß nur relationale Datenbanksysteme die geeigneten Voraussetzungen für eine wirklich transparente und effiziente Verteilung bieten.

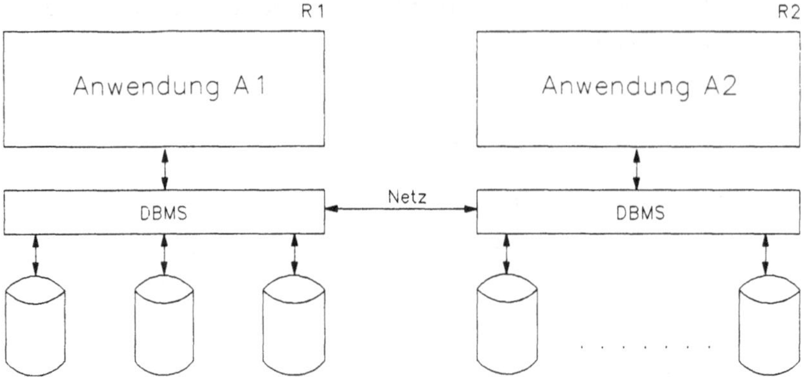

Abb. 15: Verteilung auf Datenbankebene

Anmerkung:

Die Organisationsform, daß mehrere (homogene) Rechner eines Herstellers eine zentrale Datenbasis nutzen, kann nicht als verteiltes System bezeichnet werden. Verbessert werden dadurch die Back up-Möglichkeiten und es kann mehr Rechnerkapazität installiert werden, aber im Grunde stellt diese Konfiguration ein zentrales System dar. Das DBMS ist i. d. R. aus Sicherheitsgründen redundant installiert, die Datenbestände werden gespiegelt.

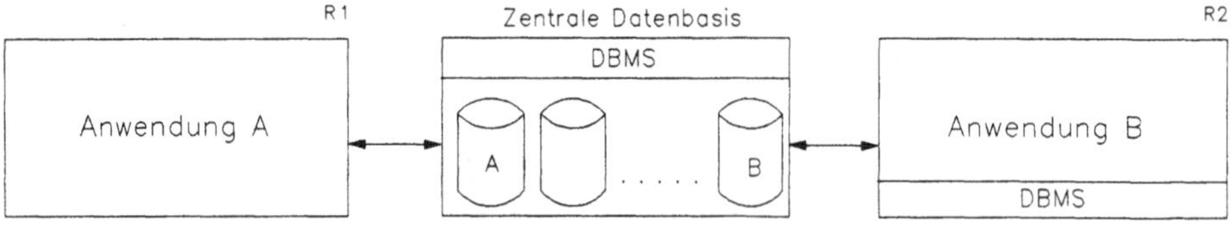

Abb. 16: Nutzung einer Datenbasis durch mehrere Rechner

3.2 Lokale Netze (Local Area Networks LAN)

Rechner unterschiedlicher Hersteller benutzen unterschiedliche Konventionen für Datendarstellung und -austausch. Grundsätzlich ist es möglich, daß sich ein System an die Konventionen eines anderen System anpaßt, um einen Datenaustausch wie oben beschrieben (Punkt 3.1.2) durchführen zu können. Dazu bedarf es sogenannter Konversionseinheiten, bei N heterogenen Systemen sind N(N-1)/2 solcher Einheiten erforderlich. Mit zunehmender Zahl unterschiedlicher Systeme, wie es in hierarchischen Strukturen üblich ist, ist dies nicht mehr praktikabel.

Mit offenen lokalen Netzen wird der Weg beschritten, daß sich die heterogenen Rechnersysteme an einen einheitlichen Kommunikationsstandard anpassen. Grundlage ist das ISO/OSI-Referenzmodell.

3.2.1 Begriffsbestimmung "Lokale Netze"

Lokale Netze sind Kommunikationssysteme, die auf den geographisch **beschränkten Raum eines Unternehmens** orientiert sind; sie bieten Dienste für den **Austausch von Informationen** zwischen den datenerzeugenden und datenverarbeitenden Geräten an (z. B. Übertragung von Dateien, Remote Job Entry, virtuelle Terminalverbindungen, Dokumenten- und Graphikübertragung) und gewährleisten einen zuverlässigen **Datentransport**. Die **externe Kommunikation** (Telekommunikation) erfolgt über **Weiterverkehrsnetze** (Wide Area Networks WAN, Global Area Networks GAN) öffentlicher oder privater Anbieter. Die Aufgaben, die ein LAN typischerweise übernehmen kann, zeigen folgende Beispiele:

a) Ein Anwender hat Großrechner (mindestens zwei) von demselben oder von unterschiedlichen Herstellern im Einsatz (siehe Abb.7, Ebenen 1 und 2); in dieser Umgebung können

u. a. folgende Wünsche/Anforderungen an eine Vernetzung entstehen (Suppan-Borowka, Simon, MAP 1986, S. 29):

"- Aufbau von schnellen Verbindungen zum Datenaustausch: schnell heißt dabei, daß die Verbindungen auf Kanalebene erfolgen;
- Datenaustausch zwischen Anwendungs-Tasks;
- gemeinsame Nutzung von Hintergrundmedien (Platte, Band) und den zugehörigen logischen Systemen unter Beibehaltung der für Großrechner üblichen Zugriffsstruktur (d. h. zum Beispiel, daß der physikalische Zugriff über Kanäle erfolgt);
- gemeinsame Nutzung von Ausgabe-Geräten (Laserdrucker, Plotter) mit Spool-Funktionen;
- Zusammenfassung vorhandener Terminals in Pools, so daß von jedem Terminal auf jeden Großrechner zugegriffen werden kann (Protokoll-Konvertierung ggf. notwendig);
- Nutzung von Standard-Diensten: Electronic-Mail;
- Zugang zu öffentlichen Diensten."

Anmerkung:

Die Koppelung inkompatibler Rechner kann auch über einen Kommunikationsrechner als zentralen Knoten mit Terminal- und Protokoll-Emulation - ohne LAN - realisiert werden. Diese Verbindungen sind jedoch Einzellösungen (Anzahl notwendiger Konversionseinheiten!) und können nur einen Teil der möglichen Anforderungen abdecken (nicht abdeckbar: z. B. gemeinsame Nutzung von Ausgabegeräten oder von Hintergrundmedien).

b) Der Anwender setzt für Funktionen auf den Ebenen 3 bis 5 (Abb. 7) überwiegend PCs oder Workstations ein. Für diese Installationen bestehen folgende Wünsche (Suppan-Borowka, Simon, MAP 1986, S. 29):

"- Hintergrundspeichermedien und E/A-Peripherie gemeinsam zu nutzen, wobei diese von Servern verwaltet werden (vorrangiger Wunsch);

- Daten mit den vorhandenen Minis, Großrechnern und untereinander auszutauschen;

- Daten zwischen Anwendungs-Tasks auszutauschen;

- über Terminalemulationen auf die vorhandenen Großrechner und Minis zuzugreifen;

- Standard-Dienste in Anspruch nehmen;

- Programme und Betriebssysteme in hintergrundspeicherlose Geräte laden zu können (down line task loading)."

Die Anwendungssituation kann insbesondere bei größeren Anwendern noch ergänzt werden um Vernetzungswünsche bei vorhandenen Steuerungsrechnern, mehrplatzfähigen PCs oder Zugängen zu Fertigungsnetzen. Die sich ergebende, notwendige Koexistenz von Netzen (Mainframe-Netze, Terminal-Netze, PC-Netze, Fertigungsnetze) macht es unter Umständen erforderlich, eine gesonderte Infrastruktur zum Informationsaustausch **zwischen den Netzen** zu schaffen, da ansonsten die Gefahr der Überlastung der Standard-Gateways besteht. Eine Infrastruktur dieser Art bilden die Backbone-Netze, die durch eine sehr hohe Übertragungsrate (200 bis 400 Mbit/s) gekennzeichnet sind. Für ihren Einsatz werden Gateways (Verbindungen zwischen Netzen) zu allen Standard-Netzen benötigt.

Die Beispiele zeigen, daß die Wünsche/Anforderungen an die Dienste und Struktur von lokalen Netzen begrifflich zwar sehr ähnlich sind, aber bezüglich Quantität und Qualität erhebliche Unterschiede in den Anforderungen bestehen.

Bei der lokalen Kommunikation ist die Offenheit das Kriterium, das bei den gegebenen (und auch künftigen) heterogenen Hardware-Strukturen im Unternehmen immer mehr an Gewicht gewinnt. Nach dem Grad der Offenheit kann differenziert werden in Herstellerlösungen, Transportnetzwerke und offene Netzwerke.

Herstellerlösungen:

Die Hersteller bieten innerhalb ihrer Produktwelt vielfach komfortable und leistungsfähige Lösungen bzw. Netze zum Austausch von Daten zwischen ihren Geräten an (z. B. SIEMENS mit TRANSDATA, IBM mit SNA, DIGITAL mit DECnet). Der Austausch von Daten **zwischen** den verschiedenen Herstellern ist gekennzeichnet durch verschiedene Protokolle, verschiedene Netzkonzepte und Inkompatibilitäten (Dateiverwaltung, Codes, Verwaltungsmechanismen im Betriebssystem etc.).

Die Kommunikation zwischen den Netzen kann nur über Konversionseinheiten (Gateways) stattfinden, die die zu übertragende Information in den jeweiligen Hersteller-Standard umwandeln. Lösungen mit herstellerspezifischen Protokollen werden deshalb auch als **geschlossene Systeme** bezeichnet.

Transportnetzwerke:

Diese Netzwerke konzentrieren sich auf den Transport von Dateneinheiten, sie sind aber nicht anwendungsorientiert.

Offene Netzwerke:

Offene Netzwerke unterstützen die anwendungsorientierte Kommunikation zwischen den Rechnern verschiedener Hersteller. Neben der physikalischen Verbindung sind Regeln für den Datenaustausch und die Struktur der ausgetauschten Daten in Form von Protokollen definiert, die benutzten Protokollstrukturen sind identisch. Die Gesamtheit der Protokolle ist die Netzwerk-Architektur (vgl. Suppan-Borowka, Simon, MAP 1986, S. 33).

Grundlage ist das Referenzmodell der International Standards Organization (ISO) für die Kommunikation von offenen Systemen, d. h. für Open Systems Interconnection (OSI), das 1983 verabschiedet wurde (ISO/DIS 7498).

3.2.2 ISO/OSI-Referenzmodell

Mit dem ISO-Referenzmodell wird der Weg der Standardisierung von Kommunikationsprotokollen beschritten. Anstatt ein System durch Konversionseinheiten jeweils an die Konventionen eines anderen Systems anzupassen, wird für jedes System **eine** Konversionseinheit zur Anpassung an den **einheitlichen Standard** entwickelt. Das ISO-Referenzmodell stellt ein Konzept dar, das den Austausch von Daten in allgemeinster Form zwischen Anwendungsprozessen in heterogenen Netzen ermöglicht. Es hat deshalb auch für geschlossene System grundsätzliche Bedeutung.

Das Modell ist in 7 hierarchisch angeordnete Schichten gegliedert, denen jeweils genau umrissene Aufgaben für die Kommunikation zugeordnet werden. Die Form der Schichtendefinition ist willkürlich, andere Einteilungen wären denkbar. Das komplexe Problem der Datenübertragung wird dadurch nur in überschaubare Teilprobleme zerlegt. Zulässig im Sinne des Modells ist die Unterteilung einer Schicht in mehreren Unterschichten. Dies ist dann zweckmäßig, wenn die Protokolle für eine Schicht bei einem speziellen Netzkonzept zu umfangreich werden, um in übersichtlicher Weise abgewickelt zu werden. Umgekehrt können einzelne Schichten (oder Teilschichten) leer bleiben, wenn diese Funktionen nicht benötigt werden.

Für jede Schicht wird eine Beschreibung des Funktionsumfangs sowie das erforderliche Verhalten an den Schnittstellen zu den umgebenden Schichten angegeben. Eine Implementierungsbeschreibung für die Schichten erfolgt nicht. Dadurch ist der Einsatz unterschiedlicher Protokolle für eine Schicht möglich, solange das geforderte Verhalten an den Schnittstellen gewährleistet wird. Insbesondere trifft das auf die Vielzahl der von CCITT, ECMA und IEEE entwickelten Protokolle zu, die den entsprechenden Schichten des Referenzmodells zugeordnet werden können (Abb. 17).

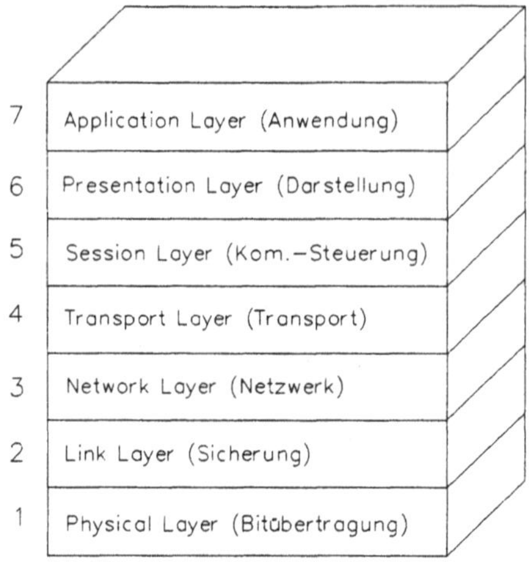

Abb. 17: Die sieben Schichten des Referenzmodells
aus: Simon-Borowka, Simon, MAP 1986, S. 39

Aufgabe einer Schicht ist es, Dienstleistungen für die nächst höhere Schicht bereitzustellen, wobei sie sich der Dienste der darunterliegenden Schichten bedient. Die Dienste einer Schicht sind in Instanzen angeordnet. Allgemein gilt, daß eine Schicht N auf einem Rechner A nur mit der entsprechenden Schicht N auf einem Rechner B kommuniziert. Aus diesem Grund spricht man von Peer-to-Peer-Protokollen (peer engl. = Partner). Die Regeln für die Kommunikation sind in den Protokollen für Schicht N festgelegt. Erst auf der untersten Schicht findet eine physikalische Kommunikation mit der anderen Maschine statt. Die zwischen den Schichten einer Maschine ausgetauschten Dateneinheiten heißen Protocol Data Units (PDU). Die Schnittstelle, an der die Schicht N + 1 einen Dienst der Schicht N nutzen kann, wird Dienstzugangspunkt (Service Access Point SAP) genannt.

An den Dienstzugangspunkten werden der darüberliegenden Schicht die Dienste in Form sogenannter Dienstprimitive zur Verfügung gestellt. Mit Hilfe dieser Dienstprimitive können beispielsweise Verbindungen auf- und abgebaut oder Daten übertragen werden. Von dem Dienstbenutzer können die Dienstprimitive angefordert werden (request) und dem entsprechenden Partner-Dienstzugangspunkt angezeigt werden (indication). Die Anforderung muß der angesprochene Partner beantworten (response). Diese Antwort wird dem Dienstbenutzer, der den Dienst angefordert hat, angezeigt (confirmation).

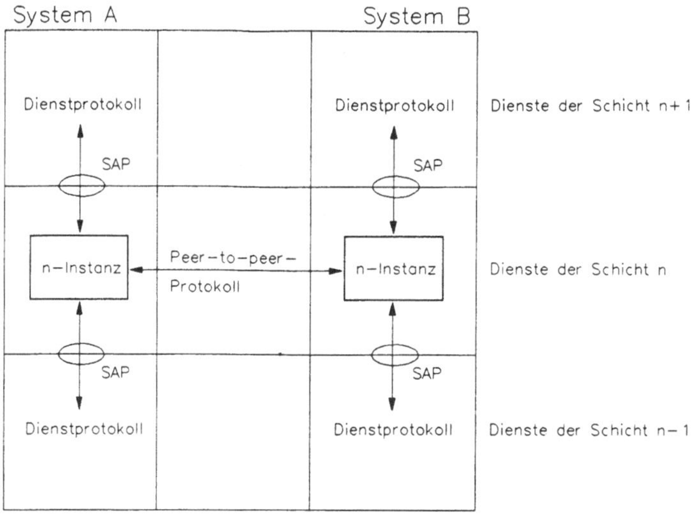

Abb. 18: Prinzip des Schichtenmodells
aus: Suppan-Borowka, Simon, MAP 1986, S. 40

Für den Austausch von Nachrichten zwischen zwei Anwendungsprozessen ergibt sich damit folgendes vereinfachte Bild (Abb. 19). Die Nachricht wird der obersten Schicht am Dienstzugangspunkt übergeben. Die betroffene Instanz fügt Information gemäß der für diese Schicht gültigen Protokolle hinzu und teilt damit der entsprechenden Instanz auf dem Partnersystem mit, welche Dienste zu erbringen sind. Die so erweiterte PDU wird an die darunterliegende Schicht weitergereicht. Dieser Vorgang wiederholt sich bis zur untersten Schicht. Dort wird das Datenpaket als Bitstrom über das physische Medium versandt. Beim Empfänger verläuft der Vorgang in umgekehrter Reihenfolge. Von unten beginnend entfernt jede Schicht das für sie vorgesehene Protokollelement, erbringt die hierdurch vorgeschriebenen Dienste und reicht das Datenpaket an die nächst höhere Schicht weiter. Die oberste Schicht übergibt die Nachricht dem Anwendungsprozeß.

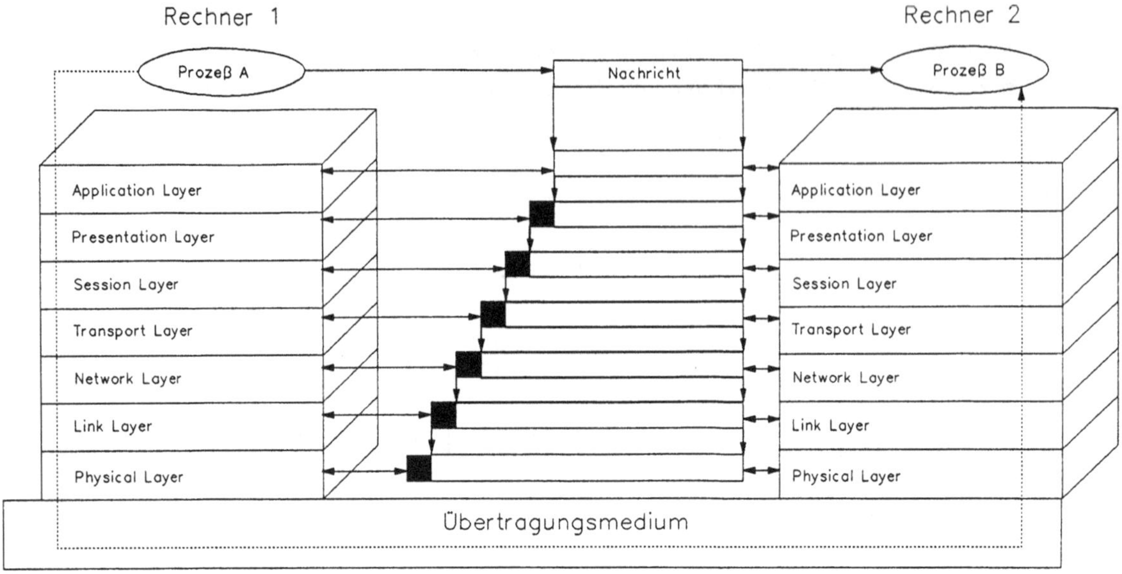

Abb. 19: Austausch von Nachrichten zwischen Anwendungsprozessen
aus: Suppan-Borowka, Simon, MAP 1986, S. 41

Generell lassen sich die Schichten des ISO/OSI-Referenzmodells in zwei große Bereiche unterteilen.

Das Transportsystem (Schichten 1 - 4) transportiert Anwenderdaten ohne syntaktische oder semantische Betrachtung und ohne Beeinflussung der Verarbeitung der zu übertragenden Daten. Nach erfolgreichem Transport der Anwenderdaten durch das Transportsystem wird die Zuordnung und Verarbeitung der Anwenderdaten durch das Anwendungssystem (Schichten 5 - 7) gesteuert.

Ein Endsystem realisiert alle 7 Schichten des ISO/OSI-Referenzmodells, in einem Transitsystem (Transportnetzwerke) sind nur die Schichten 1 - 3 realisiert.

Die Anwendungsschicht (Schicht 7) stellt als oberste Schicht die Schnittstelle zum Benutzer, d. h. zu einer bestimmten Applikation, dar.

Schicht		Aufgaben	Standards (Beispiele)
7 Anwendung		- Schnittstelle zum Anwendungsprozeß - Bereitstellung von Grundfunktionen wie Datei-Transfer, virtuelles Terminal, Auftrags-Transfer	SASE (Specific Application Service Elements): - FTAM (File Transfer, Access and Manipulation) - JTM (Job Transfer and Manipulation) - VTS (Virtual Terminal Service) CASE (Common Application Service Elements): - CRR (Committment, Concurrency and Recovery
6 Darstellung		- Vereinbarung der Codierung der zu übertragenden Daten (Transfersyntax) - Transformation lokale Syntax <-> Transfersyntax	T.73 (Dokumentarchitektur) EHKP-6 (Bildschirmtext)
5 Kommunikationssteuerung		- Steuerung der Kommunikation - Setzen von Checkpoints - Neuaufbau von abgebrochenen Transportverbindungen - Paßwort-Abfrage - Gebührenverrechnung	ISO-Session (IS8327); ISO-Subsets: - Basic Combined Subset (BCS) - Basic Synchronized Subset (BSS) - Basic Aktivity Subset (BAS)
4 Transport		- netzunabhängiger Transportdienst Ende-zu-Ende - Bereitstellung einer geforderten Transport-Dienstgüte - Trennung der Anwendung von den Transportaspekten	ISO-Transportprotokolle Klasse 0 bis 4 (IS8072/3); CCITT T.70 für Teletex (= ISO-Transportprotokoll Klasse 0)
3 Netzwerk		- Verkehrslenkung innerhalb des Netzes - Auf- und Abbau von Netzwerkverbindungen/Datagrammdienste - Multiplexen von Verbindungen der Schicht 2	ISO CLNS (DIS8473) X.25
2 Sicherung	LLC Logical Link Control 2b	- Rahmenbildung - Flußkontrolle - Fehlererkennung und -behebung	IEEE 802.2 LLC Typ 1
	MAC Media Access Control 2a	Medienzugang	CSMA/CD (IEEE 802.3), Token-Zugangsverfahren (IEEE 802.4/5)
1 Bitübertragung		- Senden, Empfangen unstrukturierter Bitströme - elektrische Darstellung der Signale - Übertragungstechnologie - Anschlußtechnik	Protokolle X.21, V.24, RS-499

Abb. 20: Übersicht über die Aufgaben der sieben Schichten im ISO-Referenzmodell

3.2.3 Technologien

Bei der Planung und Realisierung lokaler Netze gibt es - teilweise alternative - Technologien, die aufgrund der jeweiligen Anforderungen ausgewählt werden können bzw. bestimmt werden müssen. Dazu zählen:

- Übertragungsmedien
- Übertragungstechnologien
- Topologien
- Medienzugangsverfahren

3.2.3.1 Übertragungsmedien

Man unterscheidet folgende Übertragungsmedien (Abb. 21):

- verdrillte Zweidrahtleiter (Telefonkabel);
- verdrillte Vierdrahtleiter;
- Koaxialkabel;
- Lichtwellenleiter (LWL).

Diese Medien unterscheiden sich in

- ihren Kosten (in aufsteigender Reihenfolge zunehmend);
- den möglichen Übertragungsraten; typisch sind:
  . Zweidrahtleiter 9,6 bis 19,2 kbit/s;
  . Vierdrahtleiter 4 Mbit/s (bis ca. 16 Mbit/s denkbar; der Vierdrahtleiter ist verdrillt und abgeschirmt, spezielle Drähte werden eingesetzt; Referenz: IBM-Verkabelungssy-system);
  . Koaxialkabel, abhängig von der Übertragungstechnologie (Basisband bis 50 Mbit/s, Breitband bis 350 Mbit/s);
  . LWL bis zu Gigabit pro Sekunde (Gbit/s).
- ihrer Anfälligkeit gegen elektromagnetische Störungen (abnehmend in aufsteigender Reihenfolge);
- ihrer Verlegbarkeit (Durchmesser, Biegeradien);
- den überbrückbaren Entfernungen (Dämpfung, Einstreuung).

	Bandbreite	Entfernung	Störverhalten	Kosten
Twisted Pair	niedrig	gering	schlecht bis mittel	niedrig
Basisband Koaxkabel	mittel	mittel	gut	mittel
Breitband Koaxkabel	hoch bis sehr hoch	hoch	gut	mittel bis hoch
Lichtwellen-leiter	sehr hoch	hoch	sehr gut	sehr hoch

Abb. 21: Medien-Gegenüberstellung

aus: Suppan-Borowka, Simon, MAP 1986, S. 61

Verdrillte Leitungen sind durch die Telefontechnik oder andere bereits vorhandene Leitungssysteme in der Regel flächendeckend im Unternehmen vorhanden. Allerdings sind sie bezüglich der Übertragungsrate stark beschränkt und äußerst anfällig für externe elektromagnetische Störungen.

Koaxkabel sind weniger störanfällig und ermöglichen je nach Übertragungstechnik (Basis-/Breitband) Übertragungsraten bis ca. 50 bzw. 350 Mbit/s. Die Kosten sind allerdings höher als bei verdrillten Leitern.

Lichtwellenleiter bieten Unempfindlichkeit gegen elektromagnetische Störungen, die Übertragungsraten können bei über 2 Gbit/s liegen. Die Kosten für die Installation der Glasfaserkabel sind allerdings hoch, es bestehen noch technische Probleme (passive Koppelung, Alterung, große Biegeradien).

Das heute am häufigsten genutzte Übertragungsmedium ist das Koaxkabel. Im Fertigungsbereich wird der Einsatz von Lichtwellenleitern wegen ihres sehr guten Störverhaltens stark zunehmen.

3.2.3.2 Übertragungstechnologien

Bei der **Basisbandübertragung** wird die gesamte Bandbreite der Übertragungsstrecke benötigt, d. h. das zu übertragende Signal benötigt das gesamte Übertragungsmedium. Demzufolge kann zu einer Zeit immer nur ein Signal übertragen werden (Zeitmultiplex). Das Signal kann rein digital oder analog als Tastung von Frequenzen übertragen werden. Bei analoger Übertragung wird für das Medium oft der Begriff "Carrierband" angewendet.

Die Übertragungskapazität ist begrenzt, da nur ein Kanal limitierter Kapazität zur Verfügung steht. Demgegenüber stehen geringere Kosten und einfachere Installation als bei der Breitbandübertragung.

Die **Breitbandübertragung** ermöglicht die gleichzeitige Übertragung mehrerer Signale. Dies ist möglich, da die zu übertragenden Signale auf unterschiedliche Trägerfrequenzen aufmoduliert werden (Frequenzmultiplex). Dazu sind Modems notwendig. Üblicherweise senden Stationen auf einer festgelegten Sendefrequenz, die durch sogenannte Head-End-Remodulatoren in die Empfangsfrequenz der Empfangsstation umgesetzt wird. Die Übertragung der Signale ist aufgrund der eingesetzten Verstärker gerichtet. Der gesamte Frequenzbereich eines Breitbandsystems ist deshalb aufgeteilt in einen Vorwärtsfrequenz- und einen Rückwärtsfrequenzbereich. Dazwischen befindet sich aus Sicherheitsgründen ein ungenutzter Pufferbereich. Für das übliche Mid-Split-Verfahren gilt:

- Vorwärtsfrequenzbereich 159 MHz-300/400 MHz
- Puffer 116 MHz-150 MHz
- Rückwärtsfrequenzbereich 5 MHz-116 MHz

Der Vorteil der Breitbandsysteme liegt in den durch parallele Übertragung von Signalen wesentlich höheren Übertragungsraten. Außerdem ist in Breitbandsystemen parallel die Übertragung von Graphik, Audio- und Videosignalen möglich. Der technische Aufwand und damit die Kosten sind durch die Notwendigkeit von Modems, Head-End-Remodulatoren sowie auch Verstärkern und Equalizern größer als bei der Basisbandübertragung. Die Einsatzpunkte von Verstärkern und Equalizern im Netz müssen errechnet werden. Die Installation ist aufwendig. Evtl. zukünftig anzuschließende Stationen müssen mit ihrer Lage im Netz eingeplant und ihre Widerstände simuliert werden. Ansonsten müssen die Einsatzpunkte von Verstärkern und Equalizern neu berechnet werden. Die überbrückbare Entfernung von Breitbandsystemen ist mit über 10 km größer als bei Basisbandsystemen (vgl. Suppan-Borowka, Simon, MAP 1986, S. 62).

Basisband- und Breitbandsysteme können auch kombiniert werden, indem z. B. ein Breitbandnetz als Hintergrundnetz im Unternehmen eingesetzt wird und Basisbandsysteme flexibel einzelne Bereiche vernetzen.

3.2.3.3 Topologien

Die Topologie kennzeichnet die Form der physischen Verbindung zwischen den an das Netz angeschlossenen Endgeräten.

Grundsätzlich liegen drei Formen vor: Stern, Ring und Bus. Aus den Grundformen lassen sich in vermaschten Systemen Kombinationen aufbauen. Die Topologie beeinflußt wesentlich die Leistungsfähigkeit, Erweiterbarkeit und Ausfallsicherheit eines Netzes.

Beim Stern läuft die Datenübertragung immer über die zentrale Station, die die gewünschte Verbindung herstellt. Damit stellt die Zentrale bzgl. Ausfallsicherheit und Leistungsfähigkeit des Netzes die kritische Stelle dar. Bei Ausfall einer anderen Station ist das Netz im übrigen weiterhin funktionstüchtig.

Beim Ring sind die angeschlossenen Stationen mit den jeweils nächsten Nachbarn verbunden, so daß sich ein geschlossener Ring ergibt. Jede Station hat einen Eingang und einen Ausgang. Die Kommunikation erfolgt dabei in einer definierten Richtung von einer Station zur nächsten, bis die Zielstation erreicht ist. Jede Station muß also für die Kommunikation

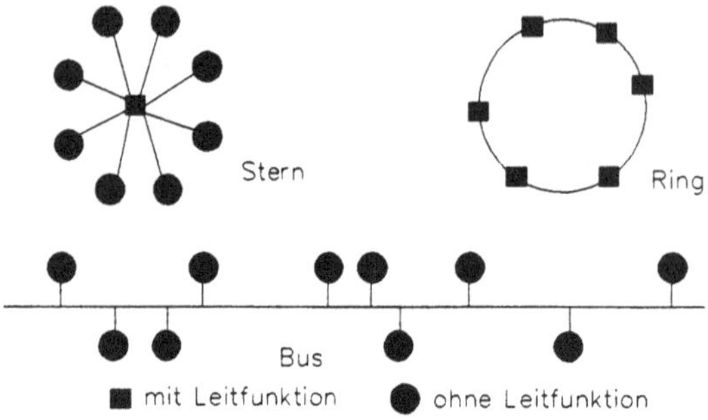

Abb. 22: Grundsätzliche LAN-Topologien
aus: Scholz, Lokale Netze 1989, S. 21

aktiv sein, auch wenn sie weder der ursprüngliche Sender noch der letztendliche Empfänger einer Nachricht ist. Bei Ausfall von nur einer Station ist das Netz nicht mehr funktionsfähig, wenn nicht besondere Vorkehrungen, wie z. B. automatischer Kurzschluß bei nicht betriebsbereiten Stationen, getroffen werden. Erweiterungen des Rings sind einfach durchzuführen, da zwischen den Stationen lediglich Punkt-zu-Punkt-Verbindungen bestehen. Ein Ring kann räumlich weit ausgedehnt sein.

Beim Bus sind alle Stationen an einem einzigen, durchgehenden, gemeinsamen Übertragungsmedium gleichberechtigt angeschlossen. Die Kommunikation ist bidirektional. Aktiv müssen nur Sende- und Empfangsstation sein, damit die Kommunikation erfolgreich verlaufen kann. Alle nicht betroffenen Stationen sind bezüglich der Kommunikation passiv. Der Ausfall einer Station hat also keine Auswirkung auf den Netzwerkbetrieb. Der Ausfall des Busses bedeutet aber den Totalausfall des Netzes. Die Übertragung erfolgt ohne Verzögerungszeiten durch die angeschlossenen Stationen (im Unterschied zum Stern und zum Ring). Die Zahl der Anschlüsse an das Netz kann aufgrund der Passivität der Stationen einfach erhöht oder verringert werden. Die Größe des Netzes ist begrenzt (Parameter sind Laufzeit und Reflexion der Signale, Länge des Busses, Sendeleistung).

Herausragende Bedeutung für lokale Netze haben die Bus-

Topologie (MAP, TOP, ETHERNET) und aufgrund der Marktbedeutung die Ring-Topologie als LAN-Standard von IBM und im FDDI-Netz.

3.2.3.4 Medienzugangsverfahren

Der letzte wesentliche Punkt bei der Charakterisierung lokaler Netze ist das verwendete Medienzugangsverfahren, das den Zugang der angeschlossenen Stationen für die Signalübertragung zum Übertragungsmedium regelt. Die Medienzugangsverfahren sind auf der Schicht 2a (MAC) im ISO/OSI-Referenzmodell angesiedelt. Generell ist zwischen einer zentralen (z. B. Master/Slave-Polling) und einer dezentralen Steuerung des Zugangs zu unterscheiden. Letztere hat eine geringere Ausfallsicherheit, ist dafür aber übersichtlicher. In lokalen Netzen wird der Zugang meist dezentral geregelt.

Diese Zugangsverfahren sind vom IEEE (Institute of Electrical and Electronics Engineering) als Norm 802 festgeschrieben und von der ISO als DIS 8802 übernommen worden. Es ist zwischen stochastischen (kollissionsbehafteten) und deterministischen (kollisionsfreien) Zugangsverfahren, Reservierungsverfahren und sich daraus ergebenden Mischformen zu unterscheiden.

Im folgenden sollen kurz die wichtigsten Zugangsverfahren beschrieben werden:

CSMA/CD (IEEE 802.3) als Vertreter der stochastischen Verfahren und die Token-Zugangsverfahren (Ring: IEEE 802.5, Bus: IEEE 802.4) als Vertreter der deterministischen Zugangsverfahren.

CSMA/CD (Carrier Sense Multiple Access/Collision Detection) ist auch als ETHERNET-Zugangsverfahren bekannt und für Bustopologien entwickelt worden. Eine sendewillige Station hört das Medium ab, ob es frei ist (Carrier Sense) und sendet, wenn das Medium nicht belegt ist. Kollisionen können auftreten, wenn mehrere sendewillige Stationen gleichzeitig beginnen zu senden, da das abgehörte Medium vorher für alle anderen abhörenden Stationen ebenfalls als frei erkannt wurde (Multiple Access).

Um diese Kollisionen zu entdecken (Collision Detection), sind alle sendenden Stationen verpflichtet, während ihrer Sendung das Medium weiterhin abzuhören. Sollten also mehrere Stationen gleichzeitig senden, hören sie die fremden Signale, worauf sie ihre Sendung abbrechen müssen und erst nach einer zufälligen Wartezeit und bei freiem Medium wieder einen erneuten Sendeversuch unternehmen dürfen.

Bei hoher Auslastung des Netzes, d. h. bei vielen gleichzeitig sendewilligen Stationen, kommt es zwangsläufig zu mehr Kollisionen und damit zu einer Lähmung des Netzwerkgebrauchs. Eine obere Zeitgrenze für den erfolgreichen Zugriff auf das Übertragungsmedium kann nicht angegeben werden.

Dies ist anders bei den Token-Zugangsverfahren [physisch: Token Bus (IEEE 802.4), Token Ring (IEEE 820.5)].

Ein Token wird dabei dargestellt als ein fest definiertes Bit-Muster, das auf einem logischen Ring zwischen den angeschlossenen Stationen zirkuliert. Die physische Netztopologie ist dabei unerheblich. Wenn eine Station das Token erhält, sendet sie das Token an ihren logischen Nachfolger, wenn sie nicht senden möchte. Will die Station senden, so ändert sie das Bit-Muster des Token von "frei" in "belegt" und sendet das belegte Token und im Anschluß daran eine oder mehrere Nachrichten (deren Länge in der Regel über eine Zeitspanne kontrolliert wird). Die Sendestation behält eine Kopie der gesendeten Nachrichten. Die logisch nachfolgenden Stationen kontrollieren die empfangenen Nachrichten, ob sie für sie bestimmt sind. Ist dies nicht der Fall, leiten sie die Nachrichten an ihren jeweiligen logischen Nachfolger weiter. Im anderen Fall kopiert die Station die für sie bestimmte Nachricht und sendet die Originalnachricht zusammen mit einer Quittung weiter an die absendende Station. Bei Erhalt der Quittung und Gleichheit der zurückbehaltenen Kopie mit der Originalnachricht auf dem Medium nimmt diese Station die Nachricht aus dem logischen Ring und generiert ein freies Token, das sie wiederum an den logischen Nachfolger absendet.

Es ist zwischen Single- und Multiple-Token-Verfahren (mehrere Token gleichzeitig auf dem Ring, z. B. bei FDDI) zu unterscheiden.

Anders als bei CSMA/CD ist für jede Station die maximale Zeit bis zum nächsten Medienzugang deterministisch festgelegt (Anzahl der Stationen mal maximale Sendezeit). Dies kann besonders für den Produktionsbereich wichtig sein. Hohe Auslastung führt nicht zur Lähmung des Netzwerkgebrauchs (vgl. Scholz, Lokale Netze 1989, S. 23).

TOKEN-BUS

-> deterministischer Zugang
-> stabil bei hohen Lasten
-> faires Protokoll
-> Prioritäten-Option
-> passive Stationskopplung
-> Breitbandversion genormt
-> empfindlich gegen unsymmetrische Verkehrslasten

TOKEN-RING

-> deterministischer Zugang
-> leistungsfähiger als Token-Bus
-> stabil bei hohen Lasten
-> faires Protokoll
-> Prioritäten-Option
-> aktive Kopplung, Gefahr der Netzunterbrechnung
-> keine Breitbandversion genormt

CSMA/CD

-> stochastischer Zugang, keine Übertragungsgarantie
-> effizient bei niedrigen Lasten
-> instabil bei hohen Lasten
-> keine Prioritäten-Option
-> passive Kopplung
-> begrenzte Entfernungen auf Koaxialkabel
-> Breitbandversion existiert

Abb. 23: Eigenschaften der wichtigsten Medienzugangsverfahren

aus: Suppan-Borowka, Simon, MAP 1986, S. 127

3.2.3.5 Verknüpfung von Netzen

In der Regel werden in einem Unternehmen mehrere Netze in Koexistenz miteinander aufgebaut sein, um den unterschiedlichen Anforderungen der einzelnen Anwendungssituationen gerecht werden zu können. Ebenso ist eine Verknüpfung von lokalen Netzen zwischen mehreren geographisch verteilt gelegenen Unternehmensstandorten denkbar.

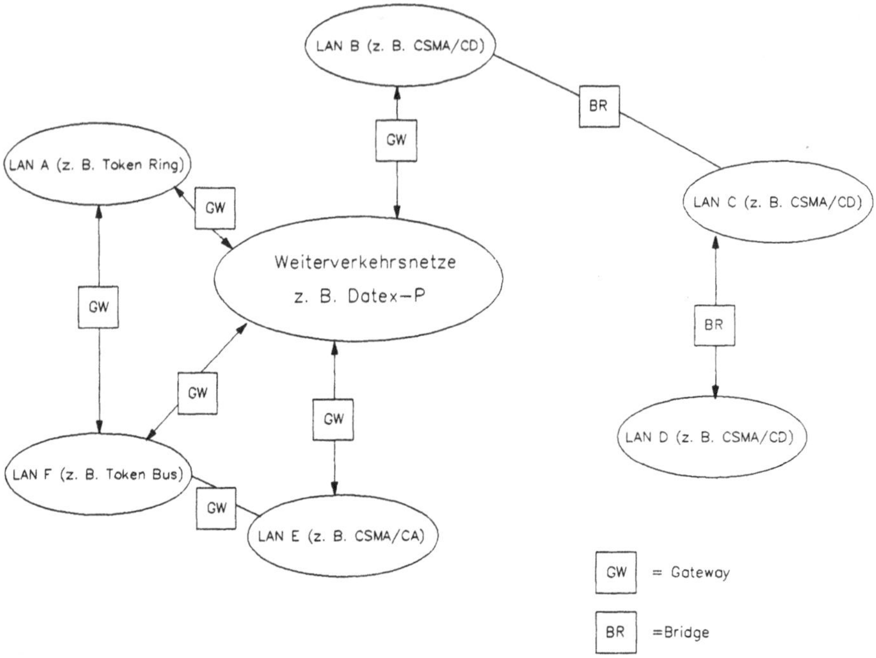

Abb. 24: Verknüpfung von Netzen
aus: Suppan-Borowka, Simon, MAP 1986, S. 95

Es entsteht der Bedarf an speziellen Netzstationen, die die einzelnen Teilnetze miteinander verbinden. Man unterscheidet:

- Verknüpfung mit Repeatern

  Mehrere Segmente eines auf physikalischem Layer identischen Netzes werden mit Repeatern verknüpft. Primäres Ziel ist die Erweiterung eines bestehenden Netzes oder die geographische Gestaltung (zum Beispiel Verbindung zweier geographisch getrennt installierter Segmente mit Repeatern und dazwischen verlegtem Lichtwellenleiter).

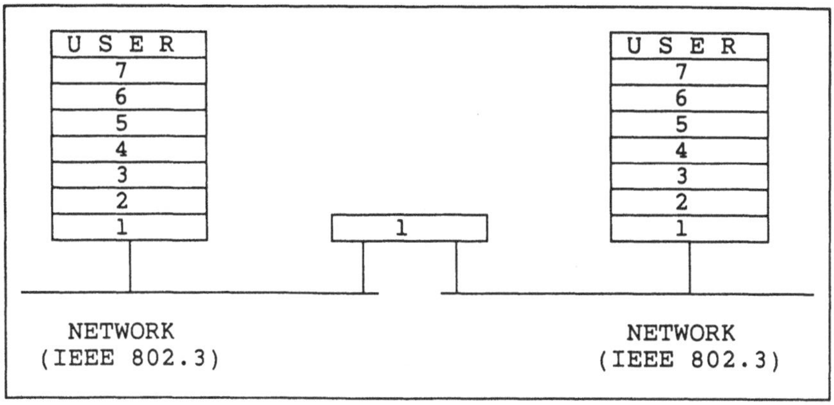

Abb. 25: TOP-Repeater

aus: Suppan-Borowka, Simon, MAP 1986, S. 204

- Verknüpfung mit **Bridges**

Eine Bridge verbindet zwei Netzsegmente **auf LLC-Ebene.** Voraussetzung ist die Nutzung identischer LLC-Protokolle.

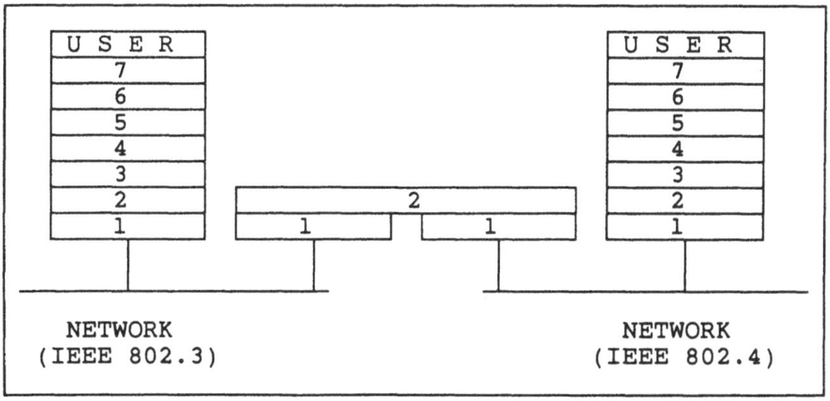

Abb. 26: TOP-Bridge

aus: Suppan-Borowka, Simon, MAP 1986, S. 204

- Verknüpfung mit **Routern**

Ein Router, auch Intermediate System genannt, verbindet zwei Netzsegmente mit **einem OSI-Layer 3-Protokoll.** Die darunter liegenden LLC, MAC und physikalischen Protokolle können verschieden sein. Die Verknüpfung auf diesem Niveau ist funktional aufwendiger, da Pfad-Alternativen berücksichtigt, Adressen verwaltet, Formate angepaßt und Flußkontrollverfahren durchgeführt werden müssen. Im Rahmen der ISO-Normen wird ein Router als Intermediate Node bezeichnet.

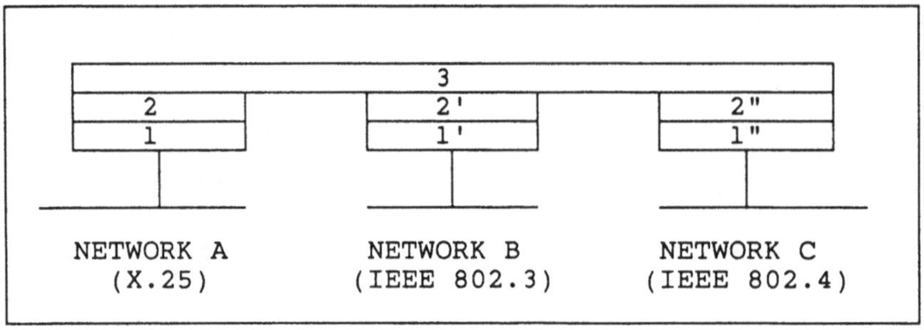

Abb. 27: TOP-Router

aus: Suppan-Borowka, Simon, MAP 1986, S. 205

- Verknüpfung mit Gateways

Gateways verbinden Netze mit verschiedenen Netzwerkarchitekturen. Dies beinhaltet auch die Verknüpfung von ISO/OSI-Netzen mit nicht normkonformen Netzen (SNA, DECnet usw.). Ein Gateway ist jeweils auf dem kleinsten gemeinsamen Layer, der miteinander zu verbindenden Netze angesiedelt. Im Extremfall kann dies der Layer 7 sein.

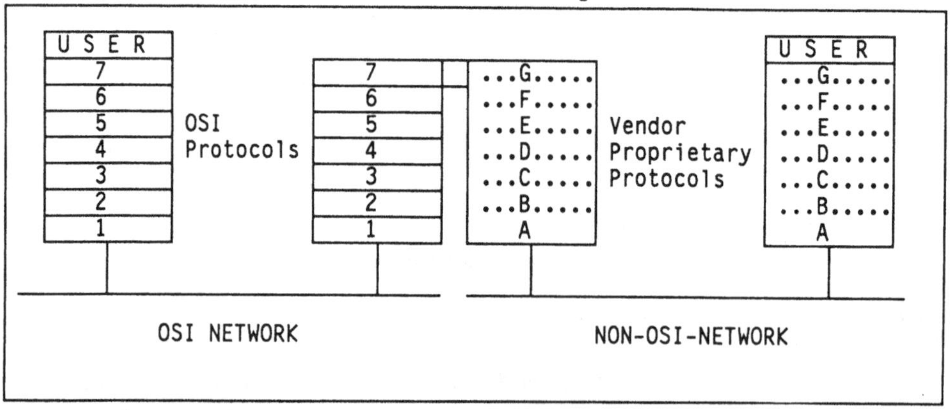

Abb. 28: TOP-Gateway

aus: Suppan-Borowka, Simon, MAP 1986, S. 205

3.2.4 Netze

Es gibt kein lokales Netz, das den unterschiedlichen Anforderungen in einem Fertigungsunternehmen gleich gut gerecht werden kann. Auf der untersten Ebene der Kommunikationshierarchie (vgl. Abb. 7), die man als **Feldebene** bezeichnen kann, werden Maschinen gesteuert und es fallen direkt maschinenbezogene Daten an (Temperaturen, Drehzahlen, Stückzahlen usw.). Nach dem Schichtenmodell werden diese Daten sowohl zwischen den Geräten dieser Ebene ausgetauscht als auch an die nächsthöhere Ebene weitergegeben; umgekehrt werden von der nächsthöheren Ebene, der **Gruppenleitebene**, Daten empfangen (Sollvorgaben, NC-Programme). Es entstehen aus Sicht der Datenverarbeitung Fertigungsgruppen, die realen Fertigungsgruppen entsprechen. Mehrere Fertigungsgruppen werden von der **Prozeßleitebene** überwacht und gesteuert (Leitstände). Über den einzelnen Leitständen ist die **Produktionsleitebene** angeordnet, die für Überwachung und Steuerung der gesamten Produktion zuständig ist (wesentliche Funktion z. B. Arbeitsvorbereitung). Die **Unternehmensleitebene** ist rein managementorientiert; Produktionsdaten fließen in die strategischen und administrativen Tätigkeiten ein (Auftragsabwicklung, Kostenrechnung, Finanzbuchhaltung etc.).

Allgemein läßt sich feststellen, daß auf den unteren Hierarchiestufen häufiger geringe Datenmengen ausgetauscht werden, die Realzeitanforderungen sind in der Nähe des zu steuernden Prozesses am strengsten und nehmen mit aufsteigender Hierarchie ab. Mit zunehmender Hierarchie überwiegt die Übertragung von Dateien.

Auf den unteren Hierarchiestufen überwiegen Geräte mit geringen DV-Charakter für Prozeßüberwachung bzw. Beherrschung spezieller Peripherie (Sensoren, Stellglieder, Werkzeuge...).

Die Einbindung dieser Geräte in ein Kommunikationssystem setzt einfache, hardwarenahe Schnittstellen voraus. Mit zunehmender Hierarchiestufe überwiegen Geräte mit DV-Charakter, die zur Verfügung stehenden Schnittstellen sind eindeutig, teilweise genormt und unterstützen den physikalischen Datenzugang zu den Geräten bereits selbst (vgl. Suppan-Borowka, Simon, MAP 1986, S. 24).

Nachricht	zulässige Wartezeit auf Übertragung	Auftreten	Länge	Anforderung an sichere Übertragung
Kommando	kurz	sehr häufig	sehr kurz bis kurz	sehr hoch
Kommando-Antwort	sehr kurz	nach Kommando	kurz	sehr hoch
Alarm	sehr kurz	selten	kurz	sehr hoch
Bedien-Anforderung	kurz	mittel	sehr kurz	sehr hoch
Synchronisations-signale	kurz	mittel, in Abhängigkeit von Prozeß-Taktzeit	sehr kurz	sehr hoch
Notfall-Aktion	sehr kurz	nach Alarm oder selten	sehr kurz bis kurz	sehr hoch
Echzeit-Protokoll	kurz	häufig	mittel	sehr hoch
Bericht-Protokoll	mittel	selten	mittel bis lang	mittel
Schnappschuß-Protokoll	sehr kurz	nach Alarm	mittel	sehr hoch
Graphik-Files	hoch	selten	sehr lang	mittel
Daten-Files	hoch bis sehr hoch	sehr selten	lang bis sehr lang	sehr hoch
Programme	hoch bis sehr hoch	sehr selten	sehr lang	sehr hoch

Für die Längen gilt:

sehr kurz	8... 64 Bit	mittel	128...1024 Bit
kurz	64...128 Bit	lang	1024... 10 kBit
		sehr lang	> 10 kBit

Abb. 29: Datentypen und Attribute

aus: Suppan-Borowka, Simon, MAP 1986, S. 23

Art und Komplexität der Kommunikation muß den Anforderungen auf den Hierarchiestufen angepaßt werden. Die hausinternen Kommunikationsanforderungen heutiger Unternehmen sind nicht mehr nur mit einem Netz zu erfüllen, sondern es werden mehrere Netze mit spezifischen (Protokoll-) Architekturen und Technologien zum Einsatz kommen, die miteinander verknüpft sind. Umfangreiche Architekturen wie TOP und MAP ergänzen sich mit verkürzten Architekturen im Realzeitbereich.

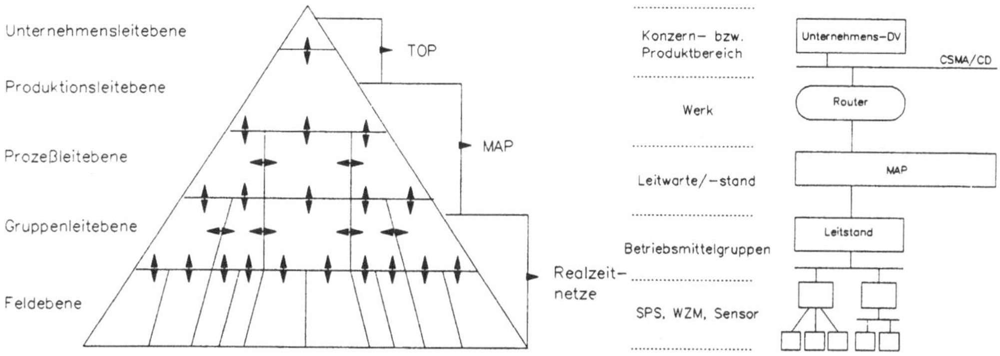

Abb. 30: Kommunikationshierarchie und Netze

3.2.4.1 MAP2.1 (Manufacturing Automation Protocol)

Das von GM entwickelte MAP-Konzept wurde 1985 auf der AUTOFACT-Messe in Detroit auf der Basis bereits existierender Produkt-Prototypen nach der Spezifikation 2.1 präsentiert. Die Spezifikation 2.1 basiert auf dem ISO-Referenzmodell für offene Systeme. Aus dem ISO-Protokollangebot wurde eine auf den **Anwendungsbereich der industriellen Fertigung** zugeschnittene Protokollarchitektur zusammengestellt (Abb. 31).

ISO-Layer	Aufgabe	MAP-Spezifikation
Anwender-Programm (Netzwerk-Nutzer)	-	MMFS/EIA 1393 A
Layer 7: Application	Dienstschnittstelle für den Anwender	ISO-Case-Subset ISO-FTAM-Subset MAP-Messaging MAP-Directory-Dienste MAP-Netzwerk-Management
Layer 6: Presentation	Anpassung/Umwandlung von Formaten, Kodierung usw.	Null
Layer 5: Session	Synchronisation und Verwaltung von Verbindungen	ISO-Session-Kern
Layer 4: Transport	Zuverlässige Ende-zu-Ende-Verbindungen	ISO-Transportklasse 4
Layer 3: Network	Protokollanpassung zwischen verschiedenen Netzen, Routing	Null z. Z. (Absicht: CLNS inaktiv und subset)
Layer 2: Data Link	Fehlerentdeckung, Transfer zwischen topologisch benachbarten Knoten, Medienzugang	IEEE 802.2 LLC Typ 1 IEEE 802.4 Token-Bus
Layer 1: Physikal	Kodierung und bitserielle Übertragung von Paketen	IEEE 802.4 Token-Bus-Breitband

Abb. 31: Übersicht MAP2.1 und ISO-Schichten

aus: Suppan-Borowka, Simon, MAP 1986, S. 109

Als Technologien wurden für MAP gewählt:

- Übertragungsmedium: 75 Ohm Koaxkabel
- Übertragungstechnologie: Breitband mit einer Übertragungsrate von 10 Mbit/s in einem 12 MHz Frequenzbereich
- Topologie: Bus
- Medienzugangsverfahren: Token Bus IEEE 802.4 und LLC Typ 1 IEEE 802.2

Durch das Breitbandsystem wird die Überbrückung großer Entfernungen ermöglicht, die parallele Übertragung mehrerer Informationsströme unterstützt und von vornherein jede Beschränkung der Übertragungskapazität vermieden. Zusammen mit der Bustopologie und der passiven Stationsankoppelung wird ein Höchstmaß an Sicherheit für eine fehlerfreie und garantierte Übertragung erreicht. Das eingesetzte LLC-Protokoll ist verbindungslos und arbeitet mit einem Minimum an Overhead. Auf der Netzwerkschicht soll ein verbindungsloses Internet CLNS (Connectionless Network Service) eingesetzt werden, in der Kombination mit dem LLC-Protokoll kann ein verbindungsloser Dienst aufgebaut werden.

Auf der Schicht 4 wird ein Transportprotokoll der Klasse 4 für Fehlerentdeckung und -behebung mit Diensten für Flußkontrolle, Segmentierung und Reihenfolgeerhaltung eingesetzt.

Die Transportschicht stellt der Session-Schicht eine einheitliche Dienstschnittstelle zur Verfügung, die von der Realisierung der unteren drei Schichten unabhängig ist.

Die Schichten 5 - 7 legen in einer Protokollarchitektur die für den Anwender angebotene Funktionalität fest. MAP bietet hier im wesentlichen den File Transfer (FTAM), den CASE-Kern (Common Application Service Elements) und Zusatzfunktionen für die Übertragung von Befehlen und Programmen für NC-Maschinen, Roboter und ähnliche Geräte. Diese Zusatzfunktionen werden unter der Bezeichnung MMFS (Manufacturing Message Format Standard) geführt, die in der EIA weiterentwickelt und unter der Bezeichnung RS-511 verabschiedet werden.

Das Netzwerk-Management sorgt für die Überwachung und Gestaltung der Netz-Konfiguration, die Überwachung und Steuerung des Netz-Zustandes und die Kontrolle und Behebung von Fehlersituationen.

MAP ist als Kommunikationsnetz zwischen der Prozeßleitebene und der Produktionsleitebene anzusiedeln (Abb. 30). MAP ist durch die umfangreiche Protokollarchitektur nicht realzeitfähig und wird deshalb den Anforderungen der Feld- und Gruppenleitebene nicht gerecht (es ist z. B. nicht sinnvoll, die umfangreichen Protokolle in Geräte ohne DV-Struktur zu integrieren).

3.2.4.2 TOP1.0 (Technical and Office Protocols)

Unter dem Projektnamen TOP wurden unter Federführung von Boeing in enger Abstimmung mit der MAP-Vorgehensweise geeignete Protokollspezifikationen im Rahmen des ISO-Referenzmodells definiert mit den Zielen:

"- Aufbau einer Institution für eine Vielzahl von Anbietern zur Schaffung eines einheitlichen Ansatzes für die Bürokommunikation;
- Unterstützung der Schaffung leistungsfähiger offener Netze;
- Verringerung der Kosten der Einführung und Schaffung dieser Systeme;
- Beschleunigung der Verfügbarkeit von Büro-Workstations im Rahmen dezentralisierter Systeme." (Suppan-Borowka, Simon, MAP 1986, S. 202).

TOP sieht auf den oberen Ebenen, deren Funktionalität gerade im Bürobereich wichtig ist, eine schrittweise Anpassung an die folgenden Dienste vor:

- File Transfer (Schritt 1)
- File Management (Schritt 2)
- Message Handling System (MHS) (Schritt 2)
- Dokument Austausch (Schritt 3)
- Directory-Dienste (Schritt 3)
- Graphik-Einbindung (Schritt 3)
- Datenbank-Unterstützung (Schritt 3)

Abb. 32 stellt die TOP-Architektur nach der Version 1.0, die ebenfalls auf der AUTOFACT 1985 präsentiert wurde, der MAP-Spezifikation 2.1 gegenüber.

LAYERS	TOP1.0 PROTOCOLS	MAP2.1 PROTOCOLS
LAYER 7 Application	ISO FTAM (DP) 8571 File Transfer Protocol	ISO FTAM (DP) 8671 File Transfer Protocol Manufacturing Messaging Format Standard (MMFS) and Common Application Service Elements (CASE)
LAYER 6 Presentation	NULL (ASCII and Binary Encoding)	
LAYER 5 Session	ISO Session (IS) 8327 Basic Combined Subset and Session Kernel, Full Duplex	
LAYER 4 Transport	ISO Transport (IS) 8073 Class 4	
LAYER 3 Network	ISO Internet (DISS) 8473 Connectionless and for X.25 - Subnetwork Dependent Convergence Protocol (SNDCP)	
LAYER 2 Data Link	ISO Logical Link Control (DIS) 8802/2 (IEEE 802.2) Type 1, Class 1	
LAYER 1 Physical	ISO CSMA/CD (DIS) 8802/3 (IEEE 802.3) CSMA/CD Media Access Control	ISO Token Passing Bus (DIS) 8802/4 (IEEE 802.4) Token Passing Bus Media Access Control

Abb. 32: TOP und MAP

aus: Suppan-Borowka, Simon, MAP 1986, S. 203

TOP und MAP benutzen so weit wie möglich identische Protokolle, was zum Beispiel die Verknüpfung auf dem ISO-Layer 2 (LLC) gestattet. Folgende Technologien und Protokolle wurden für TOP gewählt:

- Übertragungstechnologie: Basisband
- Topologie: Bus
- Medienzugangsverfahren: CSMA/CD IEEE 802.3

- LLC- und Netzwerk-Protokolle sind verbindungslos
- Transportprotokoll der Klasse 4
- X.25-Zugang integriert
- Anwendungsfunktion in V1.0 ist der File Transfer

TOP ist als Kommunikationsnetz primär zwischen der Unternehmensleitebene und der Produktionsleitebene anzusiedeln. Es gibt allerdings Anwender, die Ethernet in der Fertigung bis zu den Steuerungen einsetzen.

3.2.4.3 MAP/TOP3.0 und Realisierungsstand von Produkten

Seit 1988 existiert die endgültige Version 3.0; sie soll sechs Jahre lang eingefroren werden, um einen Markt mit stabilen Produkten zu schaffen und den Anwendern die Furcht vor Investitionen zu nehmen.

Abb. 33 zeigt die generelle System-Architektur für MAP/TOP3.0 und TCP/IP als weitverbreiteten OSI-Vorläufer. Ebene 1 umfaßt die Verkabelungsinfrastruktur und den Zugang zum Medium; auf Ebene 2 gilt der 802.X-Standard, welcher für OSI (MAP/TOP) und TCP/IP gleichermaßen verwendet wird. Die übrigen Ebenen unterscheiden sich zwar im Detail, aber nicht generell. Wichtig ist die Unterteilung der Ebene 7:

Die **Kommunikationsgrundfunktionen ACSE** (Application Control Service Element) erlauben den Aufbau und Abbau von parallelen logischen Kommunikationspfaden und das Übertragen der Daten. Zukünftig werden in diesem Teil der Ebene 7 auch weitere generelle Dienste wie CRR (Committment, Concurrency, Recovery) zu finden sein, die für verteilte Datenbanken den restartfähigen Zugriff unterstützen.

Viel wichtiger für den Anwender sind die **Anwendungsdienste.** Sie gehen für OSI-Systeme weit über das bisher bei TCP/IP übliche Maß hinaus. Der Zugriff ist durch Hersteller-Software in interaktiver Form möglich. Für die Fabrikautomatisierung ist aber vor allem der Zugang aus Anwendungsprogrammen unter Nutzung eines API wichtig (Application Program Interface). APIs werden heute in der Regel für die Sprache "C" angeboten. Neben der Portabilität der Anwendungsprogramme wird die risikoarme Inbetriebnahme auch komplexer Lösungen damit Realität.

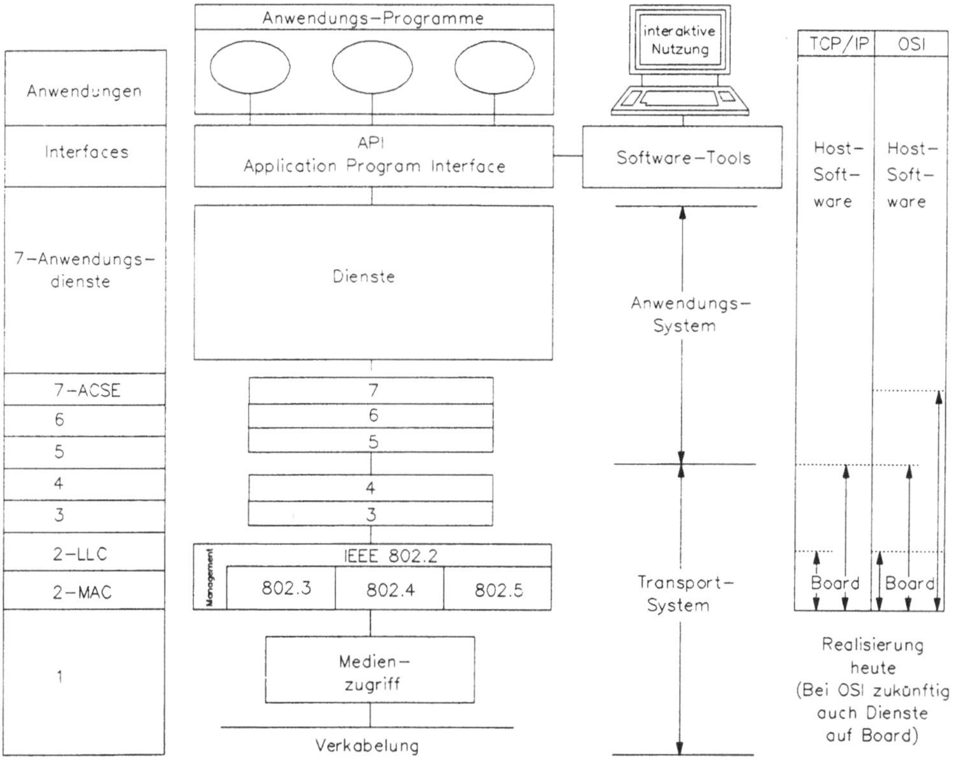

Abb. 33: Systemarchitektur offener LAN-Kommunikation
aus: Henn, Schnittstellen für die Automatisierungstechnik 1989, S. 61

Der rechte Teil der Abb. 33 "Realisierung" zeigt, welche Aufteilung der Software-Funktionen vorherrscht. Bei TCP/IP war die komplette Realisierung ab Ebene 2 im Host üblich.

Inzwischen werden Board-basierende Implementierungen angeboten, die bei entsprechend guter Integration in das Gesamtsystem (z. B. über Shared RAM) die Performance bei gleichzeitiger Host-Entlastung stark verbessern (vgl. Henn, Schnittstellen für die Automatisierungstechnik 1989, S. 61).

Bei OSI-Realisierungen sind drei Varianten zu finden:

a) Komplette Realisierung der 7 Ebenen auf Kommunikationsboards (vorherrschende Lösung);
b) OSI-Ebenen 1 - 4 auf Boards realisieren und die oberen Ebenen 5 - 7 und die Dienste im Host integrieren;
c) Ebenen 3 - 7 im Host realisieren (Vorteil: evtl. leichtere Integration mit Netzwerk-Management-Systemen).

Die verschiedenen internen und externen Schnittstellen eines MAP/TOP3.0-Produktes und die Anwendungsdienste zeigt Abb. 34.

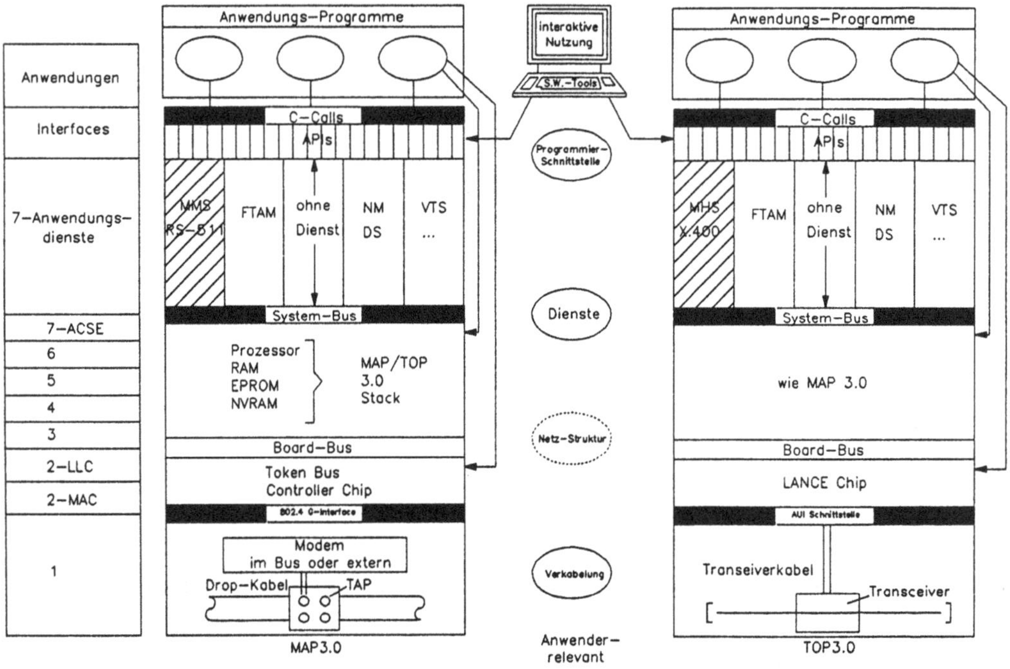

Abb. 34: Schnittstellen und Anwendungsdienste bei MAP/TOP 3.0-Produkten

aus: Henn, Schnittstellen für die Automatisierungstechnik 1989, S. 64

Alle Dienste außer dem fertigungsspezifischen MMS (Manufacturing Message Specification, identisch mit RS-511) sind im gleichen Umfang vorhanden. Bei bisherigen Kommunikationsdiensten (TCP/IP, SNA/APPC oder DECnet) wurde neben den

Verbindungssteuerungsfunktionen nur der Austausch von Daten und Files unterstützt. MMS dagegen definiert Objekte, auf die über einen umfangreichen Satz von Services zugegriffen wird (Variable, Domains und Program Invocations, Event- und Semaphore-Objekte). Anstelle von MMS wird in TOP durch MHS (Message Handling System, identisch mit X.400) eine sehr leistungsfähige Basis für Electronic Mail zur Verfügung gestellt (vgl. Henn, Schnittstellen für die Automatisierungstechnik 1989, S. 64 - 65).

Durch die klare Struktur mit gemeinsamer LLC auf Ebene 2b ist es technisch kein Problem, alle Medien in Ebene 1 bei MAP und TOP zu unterstützen; heute sind bei MAP3.0 Breitband und Carrierband nach 802.4 (Token Bus) und bei TOP3.0 Basisband nach 802.3 (CSMA/CD) vorgesehen. Bei MAP3.0 ist außerdem 802.4/Fibre Optic im Appendix spezifiziert. Aus Anwendersicht sind für die Weiterentwicklung von MAP/TOP die Ergänzung von MAP3.0 um 802.3 (CSMA/CD) und die Ergänzung von TOP3.0 um 802.5 (Token Ring) gewünscht. 802.5 ist der LAN-Standard bei IBM.

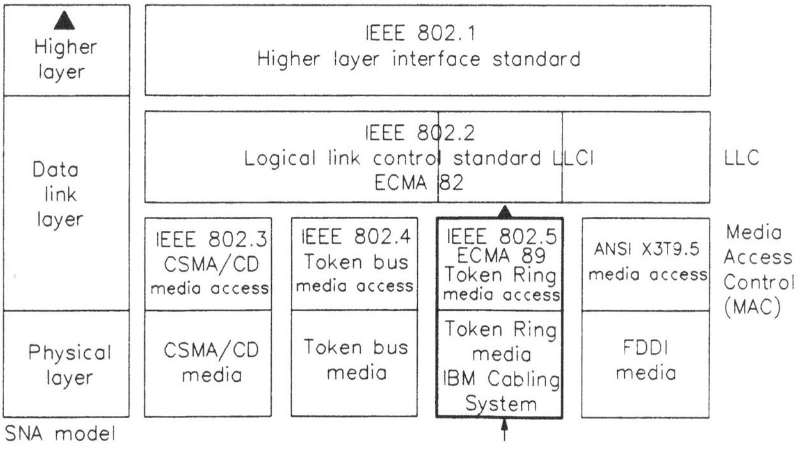

Abb. 35: LAN-Standards bei IBM

Quelle: IBM

Mit FDDI (Fibre Distributed Data Interchange) wird von den führenden Anbietern von Informationstechnik und Netzwerk-Technologien zur Zeit ein LAN mit einer Übertragungsrate von 100 Mbit/s auf der Basis der ANSI-Norm entwickelt. Wirtschaftliche Lösungen - u. a. für die Vernetzung von Workstations - werden bis 1992 erwartet.

3.2.4.4 TCP/IP (Transmission Control Protocol/Internet Protocol)

Bei TCP/IP als OSI-Vorläufer ist die gängige Form die interaktive Nutzung auf Basis von gekauften Softwarepaketen.

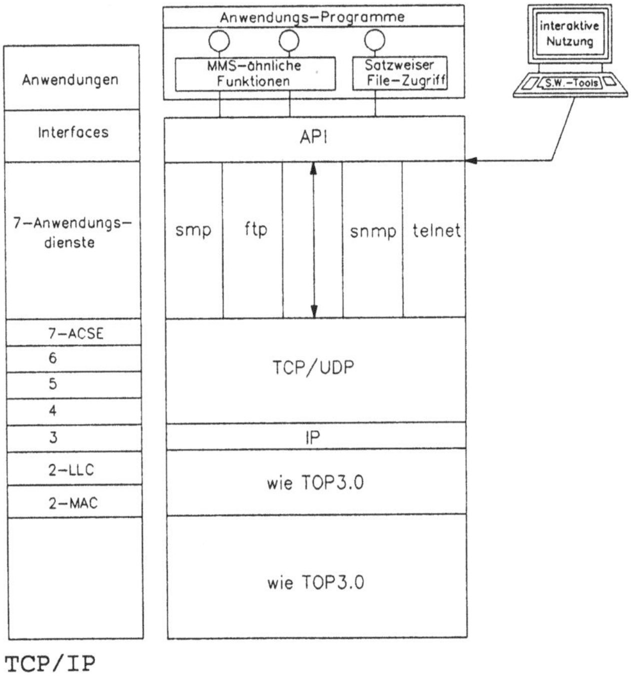

Abb. 36: TCP/IP

aus: Henn, Schnittstellen für die Automatisierungstechnik 1989, S. 66

Die angebotenen Services sind sicherlich für viele Fälle ausreichend und vor allem für Multi vendor-Vernetzung oft das Beste, was verfügbar ist, doch im Vergleich mit OSI-Diensten schwach. Da z. B. MMS-entsprechende Dienste fehlen, müssen mit hohem projektspezifischen Realisierungs- und vor allem Integrationsaufwand MMS-ähnliche Services erstellt werden. Selbst bei noch etwas höheren Kosten für MAP-Produkte ist es zukünftig nicht mehr sinnvoll, solche Wege zu gehen, wenn für die zu vernetzenden Systeme eine MMS-Implementierung mit MAP3.0-Interface existiert. Für eine Übergangszeit wird es auch MMS-Realisierungen auf der Basis von TCP/IP geben, die aber ebenfalls durch MAP-Produkte abgelöst werden.

Am längsten dürfte sich "telnet" behaupten, weil das OSI-VTS-Protokoll (Virtual Terminal Services) nur mit leistungsfähigen neuen Terminals realisierbar sein dürfte (vgl. Henn, Schnittstellen für die Automatisierungstechnik 1989, S. 66).

3.2.4.5 APPC (Advanced Program to Program Communication)

APPC ist die Bezeichnung für den Kommunikationsdienst unter IBM SNA (System Network Architecture) auf Anwendungsebene. Abb. 37 stellt die IBM-Konzeption lokaler Netze der TOP-Konzeption (OSI) gegenüber. Die Netzarchitekturen, d. h. die Auswahl der Protokolle auf den einzelnen Ebenen, sind nicht identisch. Als Medienzugangsverfahren wurde bei IBM das Token Ring-Verfahren 802.5 gewählt, die Ebenen 2 und 3 sind verbindungsorientiert (in MAP/TOP verbindungslos). Der unterschiedliche Ansatz liegt in der für IBM gegebenen Notwendigkeit, ihre Konzeption lokaler Netze in vorhandene Netzwerke, d. h. SNA, zu integrieren.

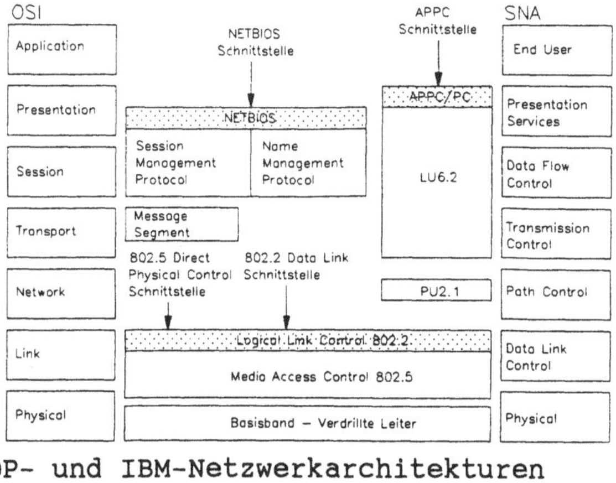

Abb. 37: TOP- und IBM-Netzwerkarchitekturen

aus: Suppan-Borowka, Simon, MAP 1986, S. 206

3.2.4.6 SINEC H1 mit AP/TF

Die SINEC-Architektur von SIEMENS als stark verbreitete Lösung bei europäischen Fertigungskunden zeigt einerseits die klare Orientierung zu ISO/OSI, andererseits die noch existierende Bindung der Kunden an die herstellerspezifische Lösung, da nur die unteren Ebenen nach internationalen Standards realisiert sind.

SIEMENS hat mit AP (Automation Protocol) einen MMS-vergleichbaren Service, der funktional heute jedoch nur eine SPS-orientierte Teilmenge umfaßt. Durch die TF (Technologischen Funktionen) werden aufbauend auf AP Zusatzdienste realisiert (incl. Aufrufschnittstelle). Die TF sind funktionskompatibel zu MMS-Diensten und erlauben damit die spätere Portierung der jetzt mit TF erstellten Anwendungen auf die MAP3.0-kompatiblen SIEMENS-Produkte.

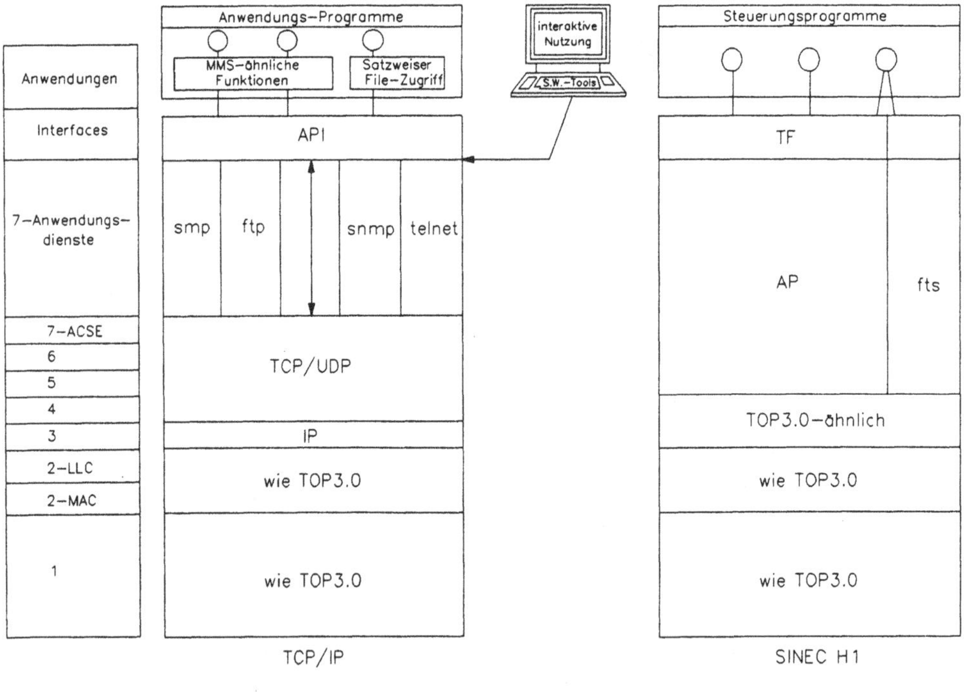

Abb. 38: SINEC H1 mit AP/TF im Vergleich zu TCP/IP

aus: Henn, Schnittstellen für die Automatisierungstechnik 1989, S. 66

3.2.4.7 Netze für Realzeitanwendungen

Wie bereits erwähnt, ist MAP wegen seiner umfangreichen Protokollarchitektur nicht für den Einsatz im realzeitnahen Bereich geeignet. Hier werden Lösungen mit spezifischer Funktionalität angeboten, die aber in MAP integrierbar sein müssen. Die Protokollarchitekturen sind bei diesen Netzen verkürzt (Abb. 39).

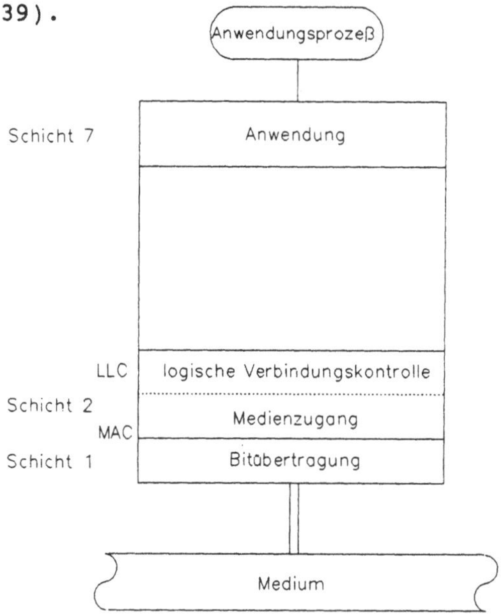

Abb. 39: Reduzierte Protokollstruktur für Realzeit-Anwendungen
aus: Suppan-Borowka, Simon, MAP 1986, S. 152

Als Entwicklungen bzw. Produkte in diesem Bereich sind zu nennen:

- PROWAY C (Process Data Highway), als Norm in Vorbereitung durch die IEC (International Electrotechnical Commission); geeignet für Anwendungen in dezentralen, leittechnischen Systemen:
  . 75 Ohm Koaxkabel
  . Basisband
  . logischer Ring, physischer Bus
  . Token Bus-Verfahren 802.4
  . Antwortzeit 20 ms

- DIN/PDV-Bus (DIN 19241) für ereignisorientierte Kommunikationsaufgaben im prozeßnahen Bereich
  . 75 Ohm Koaxkabel
  . bitserielle Übertragung
  . logisch: Baum, Stern, Ring; physisch: Bus
  . Zugriffsverfahren: zentrales Polling, zentrale Zuteilung
  . Antwortzeit 10 ms

- IEC-Bus (IEC-625)

- Teleperm M (SIEMENS)

- TDC 3000 (Honeywell Bull) usw.
  (vgl. Suppan-Borwoka, Simon, MAP 1986, S. 150 - 185).

Aufgrund der Ausfall- und Stör-Resistenz werden im prozeßnahen Bereich grundsätzlich Bus-Systeme mit deterministischem Zugriffsverfahren eingesetzt. Diese Bussysteme sind auf die speziellen Anforderungen der prozeßnahen Ebenen besonders zugeschnitten und ermöglichen einen preiswerten Anschluß von Geräten. Abb. 40 zeigt eine Netzstruktur mit MAP und standardisierten sowie herstellerspezifischen Lösungen im Bereich der Automatisierungszellen.

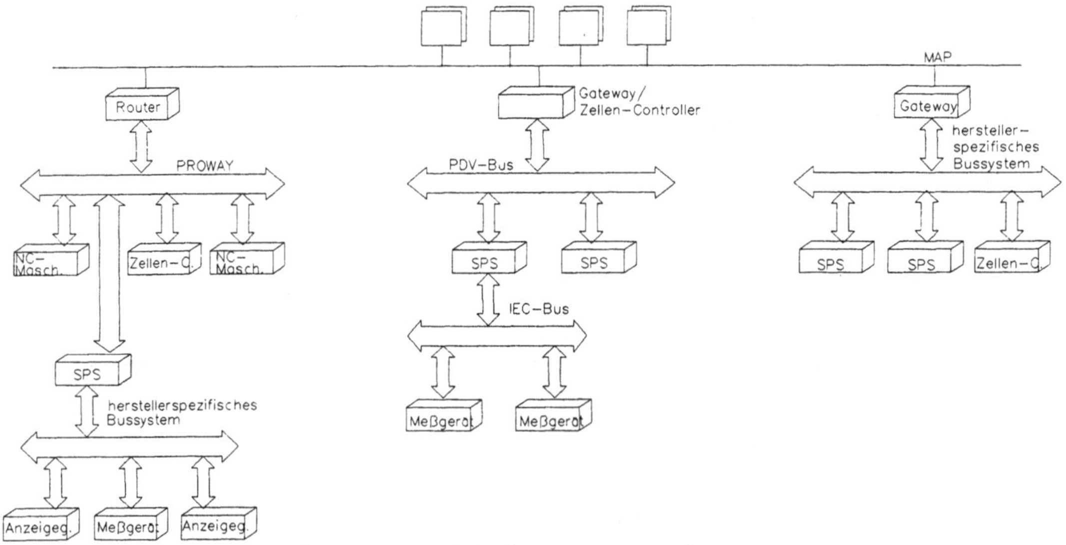

Abb. 40: Koexistenz verschiedener Bussysteme

aus: Suppan-Borowka, Simon, MAP 1986, S. 192

3.2.4.8 Digitale Nebenstellenanlagen (PBX-Systeme)

Die Entwicklung von Nebenstellenanlagen (private Telefonnetze) vollzog sich in mehreren Generationen. Die **erste Generation** war gekennzeichnet durch analoge Übertragungstechnik, Anwendungen waren Sprache und Datenübermittlung mit Modems. Auch die **zweite Generation** war noch analoge Übertragungstechnik, allerdings mit digitaler Vermittlung und speicherprogrammierter Kontrolle. PBX-Systeme der **dritten Generation** übertragen erstmals digital, Sprache und schmalbandige Datenübermittlung sind integrierte Anwendungen; mit ISDN haben diese Systeme optimalen Zugang zu öffentlichen Netzen (Anmerkung: ISDN = Integrated Services Digital Network, das dienstintegrierte Netz der Bundespost).

Nebenstellenanlagen der zweiten und dritten Generation entsprechen dem heutigen Stand der Technik. In der (entfernten) Zukunft werden voraussichtlich voll digitale Breitbandsysteme für die integrierte Anwendung von Sprache, Daten, Graphik und Video zur Verfügung stehen.

Spezifische Eigenschaften von PBX-Systemen (der dritten Generation) sind:

- zentrale digitale Leitungsvermittlung
- digitale Datenübertragung
- digitale Endgeräte
- Nutzung der vorhandenen Verkabelung
- Übertragungskanäle gemäß ISDN, d. h. pro Anschluß stehen zwei 64-kbit/s-Datenkanäle und ein 16-kbit/s-Steuerkanal zur Verfügung. Die Datenkanäle können entweder als zwei 64kbit/s-Halbduplexkanäle oder als ein 64-kbit/s-Vollduplexkanal betrieben werden.

Zukünftig wird es ein Nebeneinander von PBX-Systemen für die primäre Aufgabe der Sprachkommunikation und von lokalen Netzen für die primäre Aufgabe der Datenkommunikation im Unternehmen geben. Abb. 41 zeigt eine Netzinfrastruktur, bei der das lokale Netz über ein PBX-System verlassen wird (Anschluß an WAN-Services).

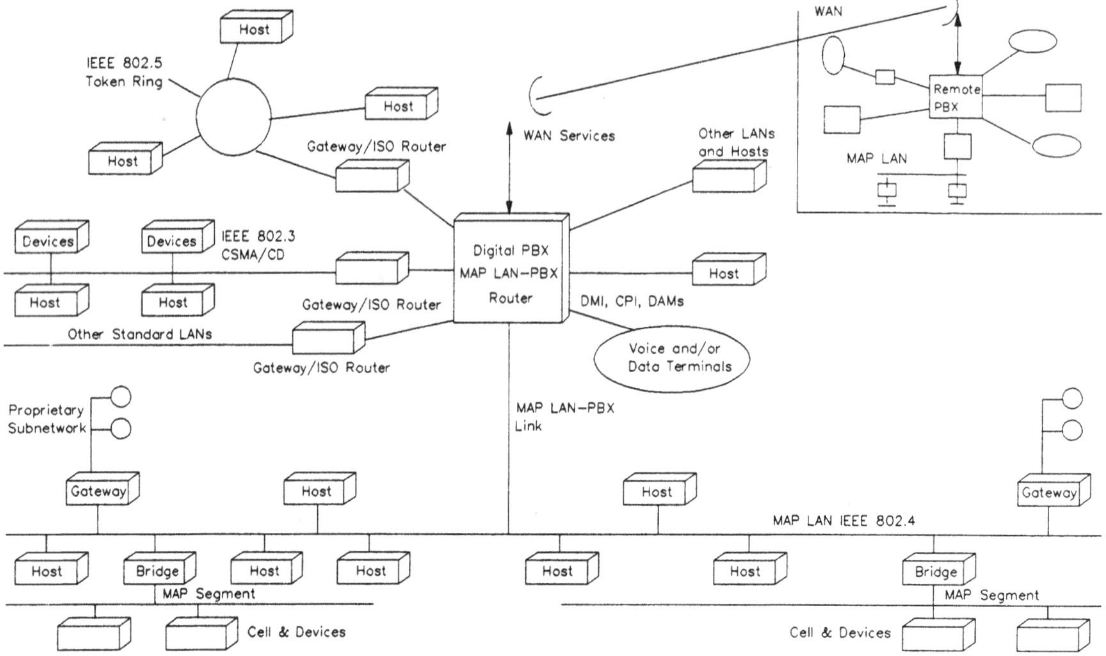

Abb. 41: Einbindung von PBX-Systemen als Intermedidate Router

aus: Suppan-Borowka, Simon, MAP 1986, S. 131

B. Produktionsorientierte Integrationsmodelle: CIM (Computer Integrated Manufacturing)

Produktionsorientierte Modelle beschreiben den integrierten DV-Einsatz in allen mit der Produktion zusammenhängenden Unternehmensbereichen, der durch die Integration der technischen und organisatorischen Funktionen zur Produkterstellung erreicht werden soll. Mit Ausnahme der Kalkulation werden die Funktionen des Rechnungswesens in der Regel in diesen Modellen nicht berücksichtigt.

1. Unternehmensziele und CIM

CIM im engeren Sinne (d. h. ohne Rechnungswesen) ist das Synonym für die produktionsorientierten Integrationsmodelle. Durch die Integration sollen grundlegende Unternehmensziele wie die Verringerung der Durchlaufzeiten oder die Reduzierung der Lagerbestände (= Reduzierung der Kapitalbindung) realisiert werden.

Im dritten Quartal 1987 führte das Forschungsinstitut für Rationalisierung (FIR) der RWTH Aachen eine umfassende schriftliche CIM-Expertenbefragung durch. Abb. 42 zeigt die Verteilung der Nennungen auf die Frage, welche grundlegenden Unternehmensziele bei dem Wunsch nach CIM-Einführung im Vordergrund stehen.

Von den vorgegebenen 19 möglichen Unternehmenszielen konnten die quantifizierbaren Ziele (Durchlaufzeit, Lagerbestände, Produktivität etc.) die häufigsten Nennungen auf sich vereinigen. Mit Ausnahme der Flexibilität und Transparenz liegen die Ziele, die mit qualitativen Verbesserungen gleichzusetzen sind, am unteren Ende der Skala (verbesserte Kalkulationsgrundlagen, fehlerfreie Fertigungsunterlagen, verbesserte Dokumentation, Humanisierung der Arbeit).

Frage des FIR:

Welche grundlegenden Unternehmensziele stehen Ihrer Meinung nach bei dem Wunsch nach CIM-Einführung im Vordergrund? (Zur Beantwortung dieser Frage war eine Liste von 19 möglichen Unternehmenszielen vorgegeben, aus denen 5 ausgewählt werden sollten.)

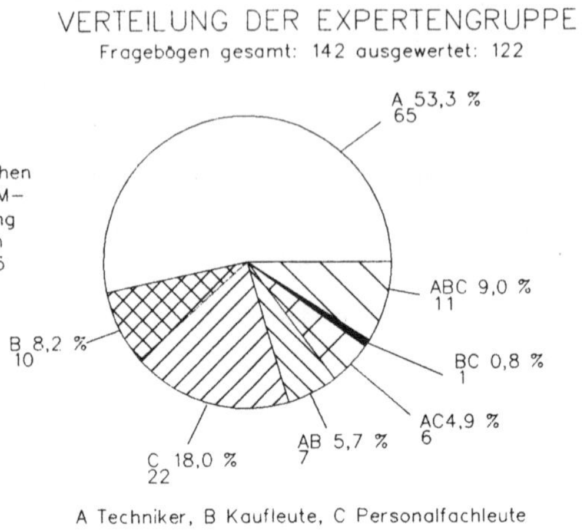

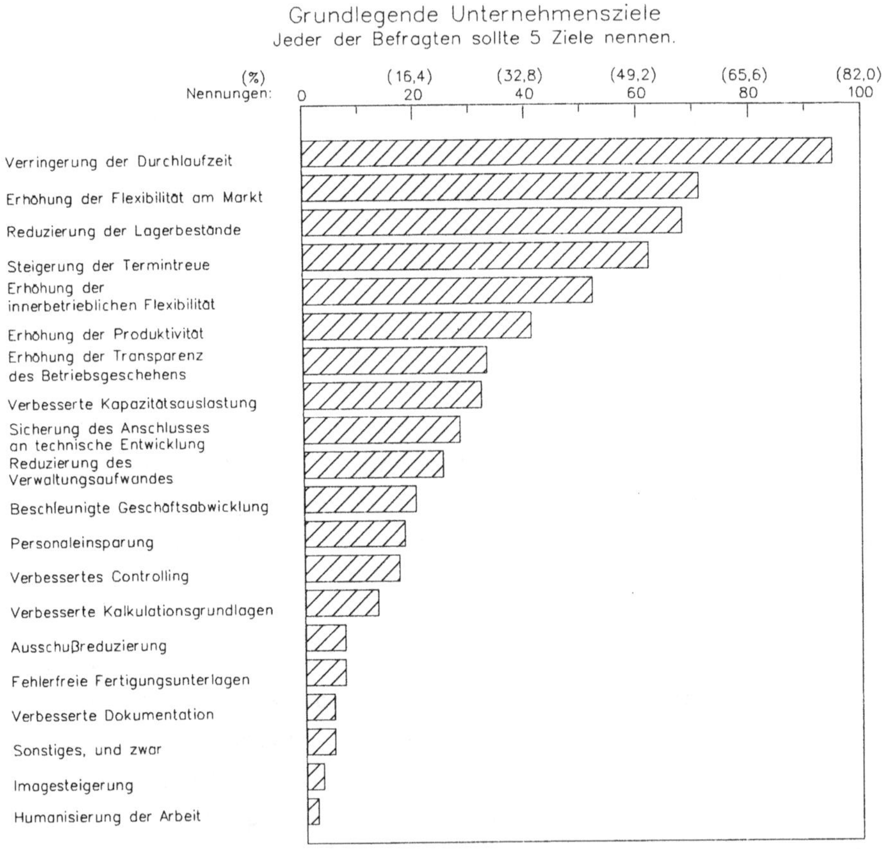

Abb. 42: CIM-Einführung und Unternehmensziele

aus: Expertenbefragung des FIR 1988, S. 9

Die Einschätzung der **Realisierungschancen** der aufgeführten Ziele zeigt ein ausgewogeneres Bild (Abb. 43). Die Verteilung läßt vermuten, daß die Experten bei Realisierung der quantizierbaren Ziele quasi als Nebeneffekt auch die Umsetzung der qualitativen Ziele erwarten. Dies hängt auch damit zusammen, daß die aufgeführten Ziele teilweise interdependent sind.

Es drängt sich die Frage auf, inwieweit sich die Erwartungen **nach** der CIM-Einführung bestätigen lassen. Nach einer Studie des US National Research Council (NRC, 1985) über die fünf erfolgreichsten "CIM-Firmen" wurden durch CIM - als Hilfsmittel zur Verbesserung der die Unternehmensziele bestimmenden Faktoren - folgende Wirkungen erzielt:

Bestimmende Faktoren:	Verbesserungen durch CIM:
- Entwicklungskosten	- 15 bis 30 %
- Durchlaufzeit	- 30 bis 60 %
- Produktqualität	2 bis 5fach
- Engineering Qualität	3 bis 35fach
- Produktionsproduktivität	+ 40 bis 70 %
- Maschinennutzung	2 bis 3fach
- Umlaufmaterial	- 30 bis 60 %
- Löhne	- 5 bis 20 %

Die Ziele bzw. Faktoren sind bei den Erhebungen des FIR und NRC leider nicht einheitlich formuliert. Es belegt aber, daß CIM als Vehikel zur Erreichung sowohl quantitativer als auch qualitativer Unternehmensziele erfolgreich eingesetzt werden kann.

Ein "CIM-System" besteht nicht nur aus Anwendungen und deren Integration. Es müssen zusammenwirken:

- Hierarchische Unternehmensplanung, von den Märkten/Produkten (Anforderungen) zum Produktionskonzept und den Maßnahmenplänen; integrierte Organisationsplanung und -entwicklung;

Frage des FIR:

Wie beurteilen Sie allgemein die Realisierungschancen aller hier aufgeführten Ziele durch die Einführung von CIM (gering, hoch, kein Einfluß)?

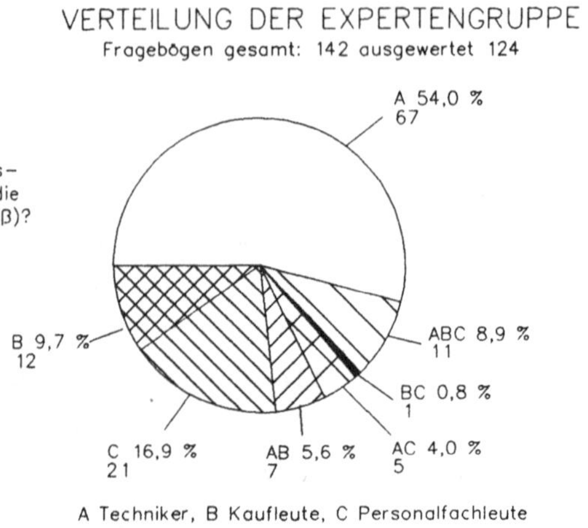

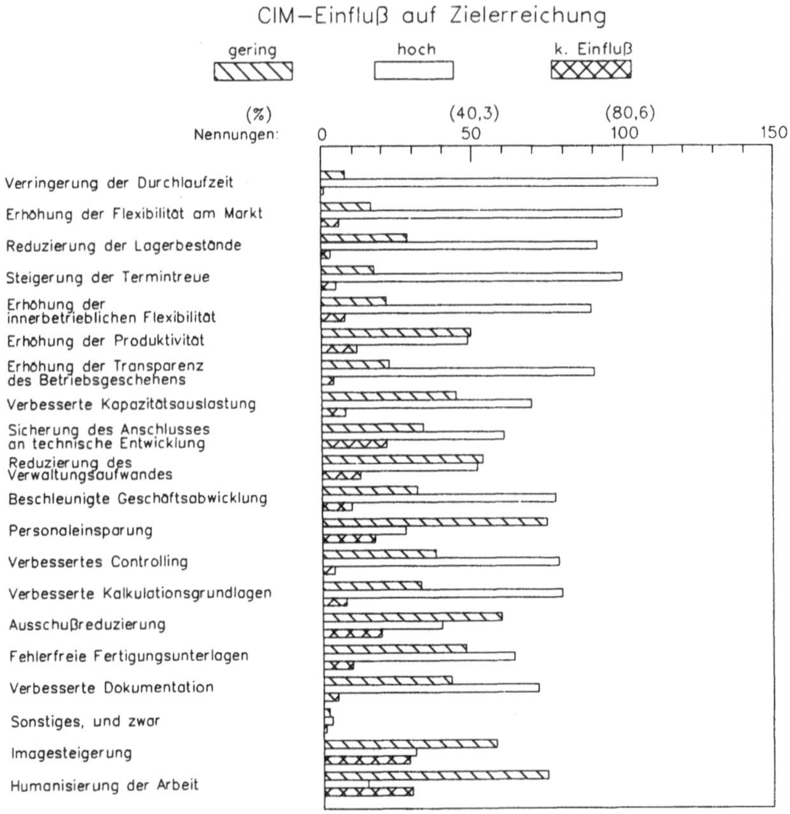

Abb. 43: Realisierungschancen der Unternehmensziele durch die Einführung von CIM

aus: Expertenbefragung des FIR 1988, S. 10

- Informations- und Kommunikationstechnik, also Hardware, Systemsoftware und Infrastruktur (Netze!);
- Produktions-Automatisierung;
- und vor allem: Mitarbeiter- und Akzeptanzentwicklung (Kommunikation, Schulung, Ausbildung, Konventionen, Arbeitsplatzgestaltung).

2. Das Gedankengut von CIM

Bei den CIM-Modellen kann nach Modellen aus der Forschung, von Beratungshäusern und Anbietern und nach den CIM-Konzepten von Anwendern unterschieden werden. Zur Vermittlung des Gedankengutes von CIM wird in der Folge von jeder Kategorie mindestens ein repräsentativer Vertreter näher beschrieben.

2.1 Modelle aus der Forschung

Die wohl bekanntesten Modelle aus der Forschung sind die Modelle vom Ausschuß für Wirtschaftliche Fertigung e. V. (AWF), Eschborn, und das "Y" von A.-W. SCHEER, Institut für Wirtschaftsinformatik (IWI), Saarbrücken. Beide Modelle werden wegen ihrer herausragenden Bedeutung und wegen der Impulse, die sie der Industrie vermittelt haben, in ihren wesentlichen Grundzügen vorgestellt.

2.1.1 Das Modell von AWF

Abb. 44 zeigt die AWF-Empfehlung "CIM". Die CA-Systeme umfassen CAD, CAP, CAM und das bereichsübergreifende CAQ. Ihre logische Zusammengehörigkeit wird durch die Bildung des Funktionsblockes "CAD/CAM" hervorgehoben. Zwischen den CA-Systemen und den PPS-Funktionen symbolisiert der Doppelpfeil die wechselseitigen Abhängigkeiten und Beziehungen.

Die PPS-Funktionen sind ablauforientiert angeordnet, von der

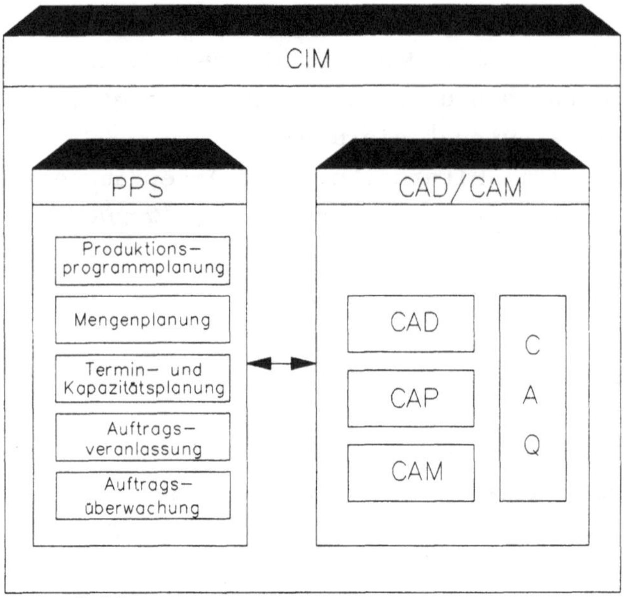

Abb. 44: AWF-Empfehlung "CIM"

aus: Hackstein, CIM-Begriffe sind verwirrende Schlagwörter 1985, S. 11

Produktionsprogrammplanung bis zur Auftragsüberwachung. CIM bildet die informationstechnologische "Dachorganisation" für die CA- und PPS-Funktionen. Nach AWF bedingt dies die gemeinsame, bereichsübergreifende Nutzung einer Datenbasis.

Für die weitere Betrachtung ist es wesentlich, daß die Begriffe wie CAD, CAM usw. inhaltlich klar sind und interpretiert werden können. Deshalb folgt zunächst eine kurze Begriffserläuterung zu den CIM-Komponenten aus der AWF-Empfehlung (2.1.1.1 - 2.1.1.7, AWF 1985).

2.1.1.1 Das Kürzel "CA."

Das CA.-Kürzel entwickelt sich zum Synonym moderner Technologie.

Die Entwicklung und der Einsatz moderner Produktionsmittel und -methoden in den Industriebetrieben sind gekennzeichnet durch die Bemühungen, den Fertigungsprozeß, die Produktionsplanung und -steuerung sowie andere Aufgaben der indirekten technischen Bereiche weiter EDV-technisch zu unterstützen.

Die Vorteile der im Fertigungsprozeß eingesetzten flexiblen Fertigungsmethoden und leistungsfähigen Betriebsmittel lassen sich nur dann vollständig nutzen, wenn auch in den vorgelagerten Funktionsbereichen elektronische Datenverarbeitung zum Einsatz kommt.

Das Resultat dieser Rationalisierungsbemühungen sind einschneidende Veränderungen in der herkömmlichen Produktionstechnik durch den integrierten EDV-Einsatz in der Produktion (CIM). Kennzeichnend für die Fabrik der Zukunft ist der durchgängige Informationsfluß, bei dem die elektronische Datenverarbeitung in einem bereichsübergreifenden Informationssystem alle mit der Produktion zusammenhängenden Betriebsbereiche verbindet: Vom Entwurf des Produktes über seine Herstellung bis zum Versand an den Kunden.

Der hier angesprochene EDV-Einsatz bezieht sich also auf die folgenden technisch-organisatorischen Betriebsbereiche:

. Vertrieb
. Entwicklung und Konstruktion
. Fertigungsplanung
. Produktionsplanung und -steuerung
. Teilefertigung
. Montage
. Qualitätssicherung

2.1.1.2 CAD (Computer Aided Design)

Definition CAD ist ein Sammelbegriff für alle Aktivitäten, bei denen die EDV direkt oder indirekt im Rahmen von Entwicklungs- und Konstruktionstätigkeiten eingesetzt wird.

Dies bezieht sich im engeren Sinn auf die graphisch-interaktive Erzeugung und Manipulation einer digitalen Objektdarstellung, z. B. durch die zweidimensionale Zeichnungserstellung oder durch die dreidimensionale Modellbildung.

Objekte können beispielsweise sein:

. Werkstücke
. Anlagen
. Leiterplatten
. Bauwerke
  etc.

Die digitale Objektdarstellung wird in einer Datenbank abgelegt, die auch anderen betrieblichen Abteilungen für weitere Aufgaben zur Verfügung steht.

Im weiteren Sinne bezeichnet CAD allgemeine technische Berechnungen mit oder ohne graphische Ein- und Ausgabe.

Funktions-zuordnung

. Entwicklungstätigkeiten
. Technische Berechnungen
. Konstruktionstätigkeiten
. Zeichnungserstellung

2.1.1.3 CAP (Computer Aided Planning)

Definition

CAP bezeichnet die EDV-Unterstützung bei der Arbeitsplanung. Hierbei handelt es sich um Planungsaufgaben, die auf den konventionell oder mit CAD erstellten Arbeitsergebnissen der Konstruktion aufbauen, um Daten für Teilefertigungs- und Montageanweisungen zu erzeugen. Darunter wird verstanden: Die rechnerunterstützte Planung der Arbeitsvorgänge und der Arbeitsvorgangsfolgen, die Auswahl von Verfahren und Betriebsmitteln zur Erzeugung der Objekte sowie rechnergestützte Erstellung von Daten für die Steuerung der Betriebsmittel des CAM.

Ergebnisse des **CAP** sind Arbeitspläne und Steuerinformationen für die Betriebsmittel des **CAM**.

Funktionszuordnung
. Arbeitsplanerstellung
. Betriebsmittelauswahl
. Erstellung von Teilefertigungsanweisungen
. Erstellung von Montageanweisungen
. NC-Programmierung

2.1.1.4 CAM (Computer Aided Manufacturing)

Definition — **CAM** bezeichnet die EDV-Unterstützung zur technischen Steuerung und Überwachung der Betriebsmittel bei der Herstellung der Objekte im Fertigungsprozeß. Dies bezieht sich auf die **direkte** Steuerung von Arbeitsmaschinen, verfahrenstechnischen Anlagen, Handhabungsgeräten sowie Transport- und Lagersystemen.

Funktionszuordnung — Technische Steuerung und Überwachung der Funktionen

. Fertigen
. Handhaben
. Transportieren
. Lagern

2.1.1.5 CAQ (Computer Aided Quality Assurance)

Definition — **CAQ** bezeichnet die EDV-unterstützte Planung und Durchführung der Qualitätssicherung. Hierunter wird einerseits die Erstellung von Prüfplänen, Prüfprogrammen und Kontrollwerten verstanden, andererseits die Durchführung rechnerunterstützter Meß-und Prüfverfahren. **CAQ** kann sich dabei der EDV-technischen Hilfsmittel des **CAD**, **CAP** und **CAM** bedienen.

Funktions-zuordnung

. Festlegen von Prüfmerkmalen
. Erstellung von Prüfvorschriften und -plänen
. Erstellung von Prüfprogrammen für rechnergestützte Prüfeinrichtungen
. Überwachung der Prüfmerkmale am Objekt

2.1.1.6 CAD/CAM

Definition

CAD/CAM beschreibt die Integration der technischen Aufgaben zur Produkterstellung und umfaßt die EDV-technische Verkettung von **CAD**, **CAP**, **CAM** und **CAQ**. Auf der Basis der im **CAD** erzeugten digitalen Objektdarstellung werden im **CAP** Steuerinformationen erzeugt, die im **CAM** zum automatisierten Betrieb der Fertigungseinrichtungen eingesetzt werden. Die entsprechenden Aufgaben werden im Rahmen des **CAQ** für Meß- und Prüfeinrichtungen durchgeführt.

CAD/CAM ist mehr als die Verbindung von **CAD** und NC-Programmierung.

2.1.1.7 PPS (Produktionsplanung und -steuerung)

Definition

PPS bezeichnet den Einsatz rechnergestützter Systeme zur **organisatorischen** Planung, Steuerung und Überwachung der Produktionsabläufe **von der Angebotsbearbeitung bis zum Versand** unter Mengen-, Termin- und Kapazitätsaspekten.

Die **PPS**-Hauptfunktionen sind:

Funktions-zuordnung

. Produktionsprogrammplanung
. Mengenplanung
. Termin- und Kapazitätsplanung
. Auftragsveranlassung
. Auftragsüberwachung

2.1.2 Das Y-Modell von A.-W. SCHEER

SCHEER bezeichnet "CIM als funktionsintegrierendes Anwendungskonzept für Industriebetriebe" (Scheer, Wirtschaftsinformatik 1988, S. 594). Integrierte Datenbasis und integrierte Anwendungen bilden die modernen Informationssysteme in der Industrie (Daten- und Vorgangsintegration).

CIM ist die integrierte Informationsverarbeitung für betriebswirtschaftliche und technische Aufgaben. Das Ineinanderfließen dieser Aufgaben wird durch die "Y"-Darstellung deutlich (Abb. 45).

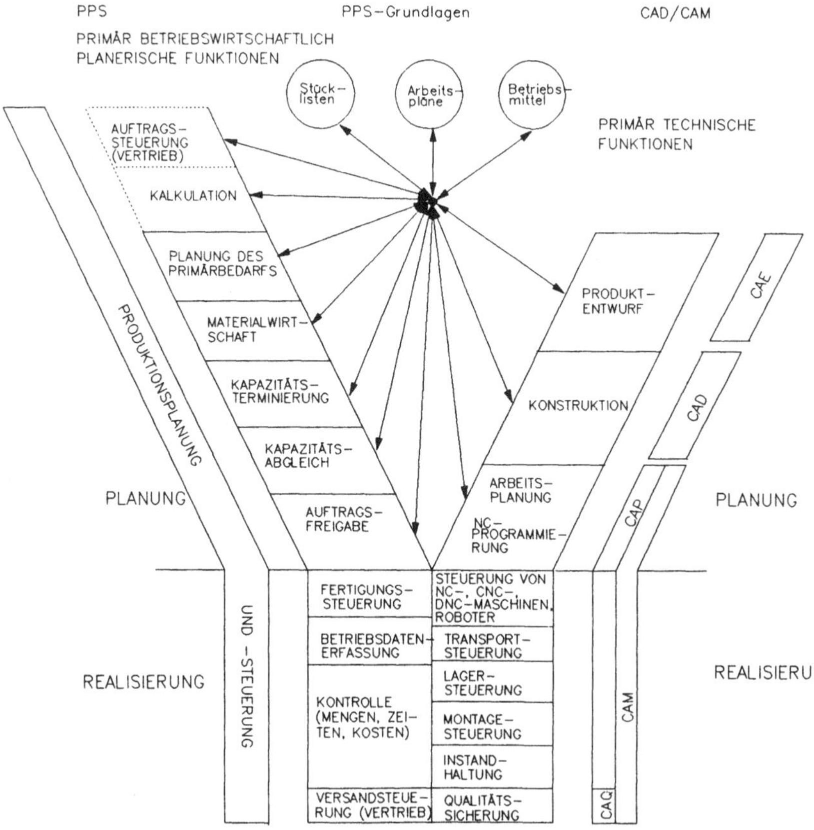

Abb. 45: Betriebswirtschaftliche und technische Funktionen in CIM-Systemen

aus: Scheer, CIM Computer Integrated Manufacturing 1987, S. 3

Die PPS-Funktionen sind die primär betriebswirtschaftlich-planerischen Funktionen, sie bilden den linken Schenkel des Y. Die Anbindung von PPS an die Kalkulation und die Auftragssteuerung (als Funktion des Vertriebs) ist vorgesehen. Die PPS-Funktionen unterscheiden sich gegenüber AWF durch eine feinere Differenzierung der Funktionen der Auftragsüberwachung in

- Fertigungssteuerung
- Betriebsdatenerfassung (BDE)
- Kontrolle
- und Versandsteuerung.

Den rechten Schenkel des Y bilden die primär technischen Funktionen, bei denen das Modul "CAE (Computer Aided Engineering)" hinzugefügt wurde. Unter dem Begriff CAE werden die technischen Berechnungen und Simulationen zur Untersuchung von Bauteileigenschaften zusammengefaßt, z. B. Finite Elemente-Berechnungen; sie unterstützen den Produktentwurf.

Die PPS-Funktionen und die technischen Funktionen verschmelzen in der Phase "Realisierung", die Phase "Planung" greift auf gemeinsame Datenbestände an Stücklisten, Arbeitsplänen und Betriebsmitteln zurück.

CAQ ist in Abb. 45 der Realisierungsphase zugeordnet; SCHEER führt jedoch erläuternd aus, daß Fragen der Qualitätssicherung und -prüfung den gesamten Materialfluß begleiten, beginnend mit der Eingangsprüfung von Materialien, der Qualitätsprüfung des Fertigungsprozesses selbst und der Endkontrolle für fertiggestellte Enderzeugnisse.

2.2 Modelle von Beratungshäusern und Anbietern und Konzepte von Anwendern

Die Modelle von Beratungsunternehmen und Anbietern sind häufig unter dem Aspekt entwickelt, daß sich Software-Produkte, die von den Häusern angeboten werden, als "CIM-Bausteine" optimal in das Modell einfügen. Da durch diese Produktpolitik auch Neutralität verloren geht, wurden im folgenden die Modelle des (produkt-) unabhängigen Beratungshauses DIEBOLD und das produktneutrale CIM-Modell von SIEMENS gewählt. Das CIM-Konzept der GEBR. SULZER AG, Schweiz, wird repräsentativ für die Umsetzung des CIM-Gedankengutes beim Anwender vorgestellt. Diese Ausführungen sind umfangreicher, weil der Adaptionsprozeß vom neutralen CIM-Modell zum unternehmensindividuellen CIM-Konzept nur dann verständlich wird, wenn die Ausgangssituation, die Ziele und die Strategie des Unternehmens und seine Betriebstypologie beschrieben sind.

2.2.1 CIM bei DIEBOLD

CIM ist bei DIEBOLD das Denkmodell für eine umfassende, integrierte Rechnerunterstützung in Konstruktion und Fertigung, aus dem das individuelle CIM-Rahmenkonzept entwickelt werden muß. CIM trägt entscheidend dazu bei, die Wettbewerbsfähigkeit eines Fertigungsunternehmens zu verbessern und seine Marktposition zu stärken, indem es positive Einflüsse auf die wesentlichen Erfolgsfaktoren

. schnelle Durchlaufzeit
. Flexibilität
. technische Kompetenz und
. kundengerechte Produktpalette

ausübt.

Selbst bei vergleichbaren Bestimmungsgrößen ist das Denkmodell CIM nur zur Entwicklung einer individuellen CIM-Konzeption geeignet, da Ausgangssituation und Unternehmensstrategie de facto nie vergleichbar sind. Die Bestimmungsgrößen sind die Branche, in der das Unternehmen operiert, die Fertigungskonzeption (Technologie-Einfluß) und die Unternehmensgröße (Abb. 46).

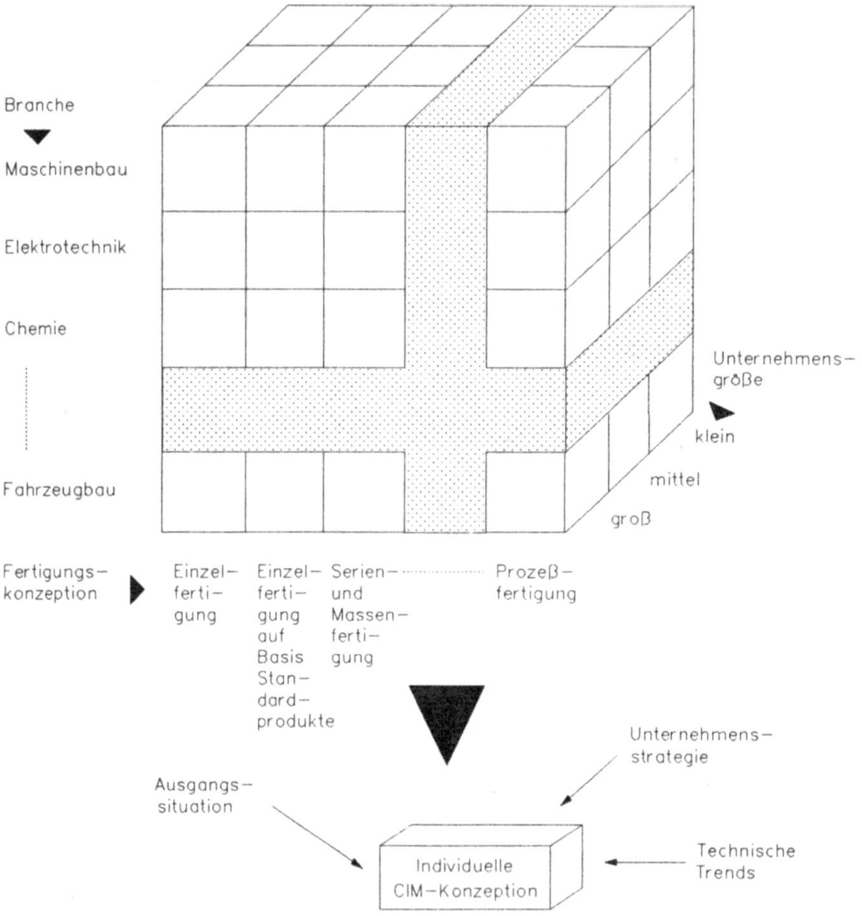

Abb. 46: Gestaltungsparameter einer individuellen CIM-Konzeption

in Anlehnung an: Dernbach, CIM-Konzeption zur Stärkung der Marktposition 1985, S. A5

Die Begriffsbildung "CIM" wird durch eine Gegenüberstellung von Funktionen im Unternehmen und der entsprechenden Computerunterstützung vorgenommen. Es werden exemplarisch CIM-Elemente für Unternehmen der mechanischen Fertigung, der Elektrotechnik/Elektronik sowie für das Bauhauptgewerbe gebildet. Abb. 47 zeigt das Modell bei mechanischer Fertigung.

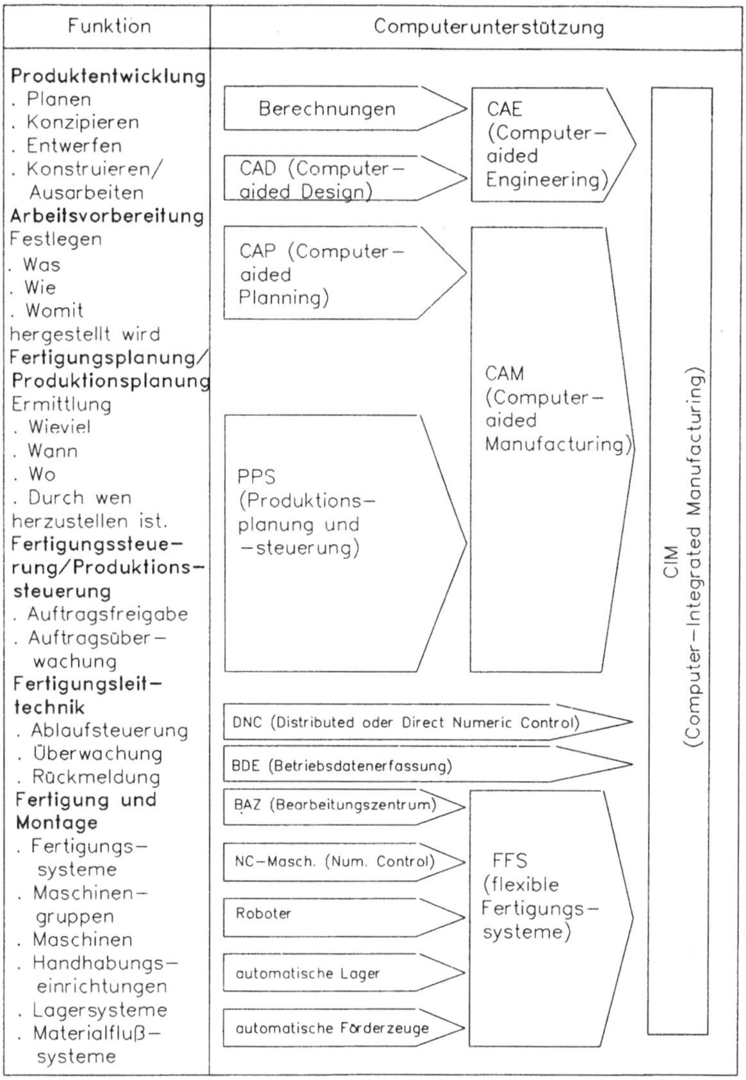

Abb. 47: Überblick über die CIM-Elemente bei mechanischer Fertigung

aus: Dernbach: CIM-Konzeption zur Stärkung der Marktposition 1985, S. A6

Im Vergleich zur CIM-Definition von SCHEER fällt auf, daß

- die Qualitätssicherung (d. h. CAQ) nicht explizit dargestellt ist;
- im Bereich Fertigung/Montage die flexiblen Fertigungssysteme (FFS) als Bausteine ergänzt sind.

Die Realisierung der Chancen einer CIM-Konzeption hängt von den technischen und organisatorischen Voraussetzungen ab (vgl. Dernbach, CIM-Konzeption zur Stärkung der Marktposition 1985, S. A16). Die technischen Voraussetzungen werden langfristig für lösbar gehalten, nämlich

- Verfügbarkeit leistungsfähiger, anforderungsgerechter Software;
- Unabhängigkeit der Softwarenutzung von speziellen Rechnersystemen;
- Austauschbarkeit der Daten zwischen unterschiedlichen Rechnern;
- preiswerte Massenspeichersysteme;
- Einfachheit der Benutzerschnittstelle.

Die organisatorischen Voraussetzungen sind nur schrittweise lösbar. Diese sind:

- Schnelligkeit der organisatorischen Anpassung;
- Änderung der Zuständigkeiten für DV-Probleme zur Vermeidung von Suboptimierungen;
- Festlegung einer klaren Strategie für Ablauforganisation und systemtechnische Infrastruktur;
- Basis-Software-Ausstattung;
- Ausrichtung der Anwender-Software nach der Hardware innerhalb einer Toleranzschwelle.

Bei der Entwicklung einer mittelfristigen Rahmenkonzeption unterscheidet DIEBOLD die Phasen:

A: Entwicklung der funktionalen Rahmenkonzeption;
B: Entwicklung der informationstechnischen Rahmenkonzeption;
C: Entwicklung einer Realisierungsstrategie.

Strategische Rahmenrichtlinien müssen vorgegeben sein, z. B.

- nach Möglichkeit Einsatz von Standard-Software;
- Beibehaltung oder Wechsel des Hardware-Lieferanten.

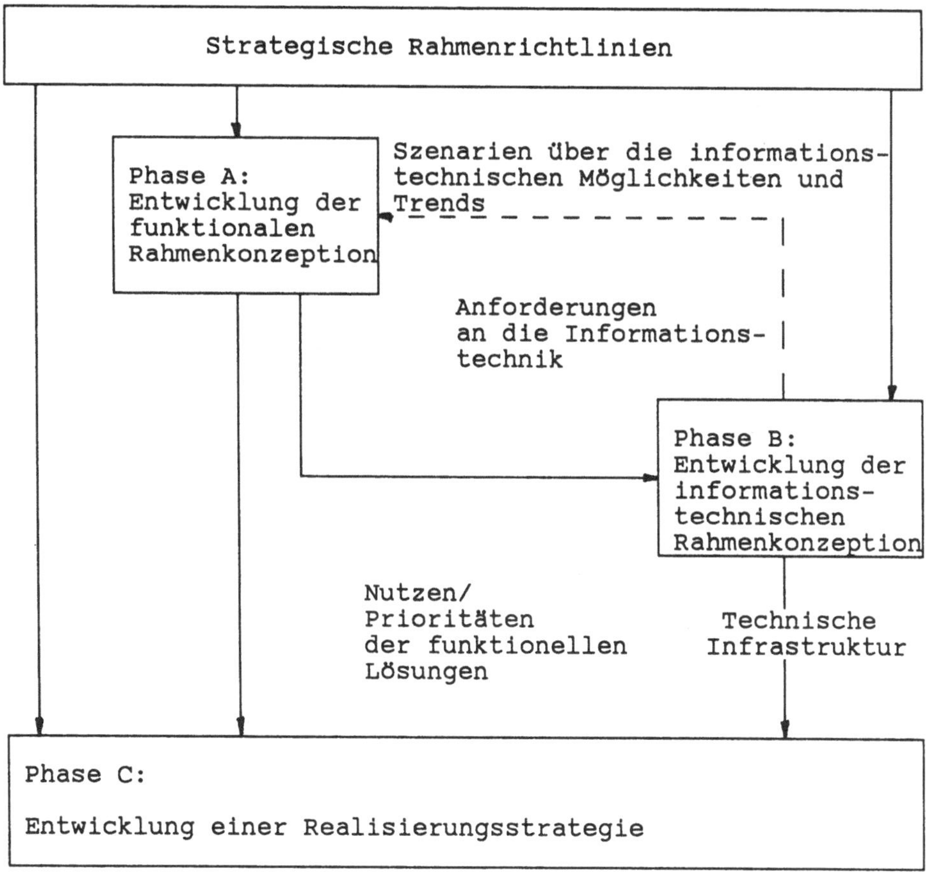

Abb. 48: Vorgehensschritte zur Entwicklung einer mittelfristigen Rahmenkonzeption
Quelle: DIEBOLD

2.2.2 CIM bei SIEMENS

"Die Information wird zum wettbewerbsentscheidenden Produktionsfaktor"; "... CIM ist das Konzept für eine rechnerunterstützte Fertigung" und gleichzeitig "Synonym für eine hochflexible, bedarfsorientierte Fertigung" (Waller, Strategien für die Produktionsautomatisierung 1986, S. 67). Der Informationsfluß muß mit dem Materialfluß in den flexiblen Fertigungs- und Transporteinrichtungen gekoppelt werden; Automatisierungssysteme, zwischen denen ein Datenaustausch notwendig ist, werden vernetzt.

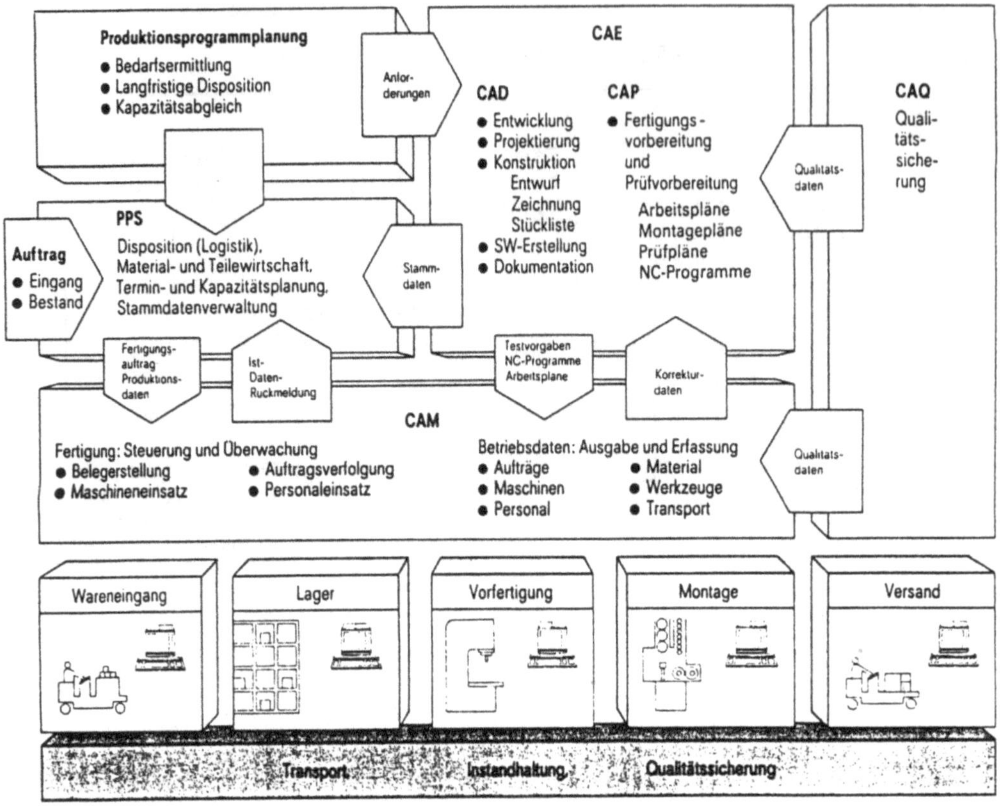

Abb. 49: CIM-Funktionen bei SIEMENS

aus: Lochmann, CIM erhöht Produktivität durch den Verbund aller Automatisierungssysteme 1986

Leitrechner verknüpfen die eingesetzten numerischen Steuerungen in flexiblen Fertigungszellen bzw. -systemen, überwachen sie und speichern sämtliche Programme für mehrere Schichten. Die so entstehenden Fertigungssysteme sind autark einsatzfähig und können als Einzelbausteine der automatisierten Fertigung betrieben werden. Aus der Sicht der Fertigungssteuerung können diese Systeme wie eine Maschine behandelt werden, damit werden schnelle Reaktionszeiten im Produktionsgeschehen erreicht.

WALLER nennt die wesentlichen Ziele, die der Einführung moderner Automatisierungssysteme im SIEMENS-Werk Augsburg zugrunde lagen (Anmerkung des Verfassers: im Werk Augsburg werden Baugruppen für SIEMENS-Rechner gefertigt, die im kommerziellen Bereich eingesetzt werden):

- Verkürzung der Durchlaufzeit;
- Reduzierung der fehlerhaften Baugruppen;
- Erhöhung der Flexibilität bis hin zur Losgröße eins;
- Erhöhung der Baugruppen-Produktion um etwa 80 % pro Jahr;

(vgl. Waller, Strategien für die Produktionsautomatisierung 1986, S. 70)

Sorgfältige Strategie und ganzheitliche Planung sind die Grundvoraussetzungen für die erfolgreiche Realisierung der rechnergestützten Fertigung. Als Planungsmethode wird eine gesunde Mischung aus Top Down und Bottom Up empfohlen: die Grobplanung wird Top Down entworfen, das geht schnell; die weiteren Feinheiten werden Bottom Up in dieses Gerüst eingefügt.

Der Kommunikationsfähigkeit der Produktionseinrichtungen untereinander als auch der Mensch-Maschine-Kommunikation kommt immer größere Bedeutung zu. Mit Hilfe einheitlicher Bedieneroberflächen mit Graphikunterstützung werden dem Bedienungsmann die Vorgänge in der Anlage transparent gemacht; sie erlauben ihm jederzeit den kreativen Eingriff in das Produktionsgeschehen und entlasten ihn von Routinearbeiten.

2.2.3 CIM bei GEBR. SULZER AG

Unter dem Leitthema "CIM an der Schwelle zur Realität" berichtete VEIT auf dem PPS-Kongreß 86 in Böblingen als Projektleiter über ein CIM-Projekt bei GEBR. SULZER AG, Produktbereich Webmaschinen; die wesentlichen Aussagen dieses Vortrages mit den damaligen Projektplanungen und -zielen sind hier wiedergegeben (vgl. Veit, Die Fabrik der Zukunft auf dem Weg zur Realisierung 1986).

In Punkt 2.2.3.6 wird darauf eingegangen, was bis Mitte 1989 erreicht wurde.

2.2.3.1 Konzern GEBR. SULZER AG und Ausgangssituation 1982

SULZER ist einer der größten weltweit tätigen Maschinenbauunternehmen der Schweiz. Hauptsitz ist Winterthur, wo das Unternehmen vor über 150 Jahren gegründet wurde. Hier befindet sich auch der Sitz der Konzernleitung.

Der konsolidierte Umsatz für das Jahr 1985 betrug rund 4,5 Mrd. sfr. Der Personalbestand weltweit lag bei ca. 30.000 Mitarbeitern, wovon 17.000 in der Schweiz tätig waren. Die Produktpalette ist vielfältig und reicht von Groß-Dieselmotoren über Gasturbinen und verfahrenstechnischen Anlagen bis zu Pumpen und Webmaschinen.

Der **Produktbereich Webmaschinen** hat seinen Standort in Rüti bei Zürich. Die Produktionsstätten befinden sich in Rüti (ZH) und Zuchwil (SO). Der Umsatz für das Jahr 1985 betrug über 1 Mrd. sfr, was einem Anteil von ca. 25 % des Konzernumsatzes entspricht; ca. 4.500 Personen sind in diesem Bereich beschäftigt. Die Produktpalette besteht aus Luftdüsen-, Greifer- und Projektilwebmaschinen.

Im Oktober 1982 übernahm die GEBR. SULZER AG den damaligen Hauptkonkurrenten in der Webmaschinenbranche, die MASCHINENFABRIK RÜTI AG, und integrierte sie in den Produktbereich Webmaschinen. Die Produktpalette wurde dadurch von einem auf drei Webmaschinentypen erhöht. Zum bestehenden Hauptproduktionswerk Zuchwil kam eine weitere große Produktionsanlage, Rüti, hinzu. Während in Zuchwil ein neueres, eher unflexibles Werk bestand, waren die Produktionseinrichtungen in Rüti überaltet.

Durch den Zusammenschluß besaß der SULZER-Konzern also zwei Betriebe mit völlig verschiedenen Organisationsstrukturen und unflexiblen, teilweise veralteten Fertigungsanlagen mit sehr unterschiedlichen Produktionsstundenleistungen: 2,1 Mio. Std. pro Jahr in Zuchwil sowie 0,7 Mio. Std. pro Jahr in Rüti und eine beträchtliche geographische Distanz von

130 km.

Das Problem lag folglich auf der Hand.

Nur ein Gesamtkonzept, das alle Unternehmensaspekte berücksichtigte, konnte aus dieser Situation heraushelfen.

2.2.3.2 Konzept 1983/84

Das Gesamtkonzept des Produktbereiches wurde im Top Down-Vorgehen erarbeitet (Abb. 50).

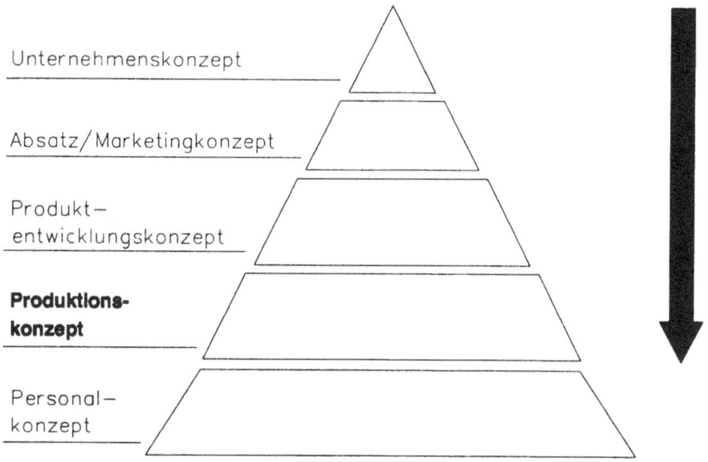

Abb. 50: Top Down-Vorgehen bei der Erarbeitung des Gesamtkonzeptes des Produktbereiches
aus: Veit, Die Fabrik der Zukunft auf dem Weg zur Realisierung 1986, S. 5

Zunächst wurde das Unternehmenskonzept verabschiedet. Nach dem Absatz-/Marketing- und Produktentwicklungsplan wurde das Produktionskonzept, kurz PK-90 genannt, erarbeitet und genehmigt. Abgerundet wurde die Konzeptphase durch das Personalkonzept.

Im weiteren wird ausschließlich auf das Produktionskonzept und das direkt relevante Umfeld eingegangen.

Die Zielsetzung von PK-90 war

- die Senkung der Herstellkosten sowie
- die Erhöhung der Flexibilität gegenüber Absatzschwankungen, Produktmix, Neuentwicklungen und Kundenwünschen.

Diese Forderungen sowie die bereits erwähnte unterschiedliche Ausgangslage in den Produktionsstätten Zuchwil und Rüti führten zur Grundidee von PK-90, der Teilefamilienfertigung in der Verbundproduktion. Die geplanten Veränderungen sollen anhand der Abb. 51 illustriert werden:

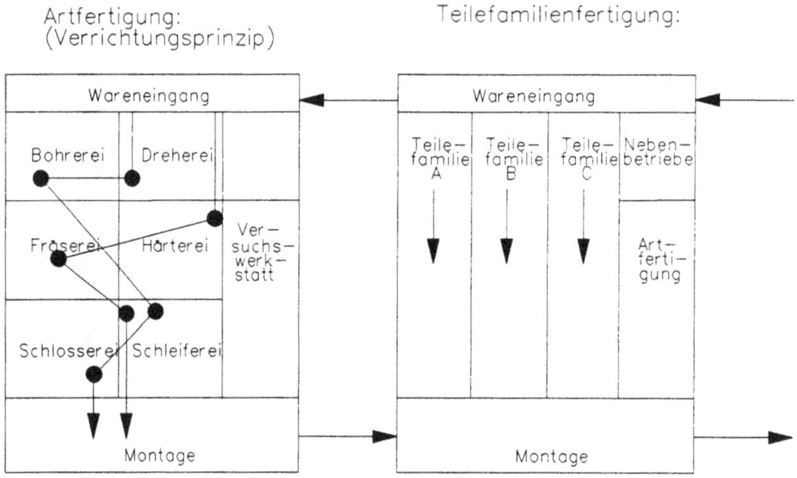

Abb. 51: Artfertigung - Teilefamilienfertigung

aus: Veit, Die Fabrik der Zukunft auf dem Weg zur Realisierung 1986, S. 6

Während in der **Artfertigung** die Werkstücke kreuz und quer durch die Produktionsstätten geschleust werden müssen, um von einer Fertigungsabteilung zur anderen zu gelangen, wird im **Teilefamilienfertigungskonzept** die Gruppierung der Maschinen dem Fertigungsablauf angepaßt und damit ein kontinuierlicher Fluß erreicht. Insgesamt werden an beiden Produktionsstandorten **15 Teilefamilien** existieren, 10 in Zuchwil und 5 in Rüti.

Mit diesem Konzept war ein erster großer Schritt getan, aber weitere spezifizierende Leitlinien mußten geschaffen werden, um allen Mitarbeitern, die direkt oder indirekt in die PK-90-Arbeiten mit einbezogen waren, zusätzliche Informationen zu geben. Dazu wurden **15 Grundsätze** formuliert. Zwei davon sind **wegweisend** für die CIM-Integration in der Fabrik der Zukunft:

- Suche nach neuen Lösungen zur Automatisierung von Fertigung und Montage;
- Wahl des mittelfristig wirtschaftlichen Automatisierungsgrades mit der Möglichkeit zum langfristigen Ausbau.

Oberstes Gebot der Fabrik der Zukunft ist die Senkung der Herstellkosten, d. h. der Druck zur Wirtschaftlichkeit ist konstant vorhanden. Diese Zielsetzung wird durch folgende Maßnahmen abgesichert:

- Jede Teilefamilie wird in der Konzeptphase bezüglich "Make or Buy" untersucht. Die Konzeption "Eigenfertigung" wird jeweils mit einer Variante "Einkaufen" verglichen. Der wirtschaftlichere Weg erhält den Vorzug.
- Jede Teilefamilie wird mit allen geplanten Investitionen (inkl. CIM) einer Rentabilitätsprüfung unterzogen.
- Investitionen im CAD/CAP/PPS-Bereich werden streng nach Wirtschaftlichkeit beurteilt.
- Die komplexen Ansprüche des Projektes mit einem Investitionsvolumen von mehreren 100 Millionen Franken bis 1989 werden durch eine Projektorganisation gelöst. Dem hauptamtlichen Projektleiter PK-90 steht ein größerer Stab von haupt- und nebenamtlichen Mitarbeitern aus der Linienorganisation zur Verfügung.

2.2.3.3 Die CIM-Bausteine

Die wesentlichen PK-90/CIM-Bausteine zeigt Abb. 52.

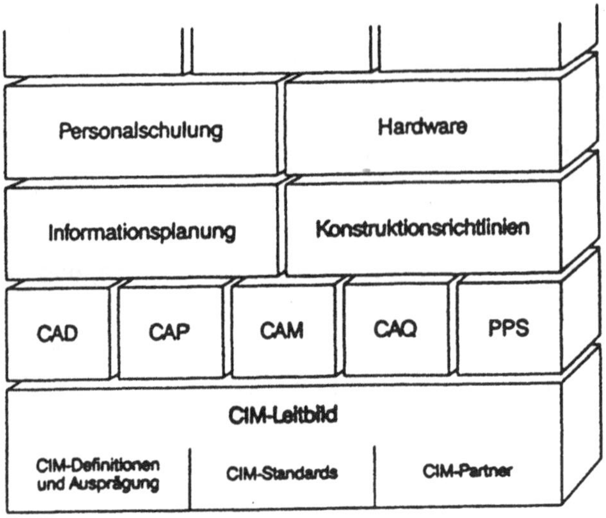

Abb. 52: CIM-Bausteine im Konzept für die Fabrik der Zukunft
aus: Veit, Die Fabrik der Zukunft auf dem Weg zur Realisierung 1986, S. 8

Hierzu einige Erläuterungen:

a) Das CIM-Leitbild (Baustein 1)

Ein CIM-Projekt dieser Größenordnung braucht für alle Beteiligten erkennbare, verbindliche Leitlinien. SULZER hat deshalb ein Leitbild erarbeitet, welches die CIM-Definitionen, die CIM-Standards sowie die CIM-Partner festlegt.

Die CIM-Definitionen wurden ohne jegliche Einschränkung vom AWF (siehe Abb. 44) übernommen und zur Abteilungsnorm erklärt.

CIM lebt von einer durchgängigen EDV-Welt. Heute ist das aber noch vielfach ein Wunschtraum. In der Praxis müssen die Hard- und Software-Komponenten, die zueinander passen und diesem Anspruch genügen, sehr gezielt ausgesucht werden; sie bilden die CIM-Standards.

Ebene	Hardware	CIM-Werkzeuge
Zentraler Hintergrund	IBM (MVS) 3090-xx Familie	PPS
Lokaler Hintergrund	DEC (VMS) VAX-Familie	CAD, CAP, CAM, CAQ
Arbeitsplatz (nur Werkstatt)	SIEMENS BOSCH	Produktions-Automation

Abb. 53: Auszug aus den CIM-Standards

aus: Veit, Die Fabrik der Zukunft auf dem Weg zur Realisierung 1986, S. 10

Aufgrund von detailliert ausgearbeiteten Pflichtenheften, umfangreicher Offerten, vieler Diskussionen und externen Betriebsbesichtigungen wurden folgende Standards erarbeitet und eingeführt:

Auf der Ebene **zentraler** Hintergrund sind IBM-Rechner 3090-xx installiert. Die Rechner werden durch den Konzernstab Informatik betrieben. Im Dienstleistungsbetrieb werden u. a. die PPS-Applikationen des Produktbereiches Webmaschinen betreut.

Die **lokale** Hintergrundebene wird mit DEC-Rechnern ausgestattet. Dadurch wird die Durchgängigkeit für die Bereiche CAD, CAP, CAM und CAQ garantiert.

Auf der **Arbeitsplatzebene**, hier nur auf Werkzeugmaschinen bezogen, werden NC-Steuerungen der Firmen SIEMENS und BOSCH bevorzugt eingesetzt; sie sollen neben der Steuerung der Werkzeugmaschinen auch das wichtige Gebiet der Produktions-Automation abdecken.

Parallel zu den Definitionen der Standards wurden die CIM-Partner ausgesucht. Unter CIM-Partnerschaft versteht der

SULZER-Konzern eine sehr enge Zusammenarbeit mit den verschiedenen Firmen bezüglich:

- Sicherstellung der mittelfristigen Kontinuität;
- gegenseitigem Know-how-Transfer;
- Abstimmung der Entwicklungsziele des Partners mit den Vorstellungen des Unternehmens, und zwar vor allem im CAP/CAM-Bereich;
- längerfristige Kapazitätsreservierungen;
- faire kommerzielle Konditionen auf der Basis eines definierten, großen Projektumfanges.

Bis 1986 wurden folgende CIM-Partnerfirmen ausgewählt (Abb. 54):

. IBM	: Rechner
. DEC	: Rechner
. COMPUTERVISION	: CAD (MEDUSA)
. BOSCH	: Leittechnik, NC-Steuerung
. NC-DATA	: NC-Programmiersystem (SICAN)
. PANSKUS-CONSULT	: CIM-Beratung
. eventuell weitere	

Abb. 54: CIM-Partner im SULZER-Projekt

aus: Veit, Die Fabrik der Zukunft auf dem Weg zur Realisierung 1986, S. 11

Im weiteren Verlauf der Integration wird mit zusätzlichen Firmen gerechnet, besonders auf dem Gebiet CAP.

Die Erarbeitung des CIM-Leitbildes sowie die Auswahl der CIM-Partner hat bis zur Freigabe im Produktbereich Webmaschinen ca. 6 - 7 Monate gedauert.

b) **CAD (Baustein 2)**

Seit 1982 setzt SULZER das CAD-Paket MEDUSA der Firma COMPUTERVISION mit großem Erfolg und hoher Akzeptanz in Entwicklung, Konstruktion, Zeichnungserstellung, Vorrichtungskonstruktion, Anlageplanung und im Servicebereich ein. Zur Zeit werden von rund 100 Anwendern ca. 35 CAD-Arbeitsplätze genutzt. Geplant ist ein jährlicher Zuwachs von 10 bis 15 Workstations, bis eine Dichte von 1,5 bis 2 Mitarbeitern pro Arbeitsplatz erreicht sein wird. Dies dürfte etwa in 4 bis 5 Jahren der Fall sein (also 1990/91).

Konstruiert wird vorwiegend im 2-D-Bereich, jedoch mit zunehmender Tendenz zur 3-D-Darstellung, besonders für Montage-, Ersatzteil- sowie Einbau-Instruktionen und Kollisionsbetrachtungen.

c) CAP (Baustein 3)

Im CAP-Bereich "NC-Programmierung" wird das bestehende Programmiersystem COMPACT 2 durch das Softwarepaket SICAN abgelöst. SICAN hat eine Schnittstelle zu MEDUSA. Diese wird laufend verbessert, damit die Geometriedaten aus CAD interaktiv übernommen werden können. Die erstellten NC-Programme werden nach dem Postprozessorlauf automatisch an das BOSCH-DNC-Verwaltungssystem weitergegeben.

Das eigentliche CAP-Kernmodul, die rechnerunterstützte Erstellung des Arbeitsplanes, befindet sich momentan in der Evaluationsphase. Nach dem derzeitigen Wissensstand wird die Lösung in **Entscheidungstabellen-orientierten Softwarepaketen** zu suchen sein. In der endgültigen Lösung, die um 1990/91 gesehen wird, sollen im CAP-System folgende Funktionen bearbeitet werden können:

- Arbeitsfolgeplanung
- Prozeßplanung
- Fabrikationsmittelauswahl

- Durchlaufzeitbestimmung
- Erstellung von Fertigungs- und Montageanweisungen

d) CAM (Baustein 4)

Gemäß der AWF-Definition deckt der CAM-Sektor folgende vier Gebiete ab: Fertigung, Handhabung, Transport und Lagerung.

CAM-Fertigung

In einem Betrieb mit 2,8 Mio. Fertigungsstunden pro Jahr und 15 Teilefamilien stößt man zwangsläufig auf verschiedene Organisationstypen der Fertigung.

SULZER unterteilt die Gesamtproduktion des Produktbereiches Webmaschinen in 4 Organisationstypen (Abb. 55).

Der Großteil der Produktionsstunden wird in Teilefamilien des Typs 3 gefertigt (Mischform aus CNC- und konventionellen Werkzeugmaschinen). Es ist aber sicher, daß im weiteren Verlauf der Automatisierung nach 1990 vermehrt der Trend zu den Organisationstypen 1 und 2 gehen wird, die durch den Einsatz flexibler Fertigungssysteme (FFS) und flexibler Fertigungszentren (FFZ) gekennzeichnet sind.

Organisationstyp 1	Organisationstyp 2
Teilefamilien mit flexiblen Fertigungssystemen (FFS)	Teilefamilien mit FFZ, CNC- und konventionellen Werkzeugmaschinen
Softwarefunktionen . DNC . Werkzeugverwaltung . Auftragsverwaltung und -abarbeitung . BDE . Lager . Transport . etc.	Softwarefunktionen . DNC . Auftragsverwaltung . BDE . etc.

Organisationstyp 3	Organisationstyp 4
Teilefamilien mit CNC- und konventionellen Werkzeugmaschinen	Teilefamilien mit überwiegend konventionellen Werkzeugmaschinen (Artfertigung)
Softwarefunktionen . DNC . BDE	Softwarefunktionen . BDE

Abb. 55: Organisationstypen der Fertigung im PK-90

aus: Veit, Die Fabrik der Zukunft auf dem Weg zur Realisierung 1986, S. 14

Es ist geplant, das DNC-System stufenweise in Richtung Leitsystem auszubauen. Funktionen wie NC-Programmverwaltung, -verteilung und -änderung sollen durch neue Module wie Fabrikationsmittelbereitstellung etc. erweitert werden.

CAM-Handhabung

Im Rahmen des Aufbaus der einzelnen Teilefamilien wird auch der Automatisierung im maschinennahen Bereich hohe Beachtung geschenkt. Zur Be- und Entladung der Werkzeugmaschinen sowie zur Verbindung von Einrichtungen untereinander werden folgende Elemente eingesetzt:

- Bestückungsstationen,
- Portallader,

- Roboter,
- Luftkissenfahrzeuge.

CAM-Transport

Das in Zuchwil bereits bestehende induktiv gesteuerte Transportsystem zur Belieferung der Montage wird in die Neukonzeption eingeschlossen. Zusätzlich ist am Standort Rüti vorgesehen, das Rohmateriallager durch ein fahrerloses Transportsystem mit zwei Teilefamilien zu verbinden. Die Inbetriebnahme des Gesamtsystems Rüti ist Ende 1987 bzw. 1988 geplant.

CAM-Lagerung

Die beiden Teilefamilien Gehäuse und Walzen werden je ein integriertes Lagersystem haben, das ausschließlich der Zwischenlagerung von Fabrikaten in Arbeit dient. Die Produktionsaufnahme ist für 1987 vorgesehen.

Ein teilautomatisiertes Palettenlager mit Kommissionierplätzen für die Montage- und Ersatzteilbelieferung befindet sich in der Planung und soll 1988 in Betrieb genommen werden. Ein Rohmateriallager mit hohem Automatisierungsgrad und Verbindung zum Transportsystem rundet das Lagerkonzept ab.

e) CAQ (Baustein 5)

Bezüglich der Qualitätsphilosohpie fand im PK-90-Projekt ebenfalls ein Umdenkprozeß statt. Bis zu diesem Zeitpunkt existierte ein großer Qualitätskontrollstab, der die Funktion der Qualitätskontrolle wahrnahm. Mit PK-90 wurde die Qualitätsverantwortung weitgehend der Linie übertragen. Die Stelle Qualitätssicherung definiert nur noch, was, wie und wann zu prüfen ist. Die Linie übernimmt die Durchführung. Dies hat dazu geführt, daß im FFS "Gehäuse" die Kontrolle zum integrierten Bestandteil des Fertigungsprozesses geworden ist. Die Lösung sieht wie folgt aus:

- prozeßnahes Messen z. B. von Fräsflächen und Bohrungen mittels Taster mit automatischer Korrektur und Protokollerstellung;
- Integration einer Meßmaschine für Bohrungsdistanzen in den Prozeßablauf;
- Stichproben von 1 - 2 Werkstücken/Woche durch die Qualitätskontrolle.

Im Rahmen PK-90 sind weitere Schritte zur Integration der Qualitätskontrolle in dem eigentlichen Produktionsprozeß geplant.

f) PPS (Baustein 6)

Der PPS-Sektor wird im Produktbereich Webmaschinen durch eine SULZER-Eigenentwicklung abgedeckt: das Produktions-, Steuerungs- und Kontrollsystem, kurz PSK genannt. Dieses System wurde zwischen 1969 und 1971 eingeführt.

Das Konzept ist natürlich auf die Bedingungen der 70er Jahre abgestimmt und besitzt die folgenden Hauptpunkte:

- Batchorientierung
- optimale Losgrößen
- hohe Sicherheiten
- hohes Umlaufvermögen
- lange Pufferzeiten

Das PSK-System wird zur Zeit überarbeitet und soll stufenweise bis 1988 das alte System ablösen. Die neuen Merkmale sind:

- On line-Betrieb
- tagesgenaue Bestandsführung
- tagesgenaue Fertigung für alle Bauteile mit hohem Umsatz unter Ausschluß der Materialdisposition
- direkte Belieferung der Montage

- direkte Lieferung von Rohteilen in die Fertigung ohne Zwischenlager

g) Informationsplanung (Baustein 7)

Bei SULZER Rüti wurde bereits vor vier Jahren die erste sogenannte Datenplanung durchgeführt. Zweck dieser Arbeit war es, Aufschluß über die Informationsbeziehungen zwischen den einzelnen Organisationsbereichen untereinander sowie zwischen Organisationsbereich und Datengruppen zu erhalten. Die Ergebnisse dieser relativ breit angelegten Untersuchung dienten einerseits zum besseren Design der damals aufzubauenden Datenbanken für das PSK-System, andererseits zur Bestimmung, wie und wo die einzelnen Datengruppen entstehen, verändert bzw. als Information gebraucht werden. Die Resultate waren Basis für die Festlegung der Rechnertopologie. Aspekte bezüglich Ablauf- bzw. Aufbauorganisation waren zwar erkennbar, wurden aber nicht genutzt.

In 1987 soll noch einmal auf breiterer Basis eine Datenplanung durchgeführt werden, die den gesamten CIM-Bereich abdecken wird.

Im Gegensatz zum 1. Versuch werden diesmal alle Organisationsbereiche und Hauptdatengruppen untersucht und ausgewertet, von denen angenommen wird, daß sie in Zukunft eine große Bedeutung haben.

Einen wichtigen Einfluß werden dabei die jeweiligen Führungskräfte des Produktbereiches haben. Mit der Festlegung zukünftiger, kritischer Erfolgsfaktoren für ihren Zuständigkeitsbereich bestimmen sie die Tendenz des Ergebnisses entscheidend. Die Resultate werden Aufschluß über die Beziehungen, Standorte und Häufigkeiten von Daten geben.

Diese Ergebnisse dienen dem EDV-Systembau

- Rechnertopologie

- Kommunikationsnetz
- Datenbanken
- Endbenutzergeräte

sowie für organisatorische Überlegungen

- Funktionsanalyse
- Gestaltung künftiger Funktionsbereiche
- Hinweise für die Neugestaltung von Ablauf- und Aufbauorganisation der 90er Jahre
- Ressourcenbedarf an
  . Personal
  . Investitionen

h) **Konstruktionsrichtlinien (Baustein 8)**

Ein Projekt wie PK-90, das als erstes Ziel die Senkung der Herstellkosten hat, darf sich nicht nur auf die Verbesserung der Produktion beschränken. Das Erreichen einer Kostenreduktion beginnt bereits bei der Produktentwicklung, denn dieser Bereich entscheidet - und da führt kein Weg vorbei - zu 70 bis 80 %, wie teuer das Produkt wird. Die Produktion hat trotz massiver Investitionen einen relativ begrenzten Einfluß auf die Senkung der Herstellkosten.

Wie wird man dieser Tatsache gerecht?

Pro Teilefamilie werden **Konstruktionsrichtlinien** erstellt, die **grundsätzliche Bedingungen** definieren:

- minimale bzw. maximale Abmessungen der Werkstücke
- zulässige Bohrungen, Gewinde und Toleranzen
- Umrüstverhalten
- Meß- und Prüfkonditionen
- Standard-Werkzeuge und -Vorrichtungen
- Ausgangsmaterialien

Der Gültigkeitsbereich dieser Konstruktionsrichtlinien wird spätestens mit der Freigabe der Beschaffung notwendiger Werkzeugmaschinen offiziell in Kraft gesetzt. Unterlagen im konventionellen Stil wie Handbücher, Kataloge etc. sind nur unzulängliche Hilfsmittel. Deshalb werden diese Richtlinien stufenweise ins CAD-System integriert. Die Zielsetzung ist, dem Konstrukteur zu ermöglichen, menuegesteuert die Standardelemente wie Gewinde, Bohrungen, Radien, Einstiche etc. pro Teilefamilie auszuwählen. Das gleiche gilt für die Auswahl von Materialien, Norm- und Handelsteilen.

Wie erfolgreich der Einsatz von Konstruktionsrichtlinien im Produktbereich Webmaschinen sein kann, zeigt ein Beispiel: Würde man mit der Produktionsaufnahme der Teilefamilie Gehäuse vollumfänglich die bestehende Konstruktionsrichtlinie durchsetzen, wäre folgendes Resultat zu erwarten:

- Wegfallen von 300 Werkzeugen (minus 25 %);
- Wegfallen von 50 Kontrollmitteln;
- 450.000 Werkzeugwechsel weniger pro Jahr;
- 10 % niedrigere Einkaufspreise für Werkzeuge, Materialien- sowie Norm- und Handelsteile.

Gesamthaft könnte mit einer einmaligen Einsparung von über 1 Mio. sfr sowie einer jährlichen Einsparung von 0,6 Mio. sfr gerechnet werden. Dies alles bei einem Aufwand von ca. 2 Mannjahren zur Erstellung der Konstruktionsrichtlinien! Aber: diese Zahlen sind nur mittelfristig zu erreichen, da die jetzt tragenden Produkte noch mehrere Jahre gefertigt werden und die Ersatzteilversorgung eine Umkonstruktion verbietet.

i) Personalschulung (Baustein 9)

In der Fabrik der Zukunft wird es noch viele Menschen geben bzw. die Fabrik der Zukunft wird von Menschen konzipiert, geplant, realisiert und betrieben werden. Eine Eigenheit des Menschen ist es, daß er lieber auf Bestehendem beharrt, als sich gedanklich mit Zukünftigem zu beschäftigen.

Die Fabrik der Zukunft bei SULZER wird **einschneidende Veränderungen**, insbesondere in der Informationsverarbeitung, mit sich bringen, u. a. durch

- den komplett neuen Produktionsablauf

- NC-Maschinen

- Roboter ...

Deshalb muß dieses total neue Feld behutsam aber kontinuierlich den Mitarbeitern nähergebracht werden. Dies wird durch laufende Information, Motivation und Ausbildung realisiert. Die Mittel dazu sind Fach-Workshops, Einführungsseminare, Informationstagungen und Aufsätze/Hinweise, die Größe der Zielgruppen variiert je nach Maßnahme zwischen 10 und 200 Personen bzw. umfaßt den gesamten Produktionsbereich.

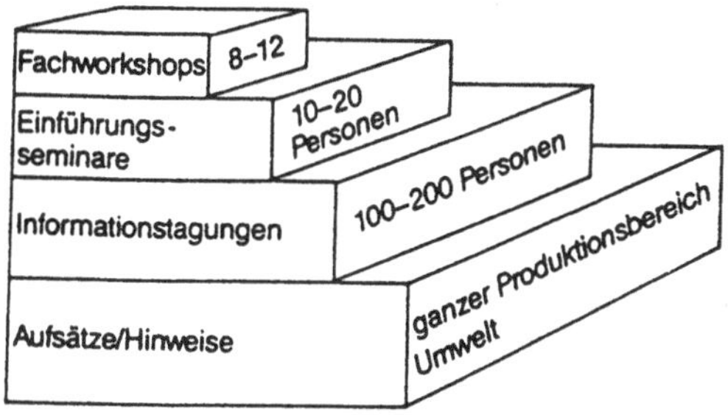

Abb. 56: CIM-Information und Schulung zur Vorbereitung der Mitarbeiter von SULZER, Produktbereich Webmaschinen
aus: Veit, Die Fabrik der Zukunft auf dem Weg zur Realisierung 1986, S. 21

Mit diesen Mitteln werden die Mitarbeiter vorbereitet. Doch es bedarf weiterer Maßnahmen im Personalbereich, um den Aspekten der "Fabrik der Zukunft" gerecht zu werden. Dies sind u. a. neue Entlohnungskonzepte, welche der Polivalenz des Mitarbeiters besser gerecht werden oder neue Arbeitszeitkonzepte, die die veränderte Ausgangslage der Fabrik der Zukunft (z. B. sehr teure Investitionen) sowie die Ansprüche der Belegschaft berücksichtigen (mehr Flexibilität und die individuelle Gestaltung der Arbeitszeit im Team).

j) Hardware (Baustein 10)

Unter dem Begriff Hardware sind Werkzeugmaschinen, Betriebseinrichtungen und Rechner zu verstehen.

Werkzeugmaschinen

Im Rahmen des PK-90-Projektes werden ca. 300 CNC-Werkzeugmaschinen installiert sein. Darüber hinaus wird es weitere 400 bis 500 konventionelle Maschinen geben, die - sofern sinnvoll - nach und nach durch CNC-Maschinen abgelöst werden sollen. Dieser Prozeß wird sicherlich bis zum Jahre 2000 andauern.

Betriebseinrichtungen

Die Betriebseinrichtungen werden den Forderungen nach erhöhter Automatisierung angepaßt. Folgende Komponenten waren bereits vorhanden oder zumindest in Planung:

- Portallader zur Maschinenbeschickung
- Ladegeräte für Werkzeugmaschinen
- Luftkissenfahrzeuge für die Montage
- Roboter für Entgraten und Handling
- Linearverkettungen
- automatischer Transport (induktiv gesteuert) innerhalb von Teilefamilien
- Lagerregalbediengeräte

Rechner

Als dritte Hardwarekomponente bilden die Rechner und das zugehörige Kommunikationsnetzwerk einen wichtigen Baustein in der Fabrik der Zukunft. Nach bisherigen Planungen wird 1990/ 91 voraussichtlich folgende Rechnerlandschaft die Produktion direkt oder indirekt steuern:

- 1 IBM-System 3090
- mehrere DEC-Systeme der 8000er Reihe
- über 10 μVAX
- über 100 CAD/CAP-Workstations
- mehrere hundert Terminals
- 300 NC + CNC-Steuerungen
- mehrere dutzend SPS
- pro Produktionsstandort ein Kommunikationsnetz (Backbone) und mehrere Unter-LAN's
- ein WAN zur Verbindung der Standorte Winterthur, Rüti und Zuchwil

Damit sind die drei Ebenen zentraler Hintergrund (PPS), lokaler Hintergrund (CA-Systeme) und Arbeitsplatzausstattung (NC, SPS) hardwareseitig abgedeckt.

2.2.3.4 Zeitintervalle 1982 - 1986

Nach der Fusion der beiden Firmen im Jahre 1982 lief folgender Zeitplan ab:

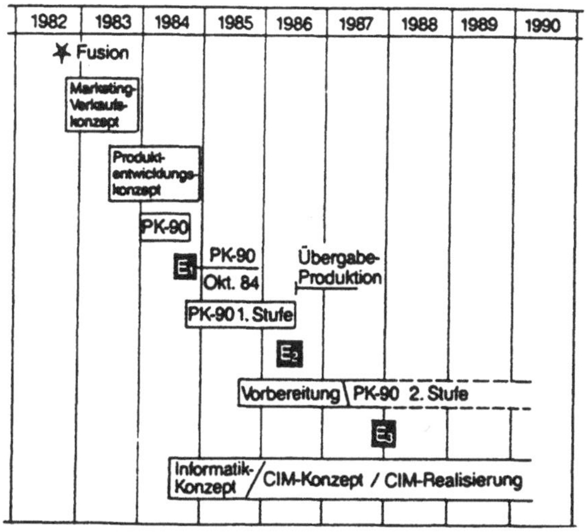

Abb. 57: Zeitplan PK-90/CIM

aus: Veit, Die Fabrik der Zukunft auf dem Weg zur Realisierung 1986, S. 23

Im Jahre 1983 wurde der Marketing- bzw. Verkaufsplan erarbeitet. Im 2. Halbjahr desselben Jahres begann man mit der Ausarbeitung des Produktentwicklungsplanes. Nachdem in groben Umrissen die Markt- und Produktstrategie bereinigt war, konnte mit der Ausarbeitung eines neuen Produktionskonzeptes PK-90 begonnen werden.

PK-90 wurde im 2. Halbjahr 1984 durch die Geschäftsleitung gutgeheißen und zur Realisierung freigegeben (E1). Seit diesem Zeitpunkt werden auf breiter Ebene die Arbeiten, hier durch PK-90 1. Stufe gekennzeichnet, für die einzelnen Teilefamilien vorangetrieben. Sie enthalten:

- Planung/Konzepte der Verbund- bzw. Teilefamilienproduktion
- Werkzeugmaschinen-Bestellung
- Werkzeugmaschinen-Abnahme, -Inbetriebsetzung
- Personalausbildung

Aufgrund der 1 ½jährigen Erfahrungen, den Risikobeurteilungen aus Detailplanungen, intensiver Zusammenarbeit mit Werkzeugmaschinen-Lieferanten sowie Erfahrungsaustauschen wurde Mitte 1986 - unter Berücksichtigung des nun umfassend vorliegenden CIM-Konzeptes - grünes Licht für die Weiterführung gemäß Planung gegeben (E2). Für die nächsten 12 Monate sind folgende Schwerpunkte gesetzt:

- Produktionsaufnahme von vier Teilefamilien in Zuchwil und Rüti, darunter ein FFS
- Umsetzungsperiode für einige CIM-relevante Konzepte in den Bereichen CAM, CAD, CAP, PPS
- Bestellung bzw. Lieferphase von Werkzeugmaschinen weiterer Teilefamilien

Das Projekt wird Ende 1987 auf einen weiteren Entscheidungspunkt (E3) zusteuern, nämlich dann, wenn die Produktionserfahrungen von 4 Teilefamilien vorliegen und die wahre Wirtschaftlichkeit aufgrund erster Ist-Daten beurteilt werden kann. Weiter werden bis zu diesem Zeitpunkt 3 bis 4 Teilefamilien bestellt bzw. geliefert worden sein und CIM eine erste Stufe hinter sich haben.

2.2.3.5 Erfahrungen

Zusammenfassend sollen noch einige Erfahrungen aus dem Großprojekt PK-90, welches möglicherweise das größte seiner Art in Europa ist, erwähnt werden:

a) PK-90/CIM braucht Geld, sehr viel Geld sogar!

b) PK-90/CIM braucht den Willen und die Überzeugung des obersten Managements.

c) PK-90/CIM braucht Standards, Leitlinien und Beharrlichkeit, um es, trotz nicht zu vermeidender Rückschläge, erfolgreich durchsetzen zu können.

d) PK-90/CIM braucht Information, Motivation und Instruktion auf allen Stufen der Unternehmung im Sinne einer dauernden Wiederholung.

e) Die Fabrik der Zukunft unter Einschluß von CIM kann man nicht kaufen! Es ist wichtig, daß auf der Basis sorgfältig ausgewählter Standards die für jede Firma zutreffende Konzeption erarbeitet wird.

f) Die Konzeption muß auf zwanzig Jahre ausgerichtet sein. Aus diesem Grunde wird man heute Investitionen machen müssen, die erst morgen einen meßbaren Vorteil bringen werden. Eine Wirtschaftlichkeitsrechnung ist unter diesen Bedingungen sehr schwierig.

g) Die Fabrik der Zukunft muß behutsam eingeführt werden. Langsam anfangen und stetig steigern heißt die Devise. Die Menschen sind, läßt man das Geld bei Seite, der kritische Punkt, denn sie müssen auf Veränderungen vorbereitet werden und das braucht Zeit!

2.2.3.6 Projektstand 1989

Für das Projekt wurden bisher 48 Mannjahre nur für den CA-Bereich aufgewendet, 12 Mio. sfr wurden allein in EDV und Elektronik investiert. Das Projekt soll in den 90er Jahren abgeschlossen werden, als Gesamtinvestitionsvolumen sind dann rund 200 Mio. sfr aufgelaufen (vgl. Hafen, Veit, CIM mit Schweizer Präzision 1989, S. 12).

Große Teilprojekte sind inzwischen abgeschlossen. Die Teilefamilien Nocken, Walzen, Wellen und Traversen sind voll im DNC-Betrieb. Die Teilefamilie Nocken in Zuchwil umfaßt z. B. 18 Steuerungsanschlüsse und wurde im März 1988 abgeschlossen; dieses DNC-Projekt begann mit 3.400 NC-Programmen, der jährliche Zuwachs beträgt 200 Programme. Die Teilefamilie Traversen in Rüti umfaßt 5 Steuerungsanschlüsse und wird im Juli 1989 abgeschlossen.

Im Teileprojekt Nocken wurde eine dreistufige Hierarchie realisiert:

- Planungsebene: Werksrechner VAX8530 für CAD und NC-Programmierung;
- Leitebene: µVAX als DNC-Leitrechner (Steuerprogramme, Werkzeugsolldaten);
- Maschinenebene: CNC-Werkzeugmaschinen; Werkzeugvoreinstellung; Peripherie.

Die Ebenen sind mit DECnet und dem BOSCH-Anlagenbus vernetzt. Im CAD-Bereich sind jetzt 70 Arbeitsplätze im Einsatz, jede Neukonstruktion wird in CAD ausgeführt.

Ein namhafter Betrag wurde in die PPS-Eigenentwicklung investiert; nacheinander und nebeneinander wurden die "CIM-Subsysteme" PPS und BDE, CAD/CAM und CAQ entwickelt und eingeführt. Die Vorgehensweise in der Realisierung war: Nicht alles auf einmal integrieren, sondern Inseln aufbauen, diese stabilisieren und anschließend integrieren. Als Nachteil hat sich herausgestellt, daß man nicht "auf der grünen Wiese" planen und realisieren konnte, sondern Bestehendes mit viel Aufwand ablösen, konvertieren oder integrieren mußte.

Als Erfolgsfaktoren haben sich die CIM-Standards erwiesen. Nachdem sie anfänglich beim Benutzer als Einengung des Entscheidungsspielraumes interpretiert wurden, sind sie mittlerweile voll akzeptiert; die Standardisierungsphilosophie war die Voraussetzung dafür, daß Teilsysteme parallel implementiert und stabilisiert werden konnten. Die erfolgbestimmenden Integrationsstandards waren:

- Zuordnung der einzelnen CIM-Applikationen auf die drei Organisationsebenen (Planen, Steuern, Ausführen) für den Rechnerverbund;
- Beschränkung auf zwei Rechnerfamilien und zwei Betriebssysteme, Beschränkung auf wenige Datenbankprodukte;
- Definition (einiger weniger) zuverlässiger DV-Entwicklungs- und Integrationswerkzeuge, einheitliche Kommunikationsinstrumente;
- Verwendung von Standard-Software sowie identische Anwendungen an den verschiedenen Standorten des Produktbereiches;
- Beschränkung auf nur drei CNC-Steuerungsfabrikate (soweit technisch und wirtschaftlich machbar).

Nach Beurteilung des bisher Erreichten kommen die CIM-Verantwortlichen, HAFEN und VEIT, zu dem Schluß: "Unter dem Strich wird sich der CIM-Einsatz lohnen. Die positiven Ergebnisse müssen aber mit hohem Aufwand und langwieriger, beharrlicher Arbeit erkauft werden."

2.3 Hierarchische Strukturen in CIM

Hierarchische Strukturen, deren Grundlagen in Punkt A.3.1.1 beschrieben wurden, können heute als "State of the art" bezeichnet werden und sind sowohl in den Modellen der Beratungsunternehmen und Anbieter als auch in den Konzepten der Anwender zu finden.

Zur Ablösung der heutigen Einzellösungen für die Systemtechnik durch eine aufeinander abgestimmte unternehmensindividuelle, herstellerunabhängige und anpassungsfähige Systemarchitektur empfiehlt DIEBOLD als Basis ein Mehrebenen-Modell mit den Kerngedanken:

- Bereitstellung einer Basisausstattung an Software-Werkzeugen an - langfristig - jedem Arbeitsplatz;
- Übergang von einer funktionsspezifischen Hardware (z. B. CAD, Textverarbeitung, Bürotechnik) auf eine an den Organisationseinheiten ausgerichtete Hardware-Struktur (z. B. Abteilung, siehe Abb. 58).

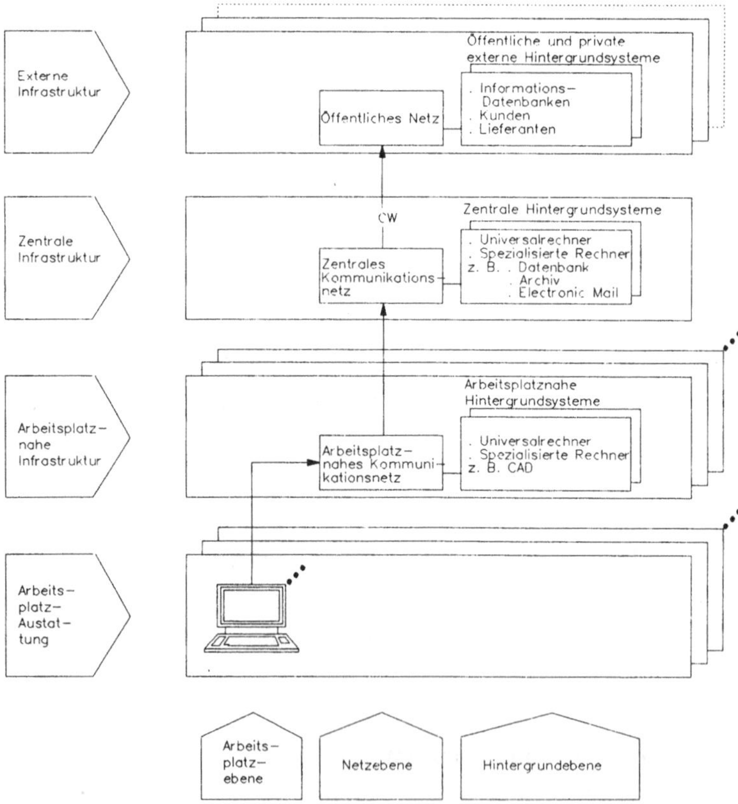

Abb. 58: Mehrebenen-Modell

aus: Dernbach, CIM-Konzeption zur Stärkung der Marktposition 1985, S. A20

Unterschieden wird dabei nach

- öffentlichen und privaten externen Hintergrundsystemen (externe Infrastruktur);
- zentralen Hintergrundsystemen;
- arbeitsplatznahen Hintergrundsystemen;
- Arbeitsplatzausstattung.

Die Verbindungen werden durch die Netzebene realisiert.

WALLER nimmt u. a. das SIEMENS-Werk Würzburg als Demonstrations-Beispiel für die Neu-Konzeption in Richtung bedarfsorientierter Fertigung. Im Werk Würzburg werden hauptsächlich Gleichstrom-Stellmotoren gefertigt, die in verschiedenen industriellen und privaten Bereichen zum Antrieb von Hilfsaggregaten eingesetzt werden und deren Bestelleingang Schwankungen von plus 20 bis minus 40 Prozent aufweist.

Das neue Konzept basiert auf der hierarchischen Anordnung der Automatisierungssysteme, die im Endausbau 150 programmierbare Steuerungen in 15 flexiblen Fertigungszellen umfassen und die je von einem Zellenrechner gesteuert werden. Drei Fertigungsleitrechner übernehmen auch deren Überwachung. In ihrer Leistungsfähigkeit ist Redundanz, so daß der Ausfall eines Rechners nicht zum Stillstand der Produktion führen kann (vgl. Waller, Strategien für die Produktionsautomatisierung 1986, S. 69).

Die hierarchische Anordnung der Automatisierungssysteme führt zu den Ebenen:

- Planung, insbesondere CAD, CAP, PPS;
- Produktionsleitung;
- Produktionsführung;
- Steuerung.

Abb. 59 zeigt die Funktionen der einzelnen Ebenen, die zugehörigen Hardware-Komponenten und das LAN; diese Elemente bilden das Automatisierungskonzept.

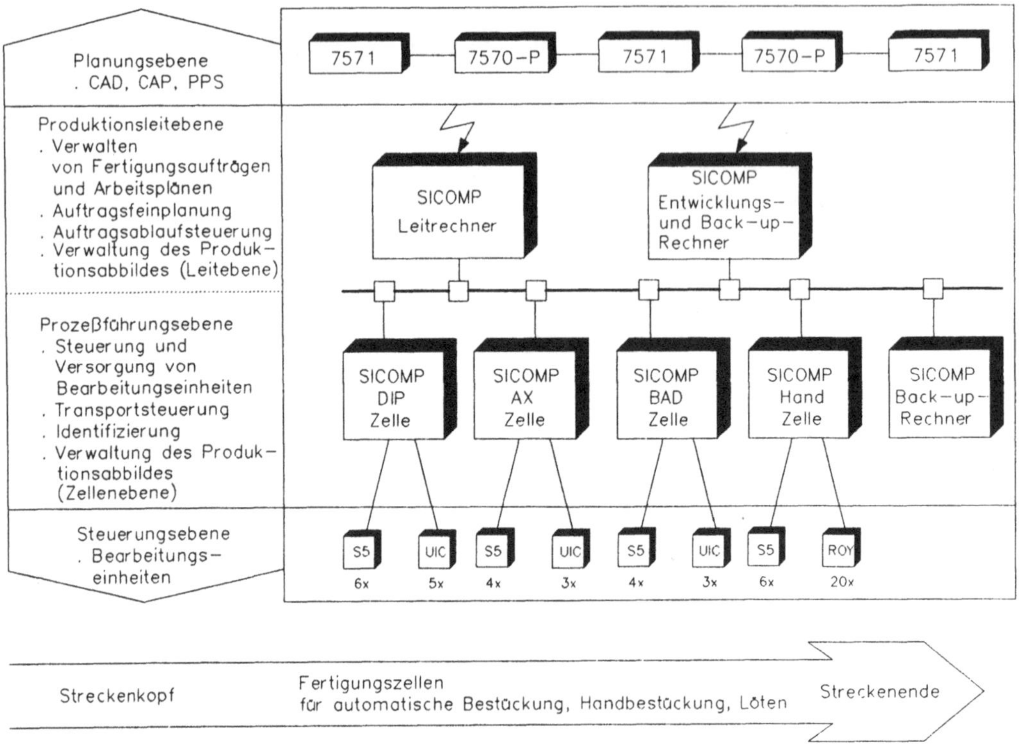

Abb. 59: Automatisierungskonzept für flexible Fertigung elektronischer Baugruppen im SIEMENS-Werk Würzburg
aus: Waller, Strategien für die Produktionsautomatisierung 1986, S. 69

Schließlich spricht auch VEIT in seinen Ausführungen zu CIM bei SULZER von den Ebenen

- zentraler Hintergrund,
- lokaler Hintergrund und
- Arbeitsplatz.

Wie in Abb. 53 dargestellt, ordnet er das PPS-System dem zentralen Hintergrund zu, die CA-Systeme bilden den lokalen Hintergrund und die Steuerungen an den Werkzeugmaschinen die Arbeitsplatzausstattung (vgl. Veit, Die Fabrik der Zukunft auf dem Weg zur Realisierung 1986, S. 10).

3. Realisierungsstrategien

Bei den möglichen Realisierungsstrategien für CIM unterscheidet DIEBOLD drei Wege zum Realisierungsziel:

a) Kurzfristige Optimierung, d. h. Konzentration auf Einzelprojekte (Insellösungen) mit kurzfristiger Dringlichkeit;
b) Perfektion/großer Wurf, d. h. Konzentration auf die Realisierung des Idealkonzeptes und damit Warten, bis Hindernisse beseitigt sind;
c) strategische Evolution, d. h. Festlegung eines strategisch abgesicherten Rahmenkonzeptes und schrittweise Realisierung in funktionell und nach Prioritäten klar abgegrenzten Einzelprojekten.

Diese Strategien weisen unterschiedliche Realisierungsrisiken bzw. Vor-/Nachteile auf (vgl. Dernbach, CIM-Konzeption zur Stärkung der Marktposition 1985, S. A29 - A32):

a) Kurzfristige Optimierung

Vor-/Nachteile (+/-)

+ Schnelle pragmatische Lösungen;
+ Schneller, realistischer, wenn auch mittelfristig begrenzter Nutzen;
+ Kein Warten auf Initiativen/das Engagement von Zentralstellen;
- Vielfalt technischer und organisatorischer Insellösungen sowie sich überschneidende Lösungen;
- Schaffung einer Vielzahl von Zwängen durch Hardware;
- Organisatorische Veränderungen ohne strategische Vorbereitung;
- Nicht sichergestellt, daß knappe Investitionsmittel auf die attraktivsten Vorhaben konzentriert werden.

b) Perfektion/großer Wurf

Vor-/Nachteile (+/-)

+ Keine "Fehlinvestitionen" durch Ablösung von Software;
+ Einsatz bewährter Anwendungs-Software-Pakete;
+ Geringer Entwicklungsaufwand;
- Verzicht auf bereits heute realisierbaren Nutzen;
- Gefährdung der Konkurrenzfähigkeit.

c) Strategische Evolution

Vor-/Nachteile (+/-)

+ Ausrichtung nach den strategischen Zielen und damit Konzentration auf die attraktiven Vorhaben;
+ Klar abgesteckter Rahmen, um Projekte auch für unterschiedliche Stellen/Teams zu realisieren, ohne "Schnittstellen" zu untersuchen;
+ Klare Zuständigkeiten;
+ Sicherstellung, daß auch "Schnellschüsse" in den Rahmen passen;
+ Langfristige Vorbereitung organisatorischer Änderungen;
+ Konzentration auf die Problemlösung anstatt auf die Hardware/das Netzwerk;
- Aufwand zur Entwicklung des Konzeptes;
- Schwierige Koordination;
- Fachliche Überprüfung erforderlich;
- Absicherung auf der Ebene der Unternehmensleitung.

Vor dem Hintergrund, daß fertige CIM-Systeme nicht verfügbar sind, stellt auch SCHEER die Frage, was ein Anwender heute tun kann. Es ergeben sich für ihn vier Möglichkeiten:

"a) Warten, bis vollständig einsetzbare CIM-Soft- und Hardware zur Verfügung steht;

b) Mit begonnenen Teillösungen weiterarbeiten und darauf hoffen, daß dann, wenn CIM wirklich verfügbar ist, auch die Teillösungen integriert werden können;
c) Bei Basisentscheidungen im Bereich PPS, CAD und CAM auf die Ausrichtung auf ein zukünftiges CIM-Konzept achten, sonst aber in Teillösungen weiterarbeiten;
d) Bereits jetzt aktiv alle Möglichkeiten zur Realisierung eines CIM-Konzeptes nutzen;"
(Scheer, CIM Computer Integrated Manufacturing 1987, S. 65).

Die Möglichkeiten a) und b) sind relativ risikolos, bedeuten aber, daß der Anwender u. U. den Anschluß verliert. Die Wege c) und d) setzen in mehr oder weniger grober Form ein Rahmenkonzept voraus.

Die Entwicklung eines **Rahmenkonzeptes** (entworfen Top Down und verfeinert/verprobt Bottom Up), das die zukünftige Unternehmensentwicklung (Standorte, Strukturen, Aufbauorganisation, Marketingkonzept, Produkt- und Produktionsprogramm) mit einbezieht, scheint sich als Einstieg in die integrierte Informationsverarbeitung durchzusetzen. Nicht zuletzt die erzielten Erfolge im CIM-Projekt bei SULZER belegen diesen Trend. Es ist aber gleichzeitig der anspruchsvollste Pfad zur modernen Fertigung.

4. Status Quo und Ausblick

Das Beispiel SULZER zeigt, daß mit CIM-Projekten - auch ohne gemeinsame Datenbasis für betriebswirtschaftliche und technische Funktionen - sehr viel erreicht werden kann. Es herrscht heute die Meinung vor, daß mit "CIM noch nicht das Ende der Fahnenstange" erreicht ist. Es bleiben zwei Fragen:

- Wie ist es - abgesehen von technologischen Vorreitern - um CIM in der Industrie heute wirklich bestellt?

- Wie geht es weiter?

4.1 Status Quo/Zusammenfassung

Ein realistisches Bild des Status Quo zeichnet die schon erwähnte Expertenbefragung des FIR aus dem Jahr 1987, deren Ergebnisse seit 1988 zugänglich sind. Die Verteilung der Antworten auf die Frage

"Wie hoch schätzen Sie die Prozentzahlen der Unternehmen in der BRD ein, die heute bereits über Erfahrungen mit einzelnen CIM-Komponenten (CAD, CAP, CAM, CAQ und PPS) verfügen und wie hoch werden die Prozentzahlen Ihrer Meinung nach in 5 bzw. 10 Jahren sein?"

ist in Abb. 60 graphisch dargestellt. Diese Graphik ist ernüchternd, denn die Prozentzahlen für Unternehmen, die heute bereits über Erfahrungen mit einzelnen CIM-Komponenten verfügen, liegen demnach für die CA-Anwendungen zwischen 4 und 20 % und für PPS bei 30 %. Ermutigend ist allein die Trendaussage für die nächsten 5 bzw. 10 Jahre. CIM lebt aber nicht von einzelnen Komponenten, sondern von der Integration!

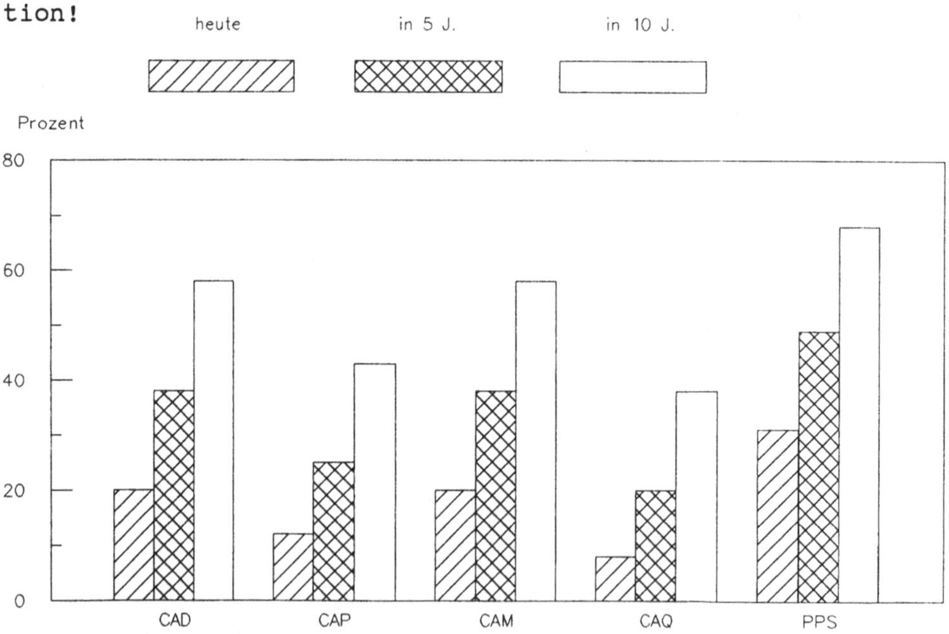

Abb. 60: Erfahrungen mit einzelnen CIM-Komponenten (Angaben aller Experten gemittelt)
aus: Expertenbefragung des FIR 1988, S. 6

Folgerichtig ist die nächste Frage des FIR:

"Welche Integration von CIM-Komponenten sind Ihnen aus der Praxis bekannt und welche sind davon Ihrer Meinung nach zufriedenstellend gelöst?"

Zur Beantwortung der Frage wurden Integrations-Kombinationen vorgegeben, z. B. PPS-CAD, CAD-CAM etc.

Die Verteilung der Anworten auf diese Frage illustriert Abb. 61, die für die CAD-CAM-Kopplung die höchsten Werte für "zufriedenstellend gelöst" zeigt und die geringsten für die CAQ-Kopplungen CAD-CAQ und CAP-CAQ.

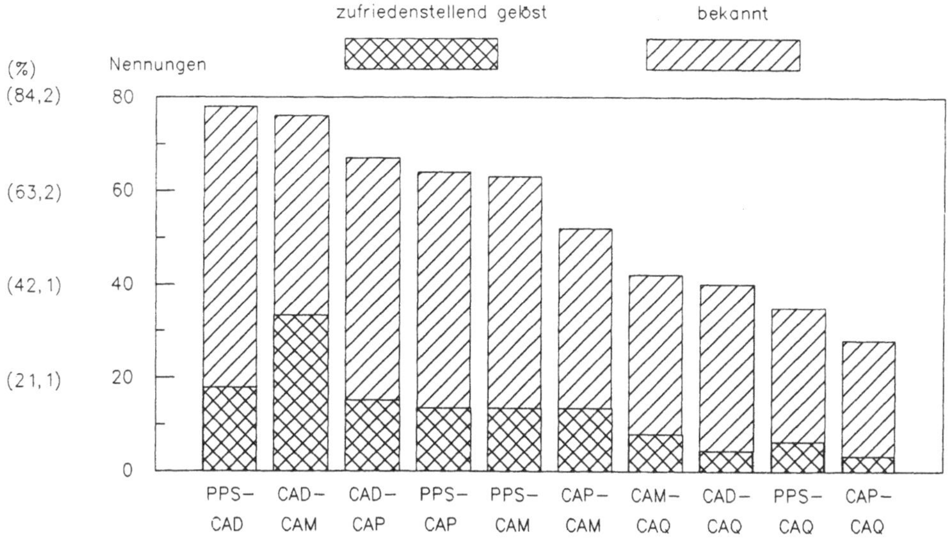

Abb. 61: CIM-Kopplungen in der Praxis
aus: Expertenbefragung des FIR 1988, S. 7

Die Anzahl der Nennungen für bekannte Kopplungen und die Nennungen für zufriedenstellend gelöste Kopplungen liegen sehr weit auseinander. Warum?

Es liegt die Vermutung nahe, daß es bei der Realisierung von CIM-Kopplungen **Rahmenparameter** bzw. **Probleme** gibt, die eine flächendeckende Integration verzögern oder behindern. DERNBACH hat unter Punkt B.2.2.1 technische und organisatorische Voraussetzungen für die Realisierung der Chancen einer CIM-Konzeption genannt. Er ist der Meinung, daß die technischen Voraussetzungen **langfristig lösbar sind, die organisatorischen nur schrittweise. Welchen Stellenwert haben sie in der Praxis?**

Das FIR stellt die Frage:

"Welche Rahmenparameter beeinflussen Ihrer Meinung nach vor allem den Grad der Zielerreichung bei der Realisierung eines CIM-Konzeptes?"

Die Experten waren aufgefordert, eine prozentuale Einschätzung anzugeben. Als "Rahmenparameter" waren vorgegeben:

Personal: Qualifikation, Akzeptanz, Motivation

Technik: EDV-Technik/Hard- und Software, Produktionstechnik, Kommunikationstechnik

Unternehmenskultur: Unternehmensgrundsätze, Informationspolitik, Kommunikationsstruktur

Markt: Absatzmarkt, Beschaffungsmarkt, Kapitalmarkt

Organisation: Aufbauorganisation, Ablauforganisation, Projektorganisation

Sonstiges: ....

Die Einschätzung der Experten zeigt Abb. 62. Überraschend ist, daß dem Personal, also den Mitarbeitern, als Rahmenparameter die größte Bedeutung beigemessen wird, andererseits aber die Humanisierung der Arbeit als grundlegendes Unternehmensziel bei dem Wunsch nach CIM-Einführung an letzter Stelle steht (vgl. Abb. 42). Wie soll ein Mitarbeiter motiviert werden, dem im Rahmen von CIM keine verbesserten Arbeitsbedingungen geschaffen werden?

Der Stellenwert von Technik und Organisation als Rahmenparameter wird höher eingestuft als die Unternehmenskultur, der Markt folgt vor dem nicht qualifizierten "Sonstiges" an vorletzter Stelle.

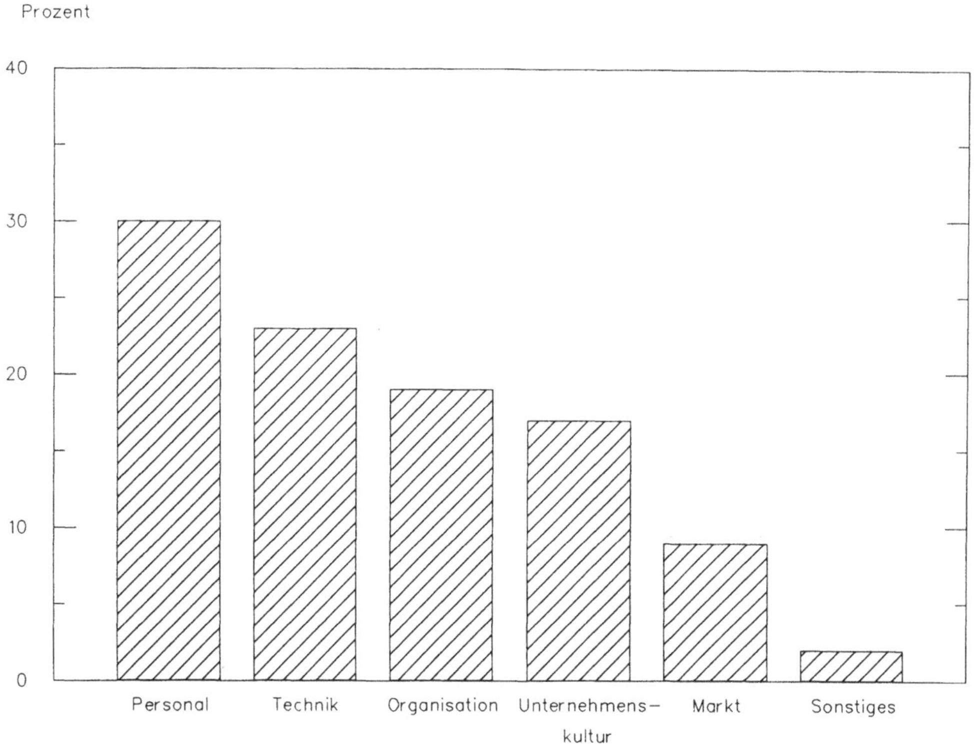

Abb. 62: Einfluß von Rahmenparametern (Angaben gemittelt)
aus: Expertenbefragung des FIR 1988, S. 11

Für die Erhebung der konkreten **Probleme** bei der CIM-Realisierung wurden vom FIR 14 mögliche Probleme vorformuliert und die Frage gestellt:

"Was sind die häufigsten Probleme technisch-wirtschaftlicher Natur, die Ihrer Meinung nach eine CIM-Realisierung negativ beeinflussen?"

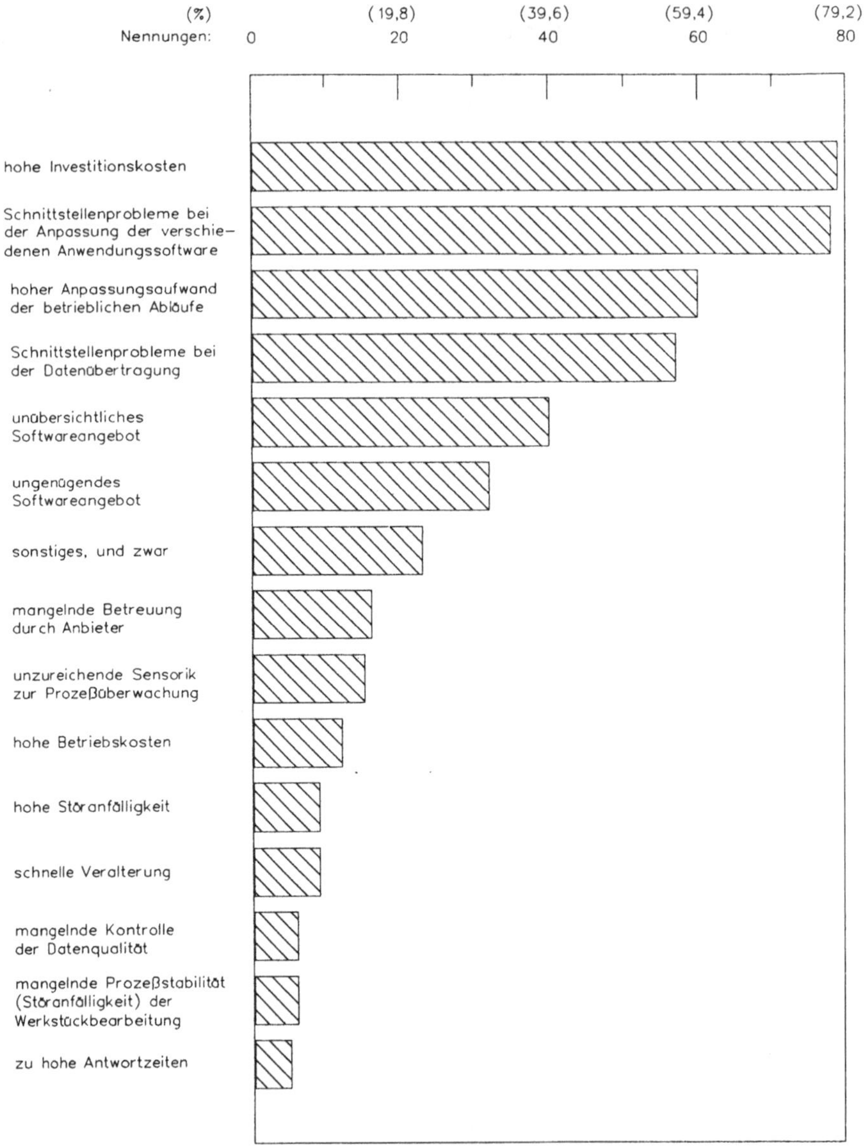

Abb. 63: Häufige Probleme bei der CIM-Realisierung
aus: Expertenbefragung des FIR 1988, S. 15

An erster Stelle werden mit ca. 80 % der Experten-Nennungen die hohen "Investitions-Kosten" genannt, die mit der CIM-Realisierung verbunden sind und die vor dem Hintergrund gesehen werden müssen, daß die Fertigung selbst nur noch 20 bis 30 % der Herstellkosten beeinflussen kann, da die Produktentwicklung die Kostenstruktur des Produktes dominiert (vgl. Bedeutung der Konstruktionsrichtlinien bei VEIT, Punkt B.2.2.3.3h).

Fast gleichrangig mit den Investitionen werden Schnittstellenprobleme bei der Anpassung der verschiedenen Anwendungs-Software, dann der Anpassungsaufwand für betriebliche Abläufe und dann wieder Schnittstellenprobleme, jetzt bezüglich der Datenübertragung, genannt. Die größten Probleme sind jedenfalls monetär-organisatorischer und erst dann technischer Natur.

Grenzen der Automatisierung sehen die Experten in erster Linie im wirtschaftlichen Bereich, danach folgen soziale Grenzen (Mitarbeiter!) und erst an dritter Stelle die technischen. Dies läßt vermuten, daß auch die befragten Experten die technischen Probleme im wesentlichen für lösbar halten.

Zusammenfassend bleibt festzuhalten:

- Zu CIM als strategischer Entwicklungslinie zur automatisierten und integrierten Fertigung gibt es keine Alternative;
- bei der Realisierung ist dem Mitarbeiter als dem entscheidenden "CIM-Baustein" verstärkt Rechnung zu tragen. Ausbildung, Einbindung, Akzeptanz-Entwicklung und Motivation müssen selbstverständlich werden, nicht zuletzt durch die Schaffung von humanen, ergonomischen Arbeitsplätzen, die Freiraum für Kreativität bieten;
- CIM sollte nie ohne Rahmenkonzept angegangen werden; andere Realisierungsstrategien mögen einfacher sein, sie rächen sich jedoch in der Zukunft durch Inkompatibilität, Fehl-Investitionen und Schnittstellenaufwand;

- CIM sollte auch dann angegangen werden, wenn der numerische Wirtschaftlichkeitsnachweis schwerfällt. Konventionelle Methoden der Wirtschaftlichkeitsrechnung verlieren bei der Einschätzung der relativen und schwer faßbaren Nutzen ohnehin ihre Effizienz.

4.2 Weiterentwicklungen

Bei der Weiterentwicklung von CIM sind aus heutiger Sicht folgende Ansätze zu beachten:

a) Konstruktionsbegleitende Kalkulation;
b) Einbau von Expertensystemen in die CIM-Umgebung;
c) Entwicklungen zur technischen und organisatorischen Lösung des Integrationsproblems (Daten, Funktionen, Vorgangsketten);
d) Weiterentwicklung von CIM vom produktionsorientierten zum unternehmensorientierten Anwendungs- und Integrationsmodell (siehe Punkte C. und D.).

4.2.1 Konstruktionsbegleitende Kalkulation

Die Konstruktion, die nicht nur die technische Struktur, sondern zu einem hohen Prozentsatz (nach Experten-Meinung - wie bereits erwähnt - zwischen 70 bis 80 %) auch die Kostenstruktur eines Produktes festlegt bzw. beeinflußt, wird vom konventionellen Rechnungswesen bisher nicht effektiv unterstützt. Die Konstruktion legt Fertigungsverfahren, Einsatzmaterialien und deren Spezifikationen und schließlich auch Eigenfertigung oder Fremdbezug des Objektes fest und verfügt damit über grundsätzliche und wirkungsvolle Eingriffsmöglichkeiten auf die Kostenstruktur. Das Rechnungswesen bzw. die klassische Kostenrechnung setzt in der Regel erst nach Vorliegen des Produktionsprogramms und damit nach Abschluß der Konstruktionsphase ein, d. h. sie besitzt ihren Schwerpunkt in der Planung und Kontrolle der Fertigung selbst, nicht aber in der Planung der Kosten der Fertigung (vgl. Scheer, CIM Computer Integrated Manufacturing 1987, S. 156).

In Abb. 64 sind die Kostenbestimmungsfaktoren im CAD/CAM-Bereich aufgezeigt. Es ergibt sich die Forderung, Entwicklung, Konstruktion und Arbeitsvorbereitung organisatorisch weitgehendst zu integrieren, um die Anzahl der Zentren der Kostenfestlegung zu minimieren.

Die Konstruktion muß bereits auf die fertigungstechnischen Möglichkeiten Rücksicht nehmen und die Eigenschaften der Betriebsmittel, Werkzeuge usw. in den Gestaltungsprozeß mit einbeziehen. Den Kostenentwicklungszentren "Produktentwurf" und "CAD/CAM-Arbeitsplatz" soll die konstruktionsbegleitende

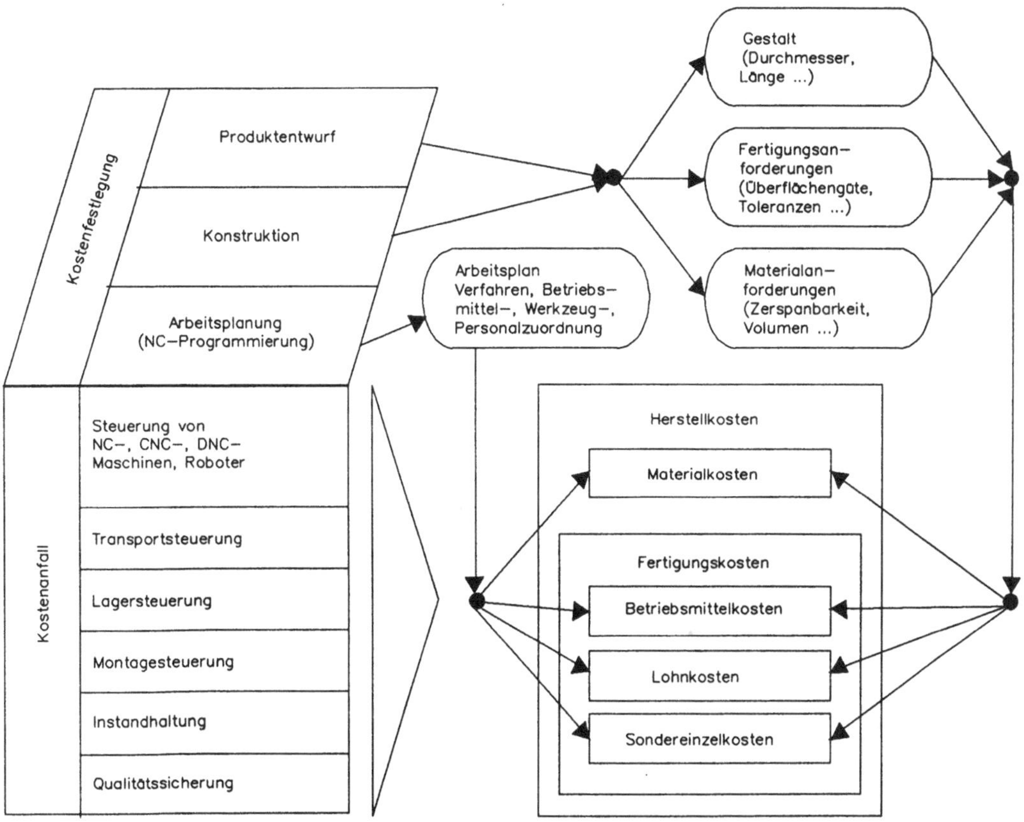

Abb. 64: Kostenbestimmungsfaktoren im CAD/CAM-Bereich
aus: Scheer, CIM Computer Integrated Manufacturing 1987, S. 157

Kalkulation als Instrument zur Verfügung gestellt werden, die Auswirkungen konstruktiver Alternativen kostenmäßig transparent machen zu können.

Je nach Anforderung (montageorientierte oder fertigungsorientierte Konstruktionsvorgänge) soll die Möglichkeit der pauschalen Kalkulation gegeben sein (ohne die technischen Einzelheiten zu berücksichtigen) oder die Kosten sollen aus geometrischen und fertigungstechnischen Detailinformationen analytisch zergliedert werden können.

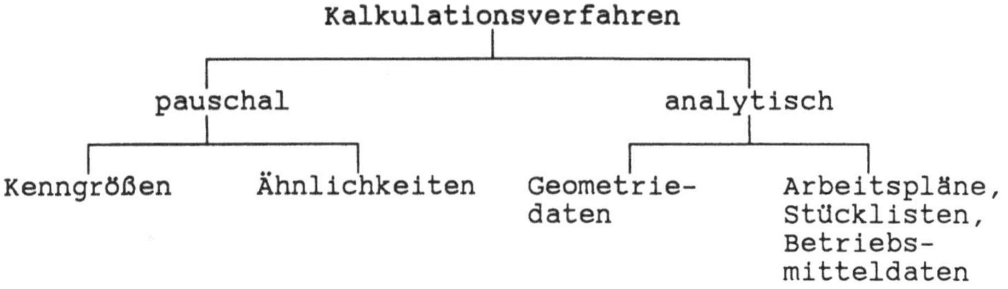

Abb. 65: Kalkulationsverfahren in der Konstruktion
aus: Scheer, CIM Computer Integrated Manufacturing 1987, S. 162

Das Gebiet der konstruktionsbegleitenden Kalkulation steht erst am Anfang seiner Entwicklung und bedingt einen Umdenkprozeß im Unternehmen. "Es erfordert einmal eine Umorientierung der betriebswirtschaftlichen Kostenrechnung und zum anderen die Bereitschaft der technischen Disziplinen, die hohe Kostenbedeutung der Konstruktion anzuerkennen und damit neue Aufgaben aktiv aufzunehmen" (Scheer, CIM Computer Integrated Manufacturing 1987, S. 166).

4.2.2. Expertensysteme

KRALLMANN definiert Expertensysteme (XPS) und ihre möglichen Einsatzgebiete wie folgt:

"XPS - oder besser gesagt: wissensbasierte Systeme - sind rechnergestützte Systeme, in denen das Sach- und Erfahrungswissen von Experten abgelegt ist und in denen zusätzlich Problemlösungsmechanismen realisiert sind. Die Wissensbasis beinhaltet das Wissen, sowohl objektorientiertes als auch problemorientiertes Wissen, das zur Lösung einer Problemstellung in einem bestimmten Anwendungsgebiet herangezogen wird. Die Inferenzkomponente bearbeitet die Inhalte der Wissensbasis nach verschiedenen Strategien (backward chaining - zielorientierte Strategie/forward chaining - datenorientierte Strategie). Hierbei wird aus dem in der Wissensbasis abgelegten Wissen durch Anwendung von Inferenzregeln neues (potentielles) Wissen generiert, welches zur Beantwortung der formulierten Problemstellung geeignet ist. Die Erklärungskomponente, ein Teil der möglichst natürlich-sprachlichen Schnittstelle zum Endbenutzer, soll WHY- und HOW-Fragen ermöglichen. An jeder Stelle des Lösungsprozesses soll die Erklärungskomponente Auskunft darüber geben, welche Hypothese gerade verfolgt wird, warum ein bestimmter Lösungsweg gerade gewählt wurde, welche Schlußfolgerungen bereits erzielt wurden und wie es gerade zu diesem gekommen ist.

Die Wissenserwerbskomponente dient der Pflege und Wartung der Wissensbasis. Bis auf die unternehmensindividuelle Wissensbasis (oder problemspezifische Wissensbasis) können die folgenden Komponenten

- Inferenzmechanismen
- Formalismen der Wissensrepräsentation
- Hilfen zur Erstellung und Wartung der Wissensbasis
- Erklärungs- und Dialogkomponente

in Werkzeugen zur Entwicklung von XPS zusammengefaßt werden.

Um jede überzogene Erwartung klarzustellen, muß gesagt werden:

Expertensysteme dienen der Entscheidungsunterstützung, z. B. eines Managers (Endbenutzers), der auf unterschiedlichen Unternehmensebenen angesiedelt sein kann. Heute und in nächster Zeit werden sowohl konventionelle als auch wissensbasierte Entscheidungsunterstützungssysteme (EUS; Decision Support Systems DSS) ihre Berechtigung in Wirtschaft und Verwaltung haben. Wissensbasierte Systeme können u. a. zum Ziel haben:

- Die Konservierung und Verbreitung von hochqualifiziertem Wissen;
- Konsolidierung von Unternehmensstrategien (einheitliche Vorgehensweise);
- Verbesserung der Entscheidungsqualität."

(Krallmann, Expertensysteme in der Produktionsplanung und -steuerung 1987, S. 60).

Abb. 66 zeigt den prinzipiellen Aufbau von Expertensystemen.

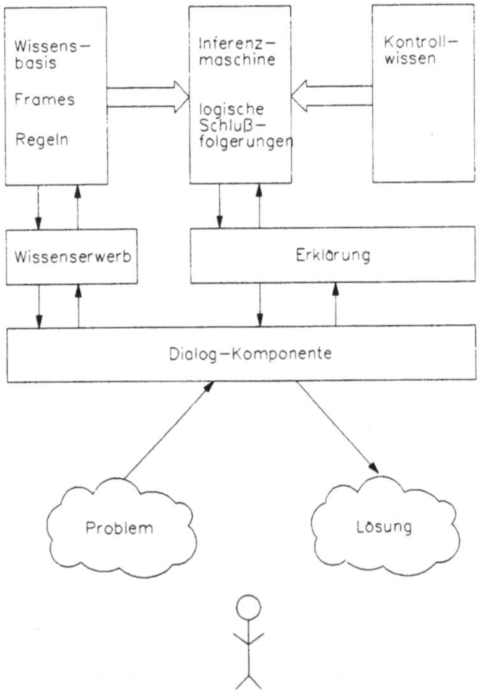

Abb. 66: Aufbau von Expertensystemen

aus: Schnupp, Swiderski, Wissensbasierte Methoden für die Fertigung 1987, S. 7

Geeignete Anwendungsgebiete für XPS im Rahmen von CIM werden heute im Bereich Konstruktion, Arbeitsplanung, Produktionsplanung und -steuerung und Qualitätsplanung gesehen.

Beispiele (vgl. Gröner, Roth, CIM-Handler für die Verbindung von Softwaresystemen 1987, S. 17):

- Konstruktion

Anwendungen für XPS können sowohl die mechanische Konstruktion als auch die Auslegung von elektronischen Bauteilen beinhalten. Ebenso kann die komplexe Aufgabe der Anlagenplanung wirkungsvoll unterstützt werden und: die Schnittstelle zwischen Betriebswirtschaft und Konstruktion, die konstruktionsbegleitende Kalkulation, bildet vor allem im Hinblick auf eine optimale technisch-wirtschaftliche Auslegung von Produkten ein weiteres Einsatzgebiet.

- Arbeitsplanung

Im Zuge der Integration von Konstruktion und Arbeitsplanung auf der Datenebene können anhand von Geometriedaten Zuordnungen von Fertigungsarten, Maschinen bzw. Fertigungslinien vorgenommen werden. Berücksichtigung von fertigungstechnologischen Parametern, Einsatz bestimmter Werkzeuge und Vorrichtungen und die Festlegung der Bearbeitungsreihenfolge anhand von betriebsspezifischen Optimierungsregeln sind hier Inhalte der Anwendung eines Expertensystems.

- Qualitätssicherung

Ähnlich der Arbeitsplanung bietet auch die Qualitätssicherung Möglichkeiten zum Einsatz von Expertensystemen bereits in der Planung. Desweiteren können in der Fertigung Prüfvorschriften im Sinne einer dynamischen Anpassung des Prüfplanes für Wareneingangsprüfungen und Qualitätsprüfungen in der Produktion vorgenommen werden. Hauptziel ist hier eine Optimierung des Prüfaufwandes.

- Produktionsplanung und -steuerung

Ein großes Feld für den KI-Einsatz stellt auch dieser Bereich eines Unternehmens dar. Beginnend mit der Auswahl von Prognoseverfahren zur Programmplanung können dynamische Anpassungen von Dispositionsregeln für die Materialwirtschaft vorgenommen werden. Auch in der Lieferantenauswahl (Preise, Pünktlichkeit, Qualität) ist es möglich, ein Expertensystem einzusetzen. Generell kann ein solches System die Konfiguration von PPS-Systemen hinsichtlich der betriebsspezifischen Belange vornehmen. Hierunter fallen auch Freigabestrategien für betriebliche Unterlagen (Zeichnungen, Arbeitspläne), Entnahme- und Bereitstellungszeitpunkte bis hin zur bestmöglichen Steuerung des innerbetrieblichen Transportes.

Konkrete Fallbeispiele sind immer häufiger in entsprechenden Fachzeitschriften zu finden, der interessierte Leser wird darauf verwiesen. Generell gilt für den Einsatz von XPS im Rahmen von CIM, daß der Startschuß für eine vielversprechende Entwicklung gegeben ist, die dazu führen wird, daß Anwendungssysteme für den Benutzer produktiver werden.

4.2.3 CIM-Handler

Die Ergebnisse der FIR-Expertenbefragung haben gezeigt, daß die Kopplungen der CIM-Komponenten in der Praxis noch einen verbesserungswürdigen Durchdringungsgrad aufweisen (vgl. Abb. 61).

Nachteile der mangelhaften Integration sind hauptsächlich:

- Unterschiedliche Datenformate bzw. Datenhaltungsphilosophien;
- Dateninkonsistenz;
- umfangreiche manuelle Datenübertragungen;
- Datenredundanz.

Am Institut für Wirtschaftsinformatik (IWI), Saarbrücken, wurde ein CIM-Datenhandling-System (CIM-Handler) konzipiert, das es erlaubt, bisher unverbundene Software-Systeme unterschiedlicher Hersteller miteinander zu verbinden.

Durch die technische Lösung der Integrationsprobleme ergeben sich auch neue Möglichkeiten der organisatorischen Integration und Gestaltung, beispielsweise ablauforganisatorisch durchgehende Funktions- bzw. Vorgangsketten für die Auftragserledigung, die an den Grenzen der jeweiligen CIM-Komponenten nicht mehr unterbrochen sind.

Der CIM-Handler ist das zentrale System für die Steuerung des Informationsaustausches zwischen CAD, PPS und weiteren Software-Systemen und erhält die Konsistenz der gesamtbetrieblichen Datenbasis; er integriert bestehende, dedizierte Hard- und Software-Komponenten (Abb. 67).

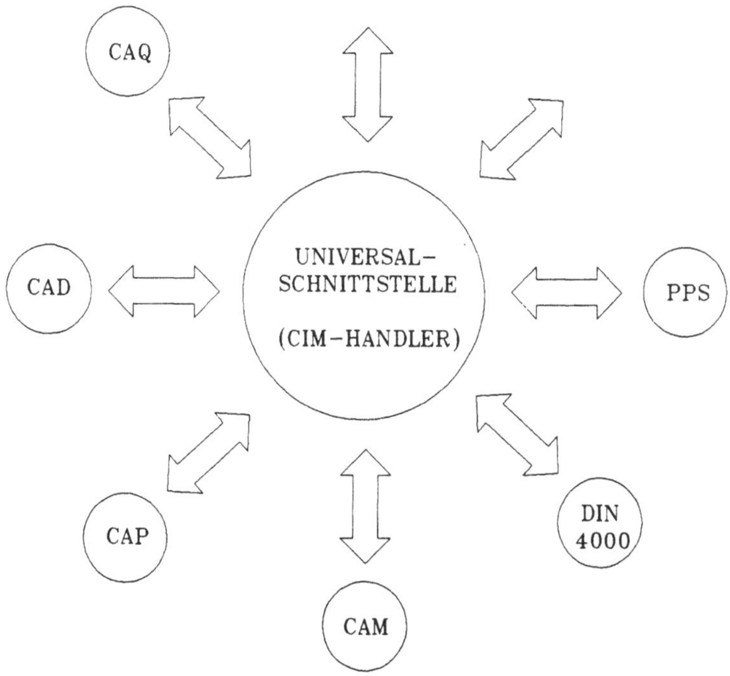

Abb. 67: Das zentrale System "CIM-Handler"

aus: Gröner, Roth, CIM-Handler für die Verbindung von Softwaresystemen 1987, S. 15

Die Eigenschaften und der Funktionsumfang des CIM-Handlers werden wie folgt beschrieben (vgl. Gröner, Roth, CIM-Handler für die Verbindung von Softwaresystemen 1987, S. 15 - 16):

Eigenschaften:

Durch den modularen Aufbau wird eine weitgehende Konfigurationsfreiheit erzielt, die es erlaubt, ohne Änderungen der Programmlogik des CIM-Handlers alternative technische und betriebswirtschaftliche Systemkomponenten anzuschließen.

Funktionsumfang:

Die Ziele bei der Festlegung des Funktionsumfanges waren Übersichtlichkeit und Bedienerfreundlichkeit für Entwicklung, Konfiguration und Betrieb des CIM-Handlers. Folgende Funktionen wurden definiert:

- Terminalemulator; erlaubt es zu jedem Zeitpunkt, aus einer Anwendung heraus mit anderen Systemen zu kommunizieren, ohne die primäre Anwendung zu verlassen; bildet die Brücke für eine Anwendung-zu-Anwendung-Beziehung, bietet neben einem normalen Bildschirm-Dialog die Möglichkeit eines automatischen Programmstarts, den automatischen Logon sowie automatisierte Dialoge.

- Datenausstauschtransaktionen; stellen die vollständige Datenübertragungsmöglichkeit aktuell generierter Daten zwischen allen angeschlossenen Systemen sicher; dem Benutzer wird pro System ein automatisch erzeugbares, auf jedes angeschlossene System abgestimmtes Transaktions-Menue angeboten, die gewünschte Datenaustauschtransaktion wird ausgewählt und gestartet.

- Informationstransaktionen; ermöglichen den ungehinderten (lesenden) Zugriff auf Daten anderer Systeme.

- Systemübergreifende Statusverwaltung; überwacht den Bearbeitungszustand sämtlicher Datenaustauschtransaktionen.

- Triggerkonzept; auf der Basis der mitgeführten Stati werden Transaktionen angestoßen oder gesperrt, Datensätze freigegeben oder gesperrt und Plausibilitätsprüfungen durchgeführt.

- Data Dictionary-Funktionen; der CIM-Handler steuert auf der Basis eines Data Dictionary den Datenaustausch zwischen den Systemen; er kennt Datenfelder und Formate der angeschlossenen Systeme, die bereitgestellten Änderungsdaten und die Verarbeitungsvorschriften.

- Customizing und freie Konfigurierbarkeit; freie Konfigurierbarkeit sowohl bei Initialisierung als auch bei Anpassungen des Systems; in einer Transaktionsdatenbank befinden sich parametrierte Einzeltransaktionen, die zu Sammeltransaktionen frei konfigurierbar sind.

Als abgeleitete Forderungen an CIM-Bausteine werden folgende Flexibilitätsanforderungen genannt:

- Modularität, um die Konfiguration kundenspezifischer Systeme zu ermöglichen;

- User Exits, um Funktionen des Systems mit ergänzenden Funktionen in Zwangsläufe zu integrieren;

- Offenlegung, genaue Dokumentation und Anpaßbarkeit der Datenbasen.

Bei genauerer Betrachtung kann der CIM-Handler nicht als Weiterentwicklung oder zukunftsträchtige CIM-Komponente bezeichnet werden, da er überflüssig wird, wenn die CIM-Anwendungen nach einem gemeinsamen Anwendungsmodell mit gemeinsamer Datenbasis (Produkt- und Datenmodell) entwickelt werden bzw. realisiert werden können oder Datenbankmanagementsysteme für heterogene verteilte Datenbestände verfügbar sind. Für die Lösung der heute und voraussichtlich noch mittelfristig bestehenden Integrationsprobleme zwischen technischen Systemen (untereinander) und PPS stellt er allerdings einen intellegenten und beachtenswerten Ansatz dar.

4.3 Weitere Kürzel und Begriffe im CIM-Dictionary

Neben den bereits erwähnten und erläuterten Begriffen hat sich eine Reihe weiterer Begriffe im CIM-Feld bzw. -Umfeld entwickelt, die als Bestandteil des CIM-Dictionary aufgefaßt werden müssen, auch wenn sie teilweise durch die AWF-Definitionen abgedeckt sind. Beispiele hierfür sind:

- AMH Automated Materials Handling;
  Rechnergestützte Systeme für automatisierte Bewegung, Handhabung und Lagerung;

- CAR Computer Aided Roboting;
  Rechnergestützter Robotereinsatz;

- CAT Computer Aided Testing;
  Rechnereinsatz bei der Qualitätsprüfung;

- CIC Computer Integrated Controlling;
  Rechnerintegriertes Controlling;

- ICAM Integrated Computer Aided Manufacturing;
  Integration von Fertigungs-, Handhabungs-, Transport- und Lagersystemen.

Abb. 68 zeigt exemplarisch die Integration von CAT in ein CIM-Konzept "FALKE" (Flexibles Automatisierungskonzept für Elektronikbaugruppen) bei SIEMENS. AMH und CAR können dem Begriff CAM (nach AWF) subsumiert werden. Die Begriffe CIC und ICAM sind neuere Kürzel-Schöpfungen.

Es sei angemerkt, daß für die gängigen Kürzel - CAP, CIM etc. - in der Fachliteratur häufig Synonyme verwendet werden, wie z. B.

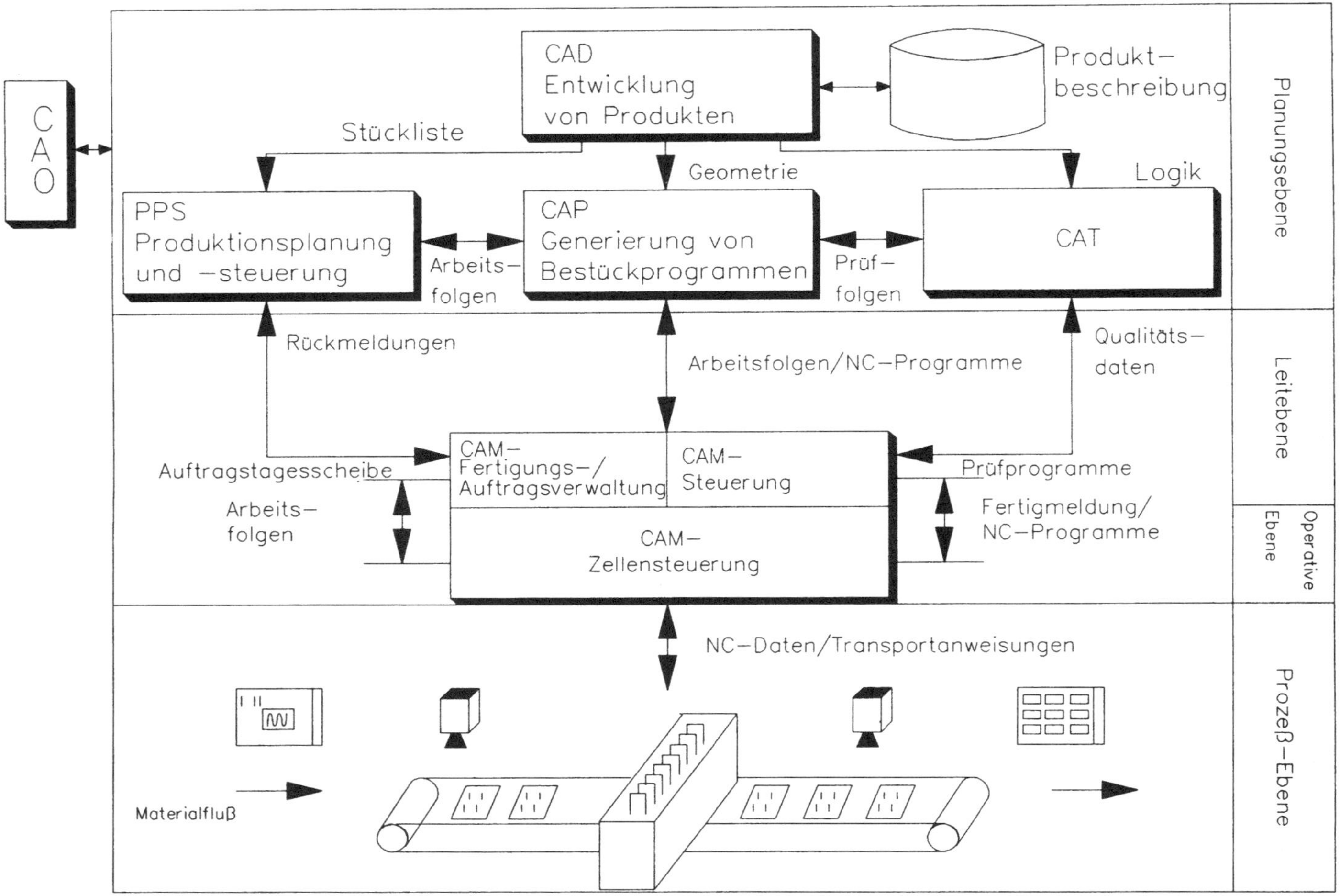

Abb. 68: CAT im CIM-Konzept FALKE aus: Müller, Integrierte Werksrahmenplanung 1987, Bild 26

- CAPPC Computer Aided Production Planning and Control (Synonym mit PPS);

- CAPPP Computer Aided Process and Production Planning (Synonym mit CAP);

- CIAM Computer Integrated and Automated Manufacturing (Synonym mit CIM);

- PPC Production Planning and Control (Synonym mit PPS);

- usw.

Informative Nachschlagewerke für Begriffe/Abkürzungen aus dem Bereich CIM bzw. der Informationstechnik bieten die großen Hardware-Hersteller als auch unabhängige Organisationen - meist kostenfrei - an.

C. Unternehmensorientierte Integrationsansätze

Unternehmensorientierte Integrationsansätze bzw. -modelle sind die natürliche Weiterentwicklung von CIM, indem die vor- und nachgelagerten Bereiche der Produktion einbezogen werden (im wesentlichen die Funktionen der Planung, des Vertriebs, der betriebswirtschaftlichen Abrechnung und der Bürokommunikation mit Entscheidungsunterstützung).

CIL, die Computer-integrierte Logistik, beleuchtet die Integration aus der Sicht der Querschnittsfunktion **Versorgung**; "Dabei versteht man unter einem CIL-System ein computergestütztes Informationssystem, das in wirtschaftlicher Weise in allen Bereichen des Wertschöpfungsprozesses relevante Informationen zur Verfügung stellt. Als relevant werden hierbei Informationen angesehen, die den Anforderungen der Logistik und einer marktorientierten Strategie entsprechen" (Jourdan, Logistik und Informationstechnik 1990, S. 303).

CIB, Computer Integrated Business, ist sowohl Modell (CIM + Büroautomation) als auch Methode zur Entwicklung eines unternehmensindividuellen Integrationskonzeptes.

CAI, Computer Aided Industry, ist das unternehmensorientierte Modell von SIEMENS und hat ebenfalls CIM und die Büroautomation (CAO) als Funktionsinhalt.

Im folgenden werden die Ziele und Sachinhalte dieser drei Integrationsansätze vorgestellt.

1. CIL (Computer-integrierte Logistik)

Die Computer-integrierte Logistik versteht sich als Weiterentwicklung von der klassischen Materialwirtschaft zu einem Unternehmenskonzept zur Verbesserung der Wettbewerbsfähigkeit; Logistik wird als Management-Philosophie verstanden, die die Stärkung des Unternehmens im Wettbewerb in den Vordergrund stellt. Gleichzeitig soll die Logistik helfen, Rationalisierungspotentiale zu erschließen.

1.1 Ziele

Logistik ist zunächst eine **Leitidee** (vgl. CIM). Sie muß individuell auf das Unternehmen zugeschnitten werden und umfaßt die Steuerung und Gestaltung der gesamten Versorgungskette eines Unternehmens vom Absatzmarkt bis hin zum Beschaffungsmarkt (vgl. Merkel, Von der klassischen Sicht der Materialwirtschaft zur neuen Sicht der Logistik 1988, S. 29). Im Mittelpunkt steht die zentrale Unternehmenszielsetzung, den Markt optimal zu versorgen.

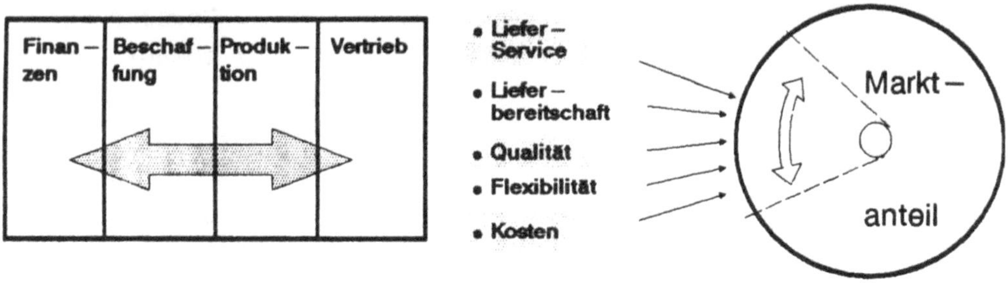

Abb. 69: Unternehmensziel: Ausbau der Wettbewerbsposition
aus: Merkel, Von der klassischen Sicht der Materialwirtschaft zur neuen Sicht der Logistik 1988, S. 30

Dabei spielen die Nicht-Preisinstrumente eine immer größer werdende Rolle im Wettbewerb:

- Lieferservice (servicegerechte Gestaltung der Distributionskette);
- Lieferbereitschaft (Fähigkeit, innerhalb bestimmter Fristen zu liefern);
- Flexibilität (Fähigkeit, sich an individuelle Kundenwünsche anzupassen);
- Qualität;
- usw.

Logistik greift nicht kurzfristig; Unternehmen, die mit Logistik erfolgreich sind, haben viele Jahre Konzeptarbeit und Realisierung investiert, die nicht kurzfristig aufgeholt werden können.

1.2 Die Rolle der Logistik

Die Logistik ist das Konzept, um den Strategiewechsel in den Märkten von langfristiger Optimierung zu kurzfristiger Bedarfsanpassung in den Griff zu bekommen. Beispiele für geänderte Betrachtungsweisen sind (Kraus, Verbesserung der Leistungsfähigkeit und Reduzierung der Kosten 1988, S. 54):

	Früher	Heute
Produktionsplanung	- Möglichst langfristiger Horizont - Optimierung der Produktionskosten - Hohe Kapazitätsauslastung - Hohe Detaillierung von starren Vorgaben	- Zeitlich gestaffelter Detaillierungsgrad - Schrittweise Prüfung der Machbarkeit - Transparenz für Anpassungsaufwand an geänderte Bedarfssituationen - Schaffen und Erkennung von Flexibilitätsspielräumen
Produktionssteuerung	- Zentrale Planungsvorgaben - Versuch zur Durchsetzung der Planwerte	- Flexibilität im Rahmen vorgegebener Eckdaten - Reaktion auf interne und externe Störungen
Beschaffungsplanung	- Niedrige Beschaffungsstückkosten - Große Lieferlose - Wareneingangsprüfung	- Niedrige Beschaffungsgesamtkosten - Kurze Lieferzeiten - 100 %-OK-Rate

Möglichkeiten der Logistik bei der Bewältigung des Strategiewandels ergeben sich z. B. bei:

- Lieferfähigkeit

  . Rollierende Planung aller Ressourcen
  . Rückkopplung der Planung aus der operativen Abwicklung
  . Transparenz von Planung, Steuerung und Fortschrittskontrolle

. Disposition von Beständen auf den einzelnen Fertigungsstufen

- Produktivität

  . Abstimmung der Produktionskapazitäten
  . Sicherstellung der Durchführbarkeit
  . Simulation von Alternativen
  . Reduzierung manueller Tätigkeiten
  . Beruhigung der Produktion

- Produktqualität

  . Planung und Kontrolle der Lieferantenbewertung
  . Steuerung von Reife- und Verfallzeiten
  . Kontrollierte, sichere Materialeinsteuerung
  . Eingrenzung von Produkt- und Produktionsmängeln (Chargen, Recall)

- Marktanteile

  . Flexible Lieferfähigkeit im Seriengeschäft (Abrufe)
  . Bedarfsgerechte Bedienung des Vertriebes
  . Disposition von Beständen nach Lieferfristen
  . Bereitstellung von Kapazitäten für unvorhergesehene Bedarfe

Die Bereiche Vertrieb, Produktion und Beschaffung müssen sich den Logistik-Zielen gemeinschaftlich unterordnen und im Interesse des Ganzen auf die Durchsetzung egoistischer Bereichsziele verzichten. Nur dann kann die Logistik vom Lieferanten bis zum Kunden wirken (Abb. 70).

1.3 Informationstechnik und Logistik

Die Anforderungen an ein Informationssystem, das ohne Verzögerungen und Verzerrungen den veränderten Zielsetzungen

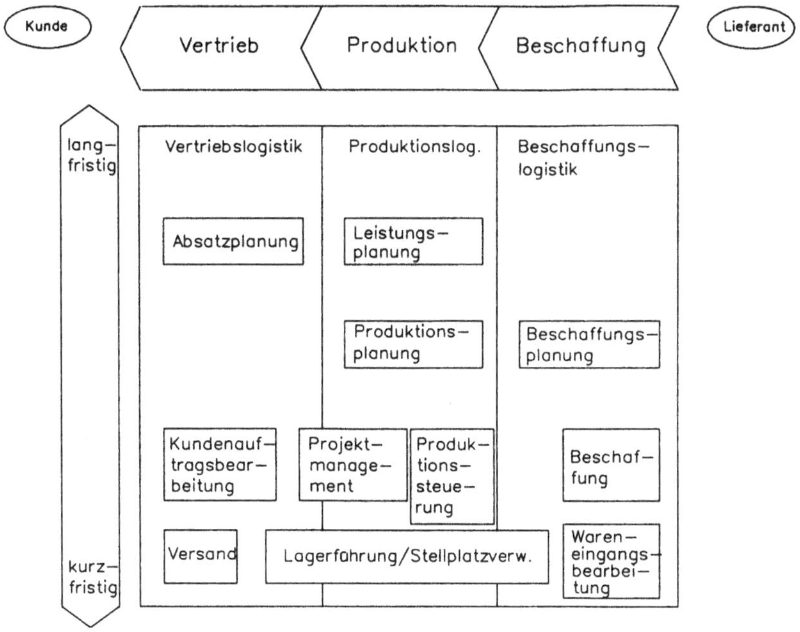

Abb. 70: Logistik = Vertriebslogistik + Produktionslogistik + Beschaffungslogistik

aus: Kraus, Verbesserung der Leistungsfähigkeit und Reduzierung der Kosten 1988, S. 52

Rechnung tragen kann, sind:

- Vermeidung der Mehrstufigkeit, möglichst durch einstufige Informationsprozesse;
- Vermeidung von Medienbrüchen und Loslösung von Vorgängen als Information (vorauseilende Informationen), Nutzung von Triggern;
- zeitnahe Kopplung von Tagesgeschäft und Planung;
- Vermeidung mehrstufiger, voneinander unabhängiger Planungsprozesse durch den Aufbau einstufiger Planungsprozesse.

(vgl. Merkel, Von der klassischen Sicht der Materialwirtschaft zur neuen Sicht der Logistik 1988, S. 39).

Zur Kosten- und Leistungsoptimierung wird eine parallele Betrachtung von Komponenten der Führungsorganisation und der Informationstechnik gefordert. Abb. 71 zeigt die Abhängigkeiten.

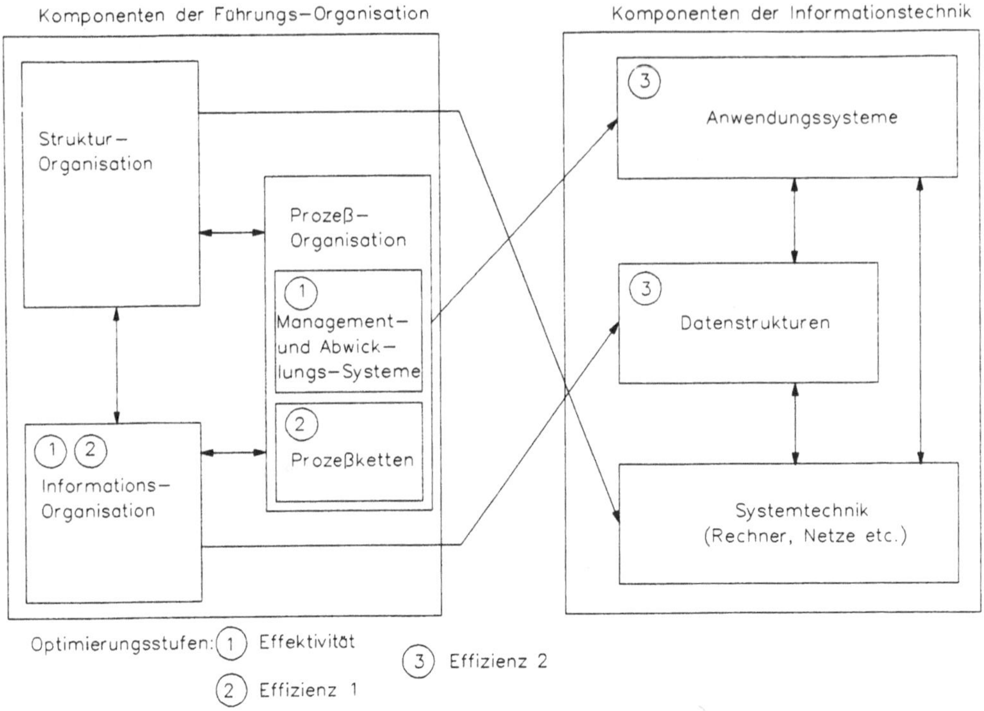

Abb. 71: Parallele Betrachtung von Komponenten der Führungsorganisation und Informationstechnik
aus: Kraus, Verbesserung der Leistungsfähigkeit und Reduzierung der Kosten 1988, S. 63

Die **Computer-integrierte Logistik** ergibt sich also aus:

- Der Definition der marktindividuellen und wettbewerbswirksamen Vertriebs- und Marketingziele;
- der Erarbeitung eines Umsetzungskonzeptes, bezogen auf das ganze Unternehmen;
- der Entwicklung der zukünftigen Führungsorganisation und - parallel dazu -
- der Entwicklung von zukünftigen Informationssystemen, die verzögerungs- und verzerrungsfrei reagieren.

oder in anderen Worten:

logistische Leistungsfähigkeit + Informationssysteme = CIL
(Konzept/Organisation) (Technik)

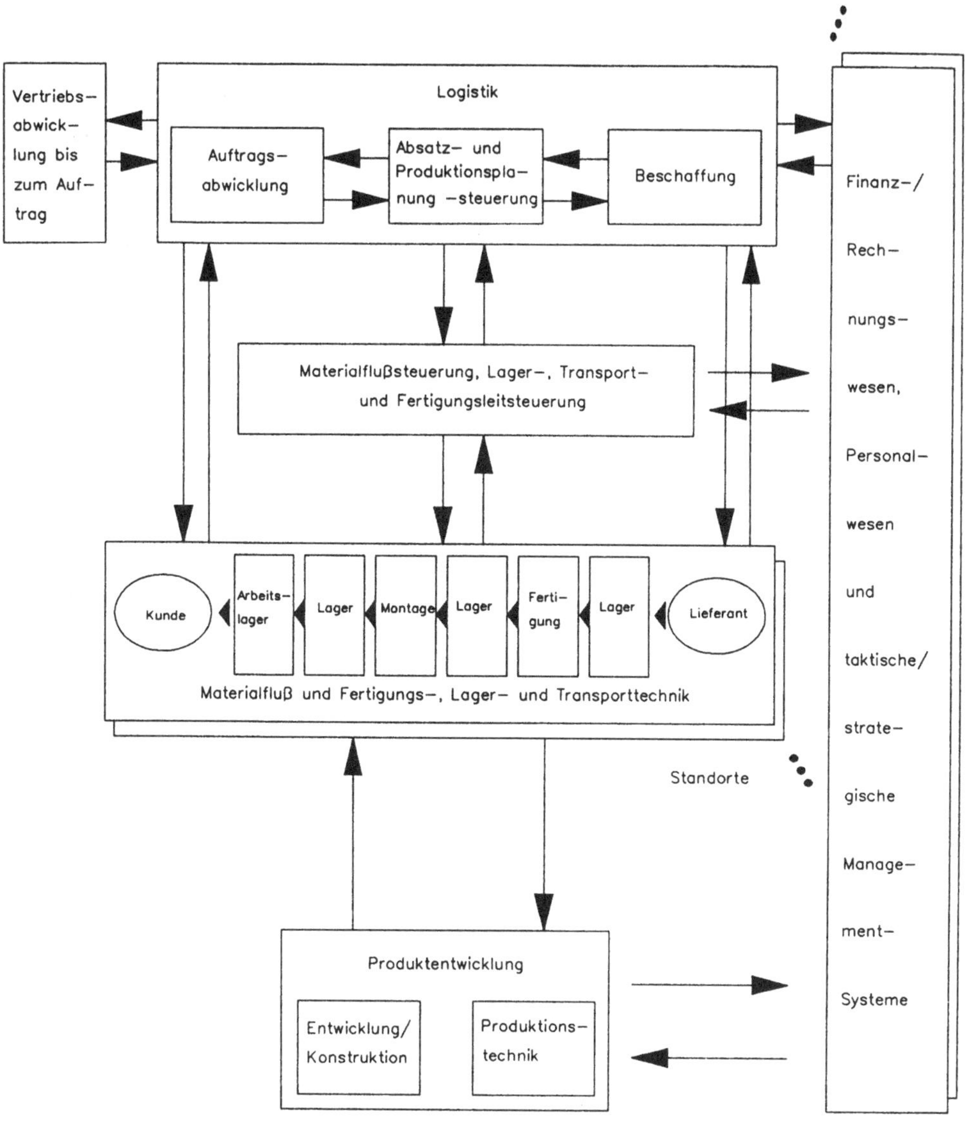

Abb. 72: CIL

aus: Kraus, Verbesserung der Leistungsfähigkeit und Reduzierung der Kosten 1988, S. 64

Für die Realisierung von CIL gelten die unter CIM (siehe Punkt B.3) aufgezeigten Strategien mit den jeweiligen Vor-/ Nachteilen analog.

2. CIB (Computer Integrated Business)

Die Verschmelzung von CIM und Büroautomation führt zu einem Konzept, das alle Aktivitäten eines Fertigungsunternehmens wirkungsvoll unterstützen kann. BULLINGER/NIEMEIER/HUBER nennen dieses Konzept "CIB - Computer Integrated Business" (Bullinger/Niemeier/Huber, CIB-Systeme 1987, S. 12).

Sie erkennen folgende **Ansatzpunkte**, welche eine Integration der Rationalisierungssysteme CIM und Büroautomation erforderlich machen:

- Technologieplanung wird zunehmend als strategische Aufgabe erkannt; alle Investitionen in Informations- und Kommunikationstechnik sind aus der Wettbewerbsumwelt des Unternehmens abzuleiten, zu gewichten und zu bewerten (vgl. CIL!).

- Organisation und Qualifikation der Mitarbeiter sind entscheidend für den Erfolg einer technischen Lösung; es soll vermieden werden, daß durch eine isolierte Planung des CIM-Bereichs und der Büroautomation von Anfang an wieder zwei Welten entstehen, die später nur mit großem Aufwand überbrückt werden können.

- Die langfristige Infrastrukturplanung nimmt neben der technisch-organisatorischen Anwendungsplanung einen immer wichtigeren Stellenwert ein; es bedarf der Entwicklung einer von der Anwendungsebene losgelösten Systemarchitektur, welche eine flexible Gestaltung eines Integrationskonzeptes auf Anwendungsebene ermöglicht.

  Die Planung horizontaler Systemkomponenten innerhalb einer Rechnerebene stellt unter Integrationsgesichtspunkten das geringste Problem dar. Erst bei der Planung der vertikalen Rechnerintegration wird man sich der Tragweite und des technischen Problemniveaus des integrierten Ansatzes bewußt.

(vgl. Bullinger/Niemeier/Huber, CIB-Systeme 1987, S. 12 - 13).

2.1 Technische Rationalisierungs-Systeme im CIB-Konzept

CIB ist ein unternehmensindividuelles Konzept der Informationsverarbeitung. Folgende Arten von technischen Informations- und Kommunikations-Systemen sind als Rationalisierungs-Systeme von Bedeutung (vgl. Bullinger/Niemeier/Huber, CIB-Systeme 1987, S. 13):

- Technische Informations- und Kommunikations-Systeme; hier handelt es sich um die CA-Systeme;
- Betriebswirtschaftliche Informations- und Kommunikations-Systeme; hierunter werden PPS und die administrativen Systeme Kostenrechnung, Finanzbuchhaltung, Lohn und Gehalt sowie Informationssysteme im engeren Sinne (MIS, DSS) subsumiert;
- Büroautomations-Systeme (OA-Systeme); setzen sich zusammen aus Dokumentverarbeitungssystemen, Electronic Mail, Kalendermanagement, Dictionaries, Kalkulationsprogramme, Projektmanagement-Systeme etc.

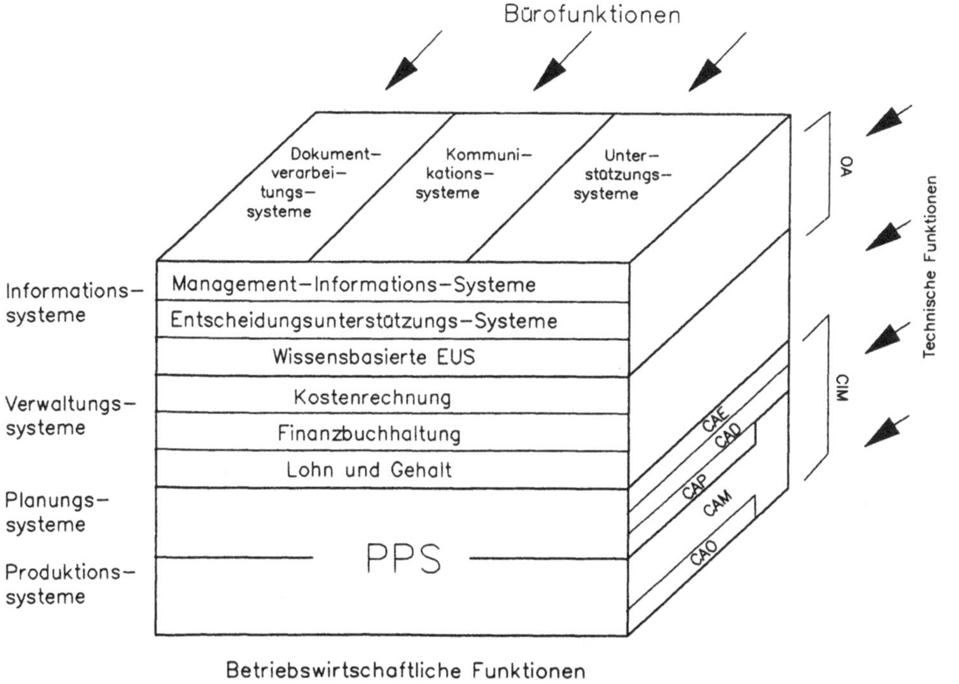

Abb. 73: Gesamtspektrum an technischen Unterstützungssystemen
aus: Bullinger/Niemeier/Huber, CIB-Systeme 1987, S. 14

2.2 Definition "CIB"

CIB ist ein Informations- und Kommunikations-System, das

- aus der Unternehmensstrategie abgeleitet ist; seine Ausgestaltung unterscheidet sich im Hinblick auf die operative, strategische und strukturelle Flexibilität. Operative Flexibilität ist die quantitative Anpassungsfähigkeit auf mengenmäßige Nachfrageschwankungen; strategische Flexibilität ist die zusätzliche Reaktionsfähigkeit auf qualitative Anforderungen; strukturelle Flexibilität ist die Fähigkeit, organisatorische Änderungen ohne Störung des betrieblichen Prozesses zu realisieren.

- auf der Basis einer einheitlichen Infrastruktur beruht; die Realisation wird dabei in Richtung eines verteilten Systems gehen mit der Notwendigkeit von Standards in den Bereichen Kommunikation und Datenverwaltung.

- nicht als technische Maximallösung, sondern unter Ausnutzung von Synergien gestaltet ist; die Qualifikationsstruktur der Mitarbeiter soll nicht überfordert werden.

2.3 Gestaltungsansätze für CIB

Die Automatisierungsbedingungen eines Unternehmens determinieren neben der Wettbewerbsumwelt die unternehmensindividuelle Strategie des Einsatzes von Informations- und Kommunikationstechnologien im Fertigungsbereich als auch bei der Büroautomation. Es können fünf **Wettbewerbsumwelten** unterschieden werden, die erste robuste Anhaltspunkte für den Einsatz von DV-Systemen liefern (vgl. Bullinger/Niemeier/Huber, CIB-Systeme 1987, S. 14 - 17):

- die ruhige, zufällige Wettbewerbsumwelt;
- die ruhige, gebündelte Wettbewerbsumwelt;
- die dynamische, reaktive Wettbewerbsumwelt;
- die turbulente Wettbewerbsumwelt;

- die hyperturbulente Wettbewerbsumwelt.

Aus den Umweltmerkmalen und den Unternehmens- und Geschäftsfeldstrategien werden Ansatzpunkte für die Informations- und Kommunikations-Systeme in der Wertschöpfungskette abgeleitet. Abb. 74 und 75 zeigen exemplarisch die Perspektiven für die dynamische, reaktive als auch für die hyperturbulente Wettbewerbsumwelt.

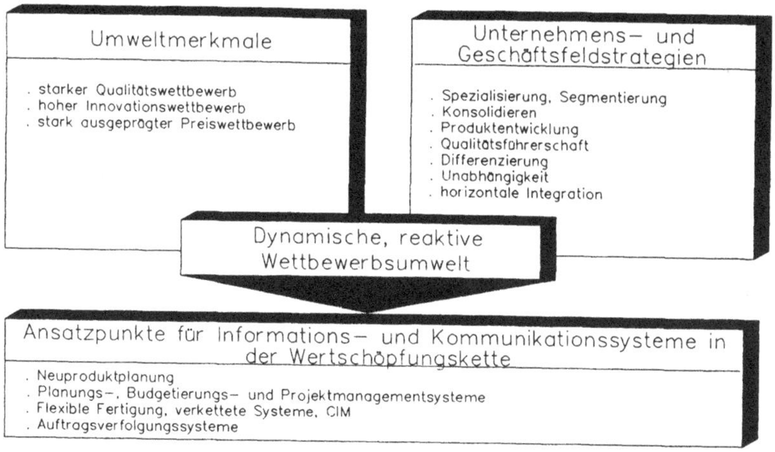

Abb. 74: Perspektiven für die dynamische, reaktive Wettbewerbsumwelt

aus: Bullinger/Niemeier/Huber, CIB-Systeme 1987, S. 16

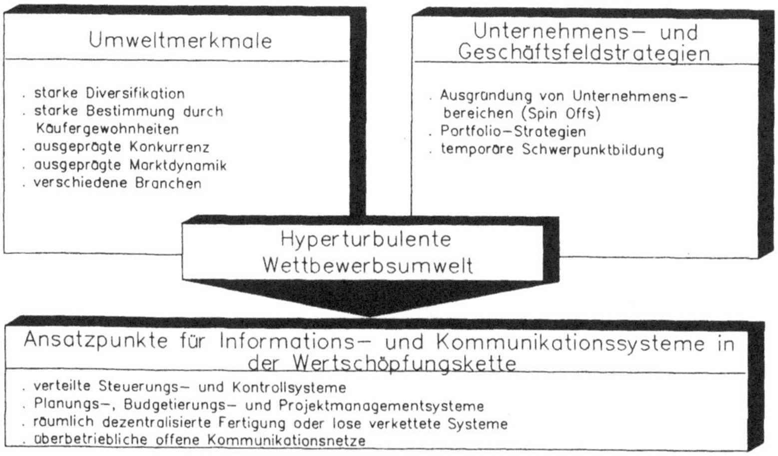

Abb. 75: Perspektiven für die hyperturbulente Wettbewerbsumwelt

aus: Bullinger/Niemeier/Huber, CIB-Systeme 1987, S. 17

2.4 Entwicklungspfade für CIB

Durch eine aus den Wettbewerbsstrategien abgeleitete integrierte Technologieplanung der Informationssysteme in Büro und Fertigung werden synergetische Effekte erzielt, die eine ganzheitliche Betrachtung von Markt, Produkt- und Fertigungstechnologien erfordern. Die Automatisierungsbedingungen und die Wettbewerbsumwelt bestimmen den Entwicklungspfad für ein CIB-Konzept.

Bezüglich der Automatisierungsbedingungen können Integrationstypen positioniert werden, die Entwicklungslinien von Informations- und Kommunikationssystemen aufzeigen (Abb. 76).

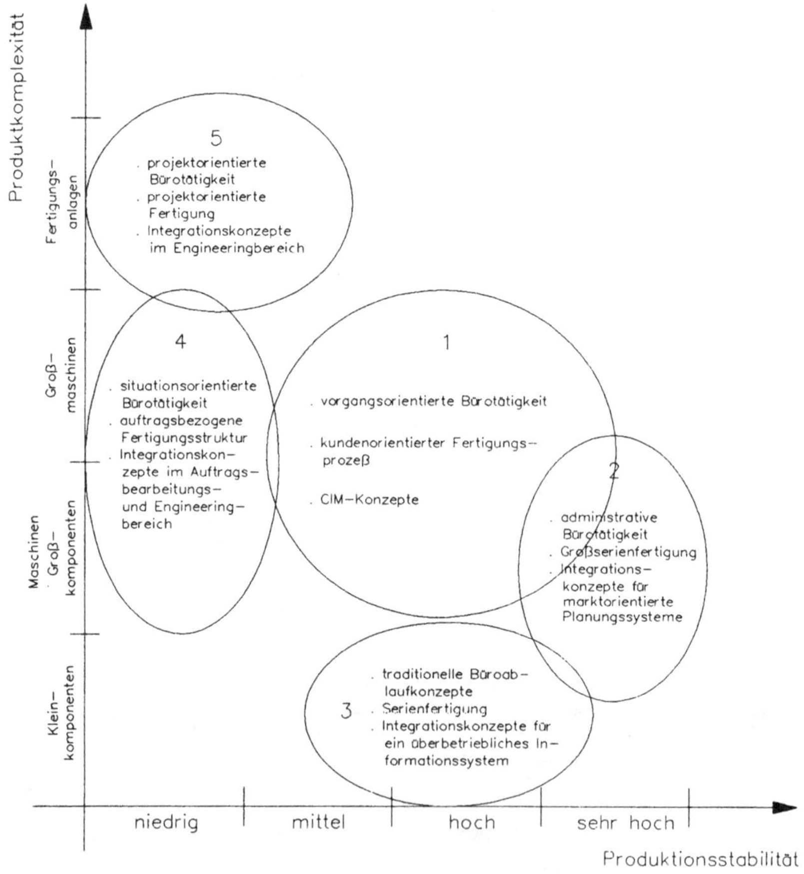

Abb. 76: Integrationstypen von CIM- und Büroautomations-Konzepten

aus: Bullinger/Niemeier/Huber, CIB-Systeme 1987, S. 18

Integrationstyp 1 kennzeichnet ein Unternehmen mit mittlerer Produktkomplexität und Produktionsstabilität, der Fertigungsprozeß ist durch eine zunehmende Komplexität der Fertigung und hohe Kundenorientierung gekennzeichnet. Die CIB-Strategie besteht im wesentlichen aus einem CIM-Konzept, Bürotätigkeiten sind überwiegend vorgangsorientiert und sehr stark automatisiert.

Integrationstyp 2 kennzeichnet ein Unternehmen mit hoher Produktionsstabilität, die Integration aller technischen Unterstützungssysteme (CIM) ist nicht zwingend erforderlich und auch nicht wirtschaftlich. Die DV-Systeme müssen auf eine Effizienzsteigerung im Fertigungsbereich (CAM-Systeme) abzielen und die Neuproduktplanung unterstützen. Büroautomationssysteme treten z. B. in Form von Vertriebsinformationssystemen auf.

usw.

3. CAI (Computer Aided Industry)

Der von SIEMENS geprägte Begriff CAI ist laut AWF der "umfassendste Oberbegriff für den integrierten EDV-Einsatz in einem Industrieunternehmen". Er ist zunächst die Erweiterung des Begriffes CIM um die administrativen und organisatorischen Funktionen und damit eine Verknüpfung von Büro und Fabrik.

CAI = CIM + CAO (Computer Aided Office)

Der CAI-Informationsverbund integriert Verfahrensketten zu einem sinnvollen Ganzen (Abb. 77).

Ziel von CAI ist es, ein Informationsnetz aufzubauen, das es erlaubt, einmal gewonnene Datenbestände ohne erneute Erfassung durchgängig zu nutzen. Dabei kommt trotz lokaler Verarbeitung der gemeinsamen, ständig verfügbaren Datenbasis ein entscheidender Stellenwert zu.

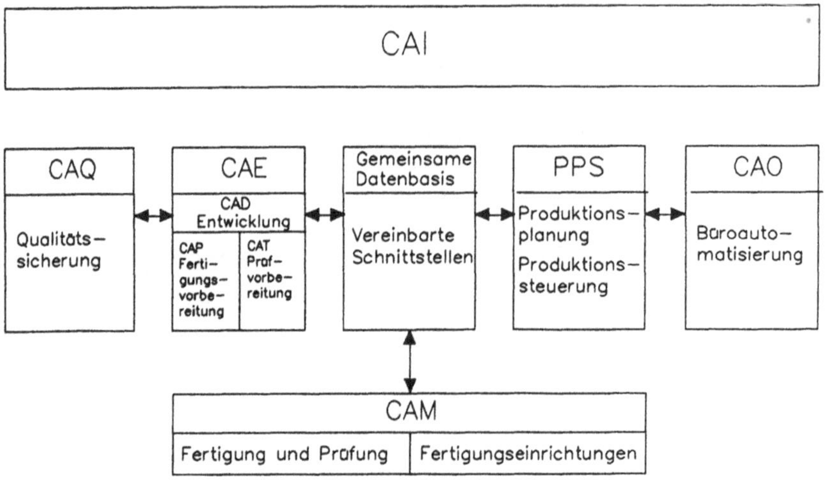

Abb. 77: CAI-Informationsverbund
Quelle: SIEMENS 1989

CAI zielt auch darauf ab, das Systemdesign von Unternehmen und von Informationstechnik an der modernen Systemforschung auszurichten und den vielfach benutzten Begriff der "Ganzheitlichkeit" in die Tat umzusetzen. Im Idealfall werden Unternehmensstrukturen, Organisationsabläufe sowie Material- und Informationsflüsse aus einer Gesamtschau heraus nach den Vorgaben des künftigen Benutzers entworfen.

Abb. 78 zeigt das CAI-Modell, das laut SIEMENS von Planung und Entwurf bis zu Fertigung und Qualitätskontrolle reicht.

Die Komponenten der CAI-Architektur werden mit dem bei SIEMENS konzernweit verbindlichen ISO/OSI-Standard vernetzt. Durch die Vernetzung werden hinlänglich bekannte Schwachstellen eliminiert, wie z. B.

- Medienbrüche, manuelle Umsetzungsvorgänge;
- manueller Transport der Büroprodukte (Dokumente);
- hohe Bearbeitungszeiten (-kosten);
- viel zu lange Durchlaufzeiten.

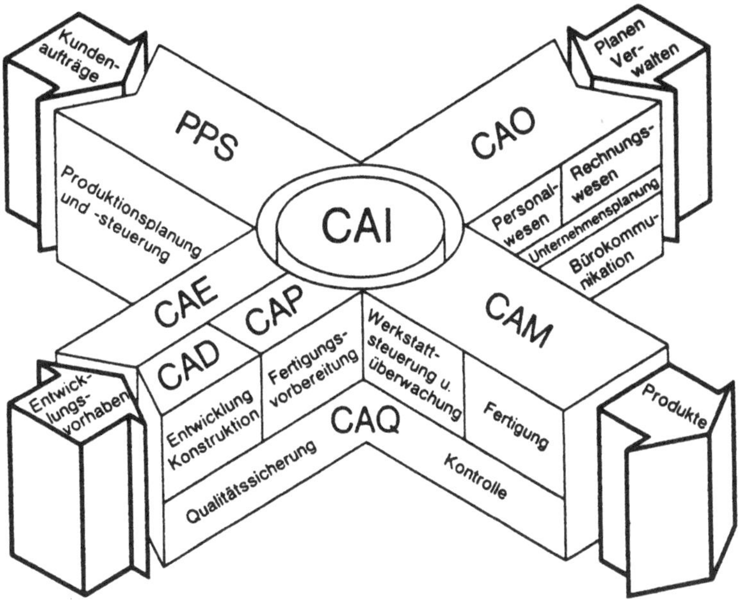

Abb. 78: CAI-Modell

Quelle: SIEMENS 1989

Das CAI-Modell ist unternehmens- und branchenneutral. Bei der Erarbeitung des konkreten Konzeptes für die Realisierung der Chancen von CAI im Unternehmen wird der Benutzer von CAI-Beratern unterstützt. SIEMENS bietet Anwendungs-Software für die einzelnen CAI-Komponenten als auch die gesamte Informations- und Kommunikationstechnik an.

D. Entwurf eines allgemeingültigen, unternehmensorientierten Integrationsmodells

Bevor mit dem Entwurf dieses Modells begonnen werden kann, müssen verschiedene Konventionen getroffen werden. Diese Konventionen betreffen das betrachtete Unternehmen, seine Führungsorganisation, das Markt-, Produkt- und Produktionskonzept. Sie sollen so formuliert sein, daß die Entwicklung eines Anwendungs- und Integrationsmodells möglich ist, das konkret angewandt werden kann, ohne seinen allgemeinen Gültigkeitscharakter zu verlieren (im Sinne eines Referenzmodells).

1. Konventionen zum Unternehmen und zur Führungsorganisation

Als Unternehmen wird ein industrielles Sachleistungsunternehmen mit überwiegend mechanischer Fertigung(stechnologie) zugrundegelegt (vgl. A.1). Die Fertigungskonzeption umfaßt sowohl Einzel-, als auch Serien-/Massenfertigung. Das Unternehmen hat folgende **Strukturebenen** (Abb. 79), **die für den DV-Einsatz** (Hard-/Software und Kommunikationstechnik) **relevant sind, aber nicht identisch mit der Führungshierarchie des Unternehmens sein müssen** (diese kann flacher oder tiefer sein):

- Es ist Großunternehmen und **Konzern**; der Konzern besteht in der Muttergesellschaft aus Produktbereichen, die wiederum Beteiligungsgesellschaften besitzen. Die Produktbereiche werden durch Zentralstellen für Finanzen, Personal und Öffentlichkeitsarbeit unterstützt und bilden mit diesen den Vorstand. Dem Vorstand stehen Stäbe für Organisation, Planung und Controlling zur Verfügung.

- Die **Produktbereiche** weisen folgende Merkmale auf:
  sie verfügen über die gesamte **Materialflußstrecke** von der Warenannahme bis zum Versand;

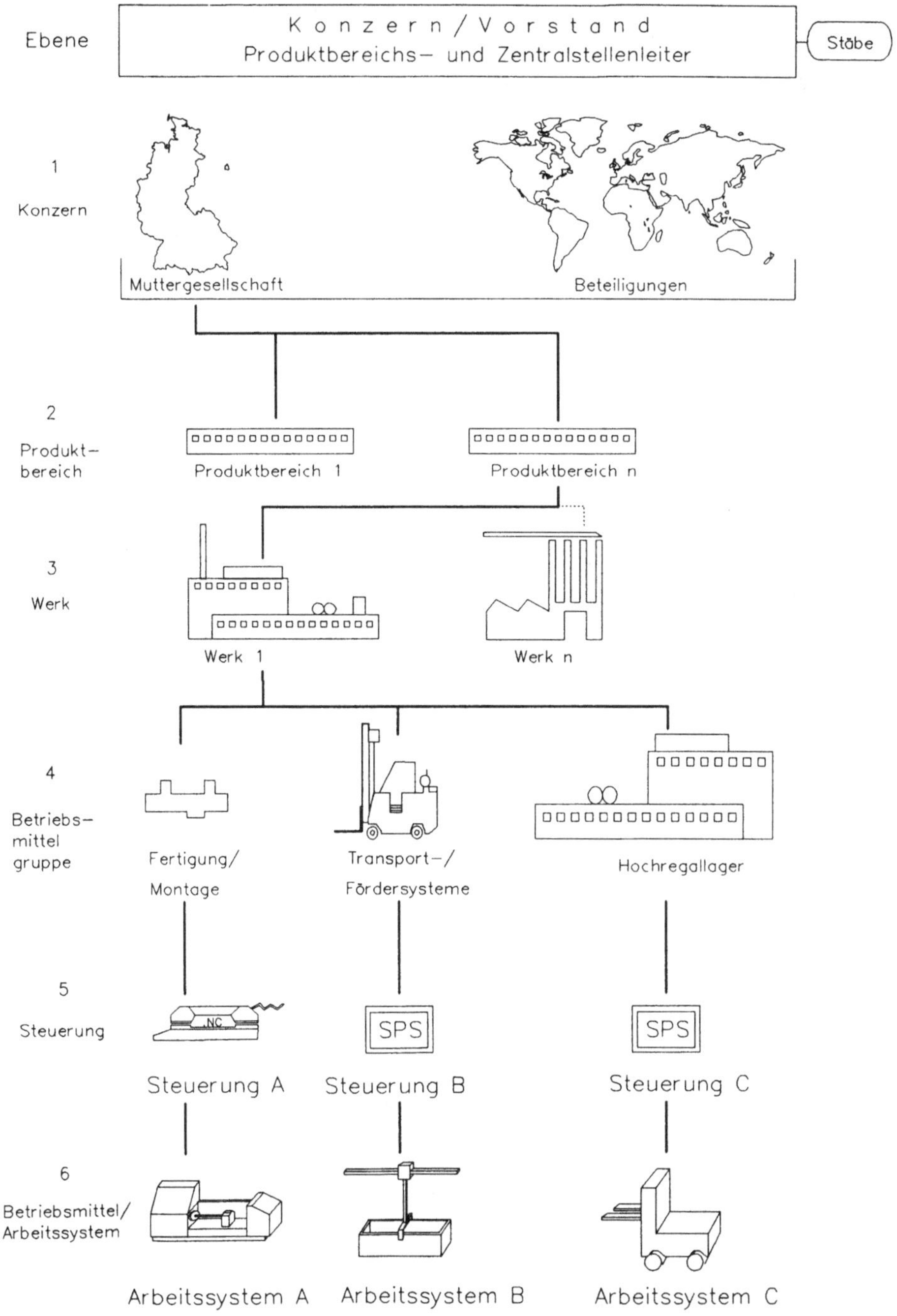

Abb. 79: Relevante Strukturebenen im Unternehmen bei der Entwicklung des Anwendungs- und Integrationsmodells

. das Gesamtspektrum der betrieblichen Funktionen von der Primärbedarfsplanung über die Produktionsprogrammplanung und Leistungserstellung bis zur Fakturierung wird abgedeckt; dadurch erst werden die Produktbereiche produktorientiert;

. die betrieblichen Funktionen sind räumlich, funktional und diziplinarisch der Materialflußstrecke zugeordnet; damit ist der Produktbereich - unabhängig von seiner Rechtsform - autonom (siehe Abb. 80).

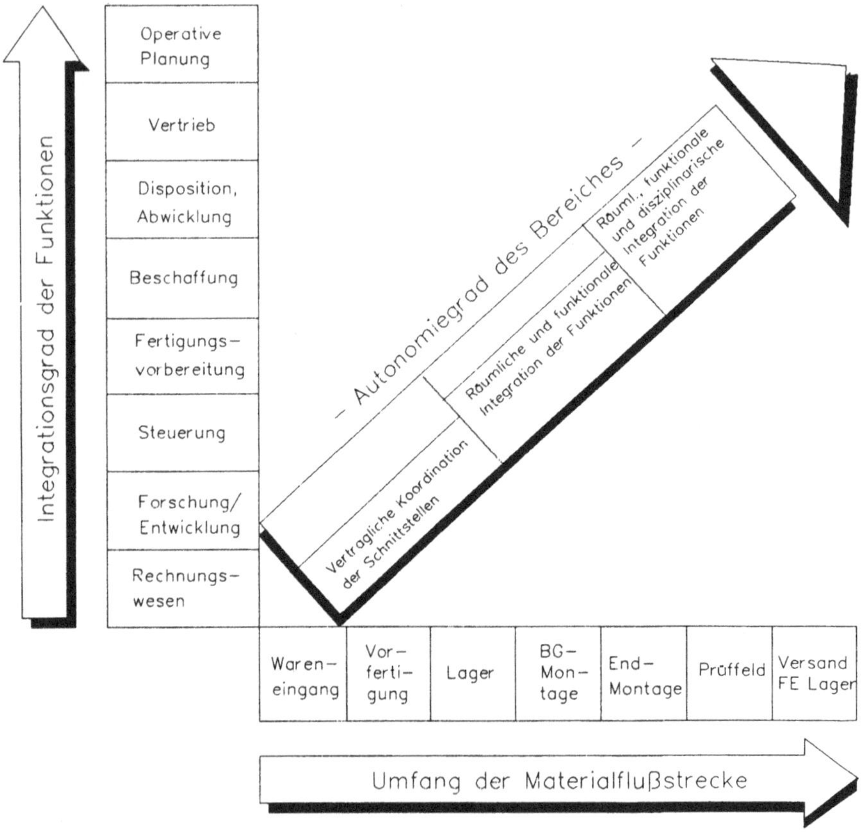

Abb. 80: Die drei Dimensionen flexibler Einheiten
in Anlehnung an: Tress, Wer wachsen will, muß kleiner werden 1987, S. 7

- Die Produktbereiche fertigen in **Werken**; sie erhalten ihre Aufträge vom Produktbereich;
- in den Werken müssen sowohl FFS-Systeme als auch konventionelle Fertigungssysteme ver- und entsorgt werden (Ma-

terial, Daten, NC-Programme, Werkzeuge etc.). Dies muß bis auf die Stufe "CNC-Steuerung" möglich sein.

2. Konventionen zum Markt-, Produkt- und Produktionskonzept

Die globalen Anforderungen an die Unternehmen wie

- kürzere Lieferzeiten;
- Bewältigung der explodierenden Variantenvielfalt;
- Beherrschung der steigenden Produktkomplexität;
- Bewältigung des ständig steigenden Daten- und Informationsumfanges

werden umgesetzt in Anforderungen an die Informations- und Kommunikationstechnik:

- einheitliche Infrastruktur, Standards für Kommunikation und Datenverwaltung;
- integrierte Lösung ohne Medienbrüche bzw. manuelle Schnittstellen;
- verzögerungs- und verzerrungsfrei arbeitende Systeme.

Der Prozeß vom Entwurf eines Anwendungs-/Integrationsmodells bis zur Festlegung von Standards für die Informations- und Kommunikationstechnik wird in Phasen gegliedert:

Phase 1:

Entwicklung eines Anwendungs-/Integrationsmodells auf der Ebene "Funktion" (funktionale Rahmenkonzeption). In dieser Phase dominiert die **betriebswirtschaftliche** Gestaltung innerhalb der Rahmenparameter "Unternehmen, Unternehmensstruktur, Produktivität in Büro und Fertigung";

Phase 2:

Definition der möglichen und notwendigen Merkmalsausprägungen pro Funktion, Festlegung der Anforderungsprofile. Auch diese Phase ist betriebswirtschaftlich orientiert;

Phase 3:

Entscheidung über die Weiter- und Integrationsentwicklung bestehender Systeme oder den Einsatz von Standard-Software-Produkten; diese Entscheidung muß von den Unternehmenszielen beeinflußt werden (Mittelfristplanung);

Phase 4:

Marktanalyse, Evaluation, Auswahl von Standard-Software-Produkten zur Ergänzung oder Ablösung bestehender Systeme;

Phase 5:

Software-induzierte Hardware-Auswahl;

Phase 6:

Entwicklung der informationstechnischen Rahmenkonzeption, Festschreiben der ausgewählten Standards;

Phase 7:

Entwicklung einer Realisierungsstrategie.

3. Entwicklung eines funktionalen Anwendungs- und Integrationsmodells

Die Funktionen bzw. die Anwendungen, die den jeweiligen Stufen des Anwendungs- und Integrationsmodells aufgrund der Rahmenorganisation des Unternehmens zuzuordnen sind, bestimmen inhaltlich die zu entwickelnde Systemarchitektur. Es wird die Vorgehensweise gewählt, daß das Modell zunächst unter dem Aspekt idealer Integration entwickelt wird und danach ein pragmatischer Ansatz aufgezeigt wird, der nach dem Stand der Technik kurz- bzw. mittelfristig realisierbar ist.

Da die Systemarchitektur bei der gewählten Unternehmensstruktur sowohl eine horizontale (**innerhalb** des Produktbereiches, innerhalb des Werkes etc.) als auch eine vertikale Komponente besitzt (vom Konzern bis zur NC-Steuerung), wird im folgenden die Darstellungsform nach Abb. 81 c) gewählt, die betriebswirtschaftliche, technische und OA-Funktionen zwar als Funktionscluster abbildet, aber gleichzeitig deren Integration berücksichtigt.

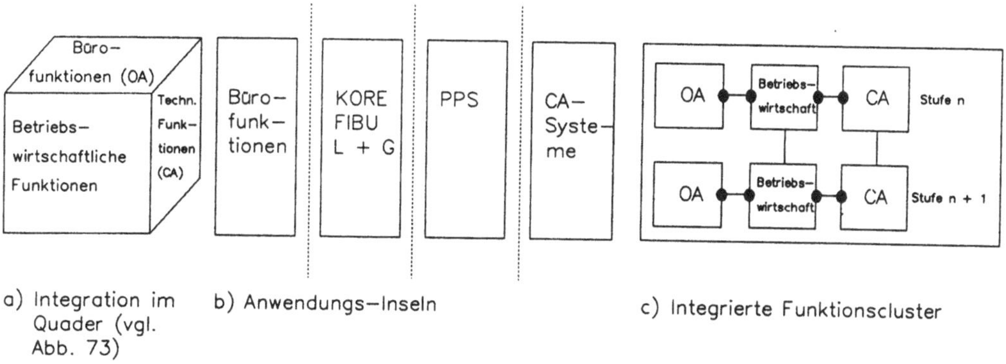

Abb. 81: Sichtweisen und Darstellungsformen von Informations- und Kommunikationssystemen im Unternehmen

Die Produktbereiche, die als (**funktional**) **autonome** Einheiten definiert wurden, werden als Entwicklungszelle für das Anwendungs- und Integrationsmodell des Unternehmens gewählt. Die übergeordnete Konzern-Ebene und die untergeordneten Ebenen im Produktbereich erhalten aus dieser Konvention heraus ihre Funktionszuordnung.

3.1 Ebene Produktbereich: Betriebswirtschaftlich-planerische Funktionen

Die betriebswirtschaftlichen Funktionen werden so behandelt, als seien sie ein logisches Modell, von den Funktionen des

Vertriebes bis zum Zahlungsausgleich auf dem Debitorenkonto.

In den CIM-Modellen aus der Forschung wurden die betriebswirtschaftlichen Funktionen ungleich PPS entweder dem PPS-System zugeordnet (zumindest teilweise) oder vernachlässigt. SCHEER deutet im linken, primär betriebswirtschaftlich-planerischen Schenkel seines Y die "Verlängerung" der PPS-Funktionen in die Kalkulation und Auftragssteuerung (Vertrieb) an. Im AWF-Modell (Abb. 44) wurde bei der PPS-Gliederung der Ansatz von HACKSTEIN zugrundegelegt (vgl. Hackstein, PPS 1984, S. 9 - 16). Aus dieser Grobgliederung ist nicht unbedingt ersichtlich, daß die Angebots-/Kundenauftragsbearbeitung und der Versand (letztlich allesamt Funktionen eines Vertriebs-Moduls) Elemente des PPS-Systems sein sollen, was Voraussetzung wäre, um dem AWF-Anspruch "vom Entwurf des Produktes über seine Herstellung bis zum Versand an den Kunden" zu genügen. Die Funktionsinhalte von PPS werden in der Literatur auch unterschiedlich dargestellt, die Begriffsdefinitionen müssen sich dynamisch den sich verändernden Strukturen und Technologien in der Fertigung anpassen.

Es ist offensichtlich, daß für die Entwicklung der betriebswirtschaftlichen Funktionen die PPS-Gliederung gemäß Abb. 44 zu grob ist. Deshalb wird **PPS in Einzelfunktionen** zerlegt, die restlichen betriebswirtschaftlichen Funktionen definiert und danach das betriebswirtschaftliche Gesamtmodell ablauforientiert zusammengesetzt und die Funktionsredundanzen eliminiert. Erst dadurch entsteht eine Hauptprozeßkette "Auftragsabwicklung" mit operativer Planung, Vertrieb, PPS, Beschaffung und Abrechnung (Finanzbuchhaltung, Kostenrechnung, Lohn und Gehalt).

3.1.1 PPS

HACKSTEIN hat die PPS-Grobgliederung um die relevanten Einzelfunktionen erweitert und die Hauptfunktion "Datenver-

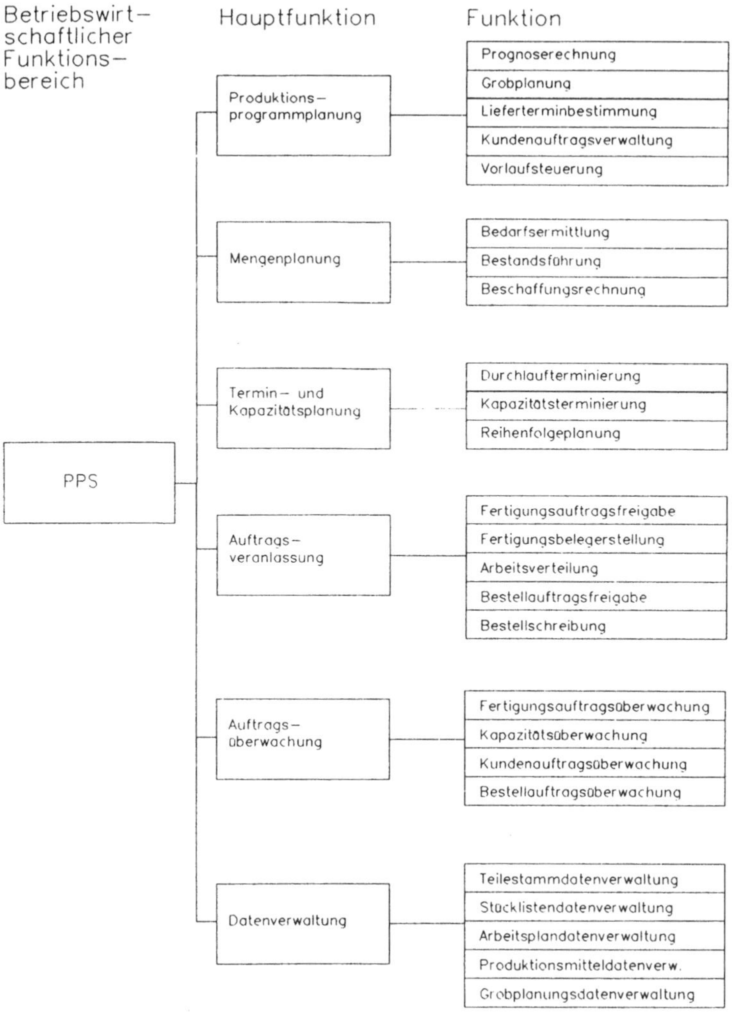

Abb. 82: Funktionen der PPS

in Anlehnung an: Hackstein, Produktionsplanung und -steuerung 1984, S. 9 - 16

waltung" ergänzt. Abb. 82 zeigt die dadurch entstehende, umfassende PPS-Funktionsdefinition, die einzelne Funktionen der operativen Planung (Prognoserechnung/Grobplanung), des Vertriebes (Kundenauftragsverwaltung) und der Beschaffung (Bestandsführung/Beschaffungsrechnung) mit einbezieht. Die Funktionen dieser betriebswirtschaftlichen Funktionsbereiche sind jedoch nicht vollständig im Sinne eines betriebswirtschaftlichen Gesamtmodells.

3.1.2 Operative Planung

Die primären Funktionen der **operativen Planung** sind die Planung des Primärbedarfs, die Bestandsentwicklungsplanung und davon abgeleitet die Beschaffungsplanung über alle Erzeugnisstufen (Grobplanung von Produktions- und Bezugsprogramm). Im Rahmen der Budgetierung werden die weiteren Teilpläne (Personal, Investitionen, Finanzen, G + V etc.) abgeleitet. Dieser Planungsprozeß läuft iterativ ab, da sich die Teilpläne gegenseitig beeinflussen und die Ressourcen in der Regel begrenzt sind (Abstimmungsprozeß).

Die Primärbedarfs-/Bestandsentwicklungs-/Beschaffungsplanung bildet gleichzeitig die **"Brücke"** zwischen der operativen Planung, den PPS-Funktionen und der Beschaffung (Abb. 83); der Primärbedarf wird entweder kundenauftragsbezogen oder anonym (Prognose) für eine Periode vorgeplant, mit den geplanten Bestandsveränderungen für Fertigerzeugnisse verrechnet und gegen die verfügbare Kapazität abgeglichen. Die ver-

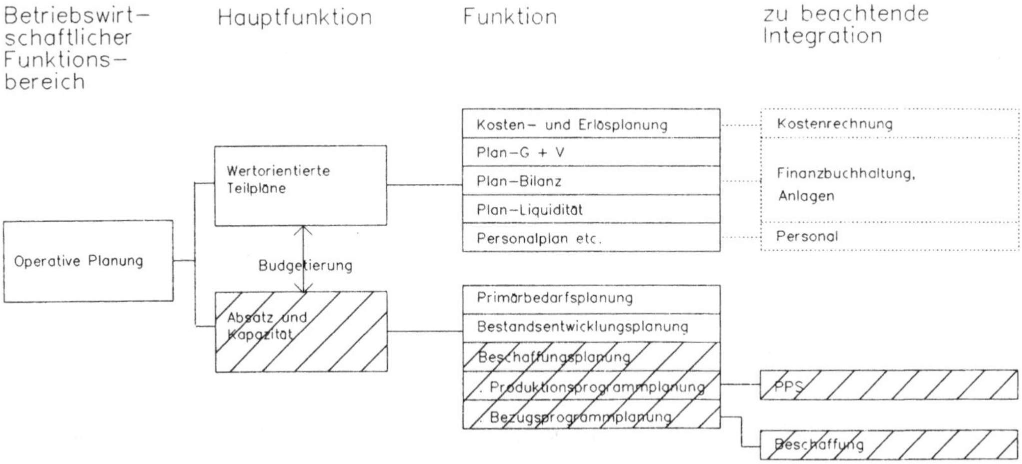

Abb. 83: Funktionen der operativen Planung ("Brücke" schraffiert)

fügbare Kapazität ist um die geplanten Instandhaltungszeiten gekürzt; Ergebnis ist das Produktionsprogramm für Fertigerzeugnisse, als Residualgröße ergibt sich das Bezugsprogramm.

Der Planungsprozeß setzt sich auf den tieferen Erzeugnisstufen bis zum Rohmaterial fort.

3.1.3 Vertrieb

Die Funktionen des Vertriebs lassen sich in die Hauptfunktionen "Anfragen-/Angebotserledigung" und "Kundenauftragserledigung" gliedern. Abb. 84 zeigt die zugehörigen Funktionen.

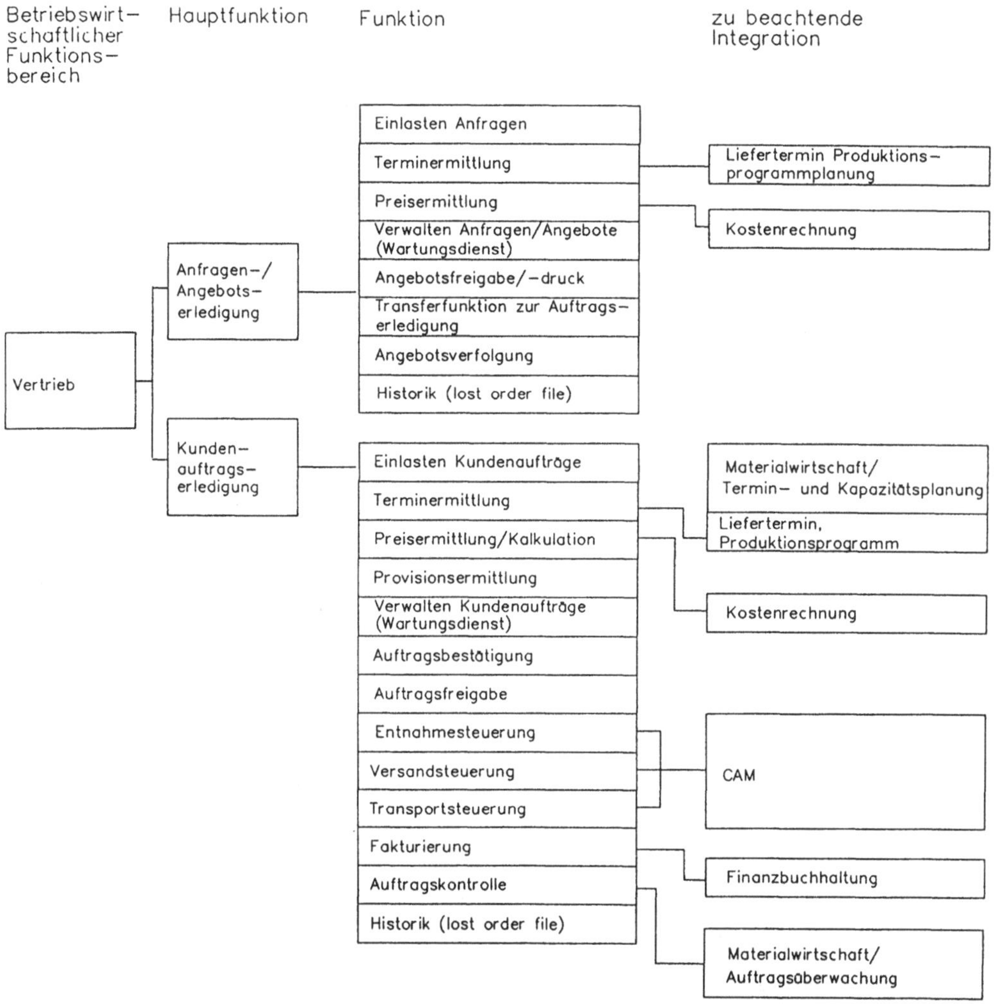

Abb. 84: Funktionen des Vertriebs

Die Prozeßkette der Kundenauftragsbearbeitung, die hier kurz abgeschritten werden soll, beginnt mit dem Eingang des Auftrages im Vertrieb, der technischen Klärung des Produktes (Vorfeld der DV-gestützten Auftragserledigung) und der Einlastung in das System Kundenauftragserledigung (Dialog-System).

Bei Standard-Erzeugnissen/-Varianten, die anonym auf Lager vorgefertigt wurden, wird die Verfügbarkeit des Bedarfes als disponibler (physischer) Bestand geprüft und danach für den Kundenauftrag reserviert. Reicht der disponible Bestand zur Deckung des Bedarfes nicht aus, wird geprüft, ob im Rahmen der Produktionsprogrammplanung anonym bereits Fertigungsaufträge gebildet wurden, auf die reserviert werden kann (disponibler Bestellbestand). Analog gilt dies für Fertigerzeugnisse, die als Handelsware zugekauft werden; hier wird gegen den Bezugsprogrammplan bzw. bereits erteilte Bestellungen geprüft. Falls der nachgefragte Bedarf immer noch nicht gedeckt werden kann, wird der (verbleibende) Primärbedarf über die Stückliste aufgelöst; bei ausreichender Komponentenverfügbarkeit bestimmt die Montagedurchlaufzeit den Zusagetermin an den Kunden, anderenfalls die durchschnittliche Wiederbeschaffungszeit für Zukaufteile bzw. der Zeitbedarf für Eigenfertigung, der durch die Durchlauf-/Kapazitätsterminierung bestimmt werden kann. Bei der Lieferterminbestimmung müssen also Bestandsführung, Produktionsprogrammplanung und Termin-/Kapazitätsplanung als auch die Beschaffungsfunktionen zusammenwirken.

Bei einem Variantenfertiger, der die Komponenten anonym vorplant und vorfertigt und kundenauftragsbezogen montiert, wäre eine weitergehende Forderung, daß Montagestücklisten im Vertriebssystem hinterlegt sind und die Teileverfügbarkeit in einem Schritt geprüft werden kann.

Bei der Preisermittlung ist zu beachten, daß - insbesondere bei Einzel-/Auftragsfertigern - bereits vom Vertriebs-Sachbearbeiter im Dialog vorkalkuliert werden kann, bevor der

Auftrag angenommen wird. Hier bildet sich die Schnittstelle zur Kostenrechnung (Kostenträgerstückrechnung in Abb. 86). Entnahme-/Versand-/Transportsteuerung sollten kapazitiv aufeinander abgestimmt werden können (Engpaßplanung), bei maschinellen Lager-, Förder- und Transportsystemen ergibt sich zwangsläufig die Schnittstelle zu CAM.

Nach der Fakturierung sollen die offenen Posten automatisch in die Debitorenbuchhaltung übernommen werden können.

Die Auftragskontrolle ist eine Funktion, die termin- und mengenmäßig bis zur Gesamtauslieferung aktiv ist und einen durchgängigen Kundenauftragsbezug voraussetzt.

Die Historik rundet die Funktionalität des Vertriebs ab. Eine "lost order file" gibt Auskunft, aus welchen Gründen ein Auftrag gestrichen wurde oder nicht erlangt werden konnte.

3.1.4 Beschaffung

Die **Beschaffung** gliedert sich in die Funktionsbereiche "Einkauf" und "Materialwirtschaft". Die Materialwirtschaft umfaßt

- die Funktionen der Bestandsführung und -bewertung für alle Erzeugnisstufen vom Rohmaterial bis zum Fertigerzeugnis incl. Inventur;
- die Bruttobedarfsermittlung und die Nettobedarfsermittlung mit Prognose, Auftragsbildung intern (Losgrößenfestlegung) und Beschaffungsrechnung extern;
- die Funktion des Kundenauftragsbezugs.

Die Funktionen des Einkaufes setzen auf der Beschaffungsrechnung extern auf; sie sind

- die Bestellschreibung (Beleg für Lieferanten);
- die Wareneingangsprüfung mit Lieferantenbewertung;

- die Eingangsrechnungsprüfung.

Das Ergebnis der Rechnungsprüfung wird an die Finanzbuchhaltung übermittelt.

Abb. 85 zeigt die Funktionsstruktur der Beschaffung.

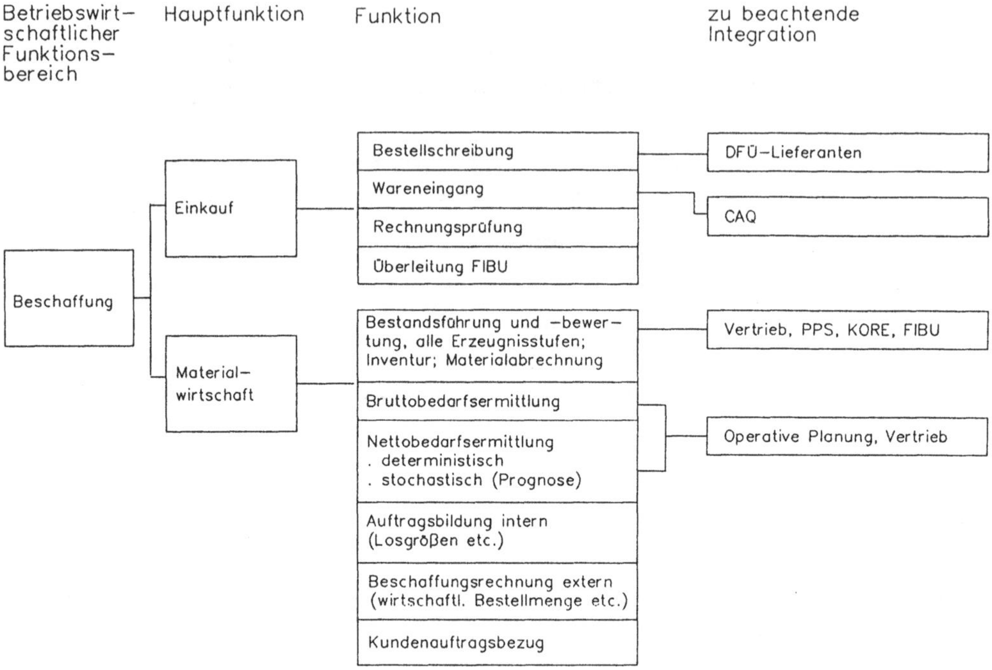

Abb. 85: Funktionen der Beschaffung

3.1.5 Rechnungswesen

Auch für das Rechnungswesen bzw. die wertorientierten Abrechnungssysteme gibt es in der Literatur unterschiedliche Gliederungsvorschläge. Gängigerweise gliedert man in die Hauptfunktionen Kostenrechnung und Finanzbuchhaltung.

Die Kostenrechnung (das interne Rechnungswesen) hat die Kontrolle der Wirtschaftlichkeit und die Kalkulation der betrieblichen Leistungen zum Gegenstand. Die Finanzbuchhaltung ermittelt den Jahreserfolg (durch Aufstellung der G + V) und die Vermögens- und Schuldbestände (durch Aufstellung der Bilanz). Daneben gibt es Funktionen, die als Sondergebiete des Rechnungswesens oder Nebenbuchhaltungen bezeichnet werden, nämlich

- Materialabrechnung,
- Lohn- und Gehaltsabrechnung,
- Anlagenabrechnung.

Die Materialabrechnung wurde in Abb. 85 dem Bereich Beschaffung/Materialwirtschaft zugeordnet. Die Lohn- und Gehaltsabrechnung und die Anlagenabrechnung sind weder der Kostenrechnung noch der Finanzbuchhaltung eindeutig zuzuordnen, da sie das Zahlenmaterial über Aufwendungen an die Finanzbuchhaltung und über Kosten an die Kostenrechnung liefern. Es werden deshalb die Hauptfunktionen "Personal" und "Anlagen" innerhalb des Rechnungswesens gebildet. Dies führt zur Gliederung des Rechnungswesens gemäß Abb. 86.

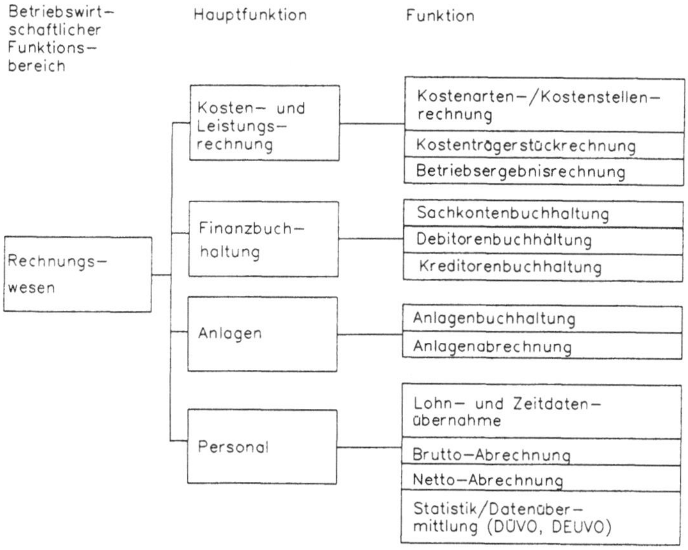

Abb. 86: Funktionen des Rechnungswesens

Diese Gliederung ist eine Lösung, die alle "klassischen" Funktionen des Rechnungswesens abdeckt. Aufgrund der Anforderungen aus dem Unternehmen kommt es häufig vor, daß diese

Gliederung für das unternehmensspezifische Anwendungs- und Integrationsmodell erweitert werden muß. Beispiele für Funktionen sind:

- Kostenplanung auf aggregierter Ebene (Werk, Investitionsbereich) und nach Kostenstellen in der Kostenrechnung oder nach Objekten im Bereich Anlagen;
- Finanzcontrolling, spezielle Abschluß- und Konsolidierungsfunktionen in der Finanzbuchhaltung;
- Personal- und Organisationsentwicklungsplanung, Reisekostenabrechnung im Bereich Personal.

3.1.6 Technische Auftragsbearbeitung und Projektmanagement

Die betriebswirtschaftlichen Funktionen sind mit dem Rechnungswesen im wesentlichen vollständig. Da ein Unternehmen mit überwiegend mechanischer Technologie gewählt wurde, das auch Einzelfertigung abdecken muß, werden noch die Funktionen der **technischen Auftragsbearbeitung** und des **Projektmanagements** ergänzt. Diese Funktionen können nicht als reine Bürofunktionen betrachtet werden, wenn neben der zeitlichen Komponente und den zu planenden Ressourcen eine Kostenplanung und -kontrolle ermöglicht werden soll; hier ist die Integration zu den Netz- und Arbeitsplänen (in PPS) und der Kostenrechnung notwendig.

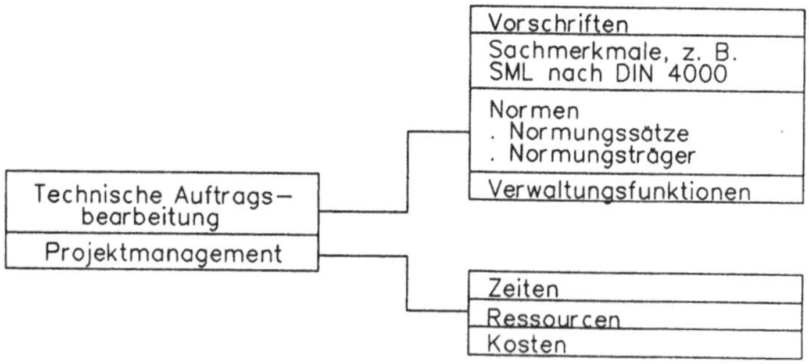

Abb. 87: Funktionen der technischen Auftragsbearbeitung und Projektmanagement

3.1.7 Integriertes betriebswirtschaftliches Modell

Jetzt können die betriebswirtschaftlichen Funktionen zu einem Funktionsmodell zusammengesetzt werden, indem die logische Ablauforganisation und die Beziehungen zu den Folgefunktionen beachtet werden. Abb. 88 zeigt das Ergebnis dieses Gestaltungsprozesses:

- Das System der betriebswirtschaftlichen Anwendungen bildet die logistische und abrechnungstechnische Basis im Produktbereich; Funktionsredundanzen aus Abb. 82 und Schnittstellen innerhalb der betriebswirtschaftlichen Anwendungen sind eliminiert;
- die Datenverwaltung besteht aus einem Standard-Datenbanksystem und versorgt alle Funktionen "aus einer Hand"; sie wird später noch um weitere - bereichsübergreifende - Funktionen ergänzt;
- die Funktionen der operativen Planung und der Materialwirtschaft sind Querschnittsfunktionen, die sowohl im PPS-System als auch im primär betriebswirtschaftlichen Bereich verankert sind;
- das PPS-System besteht aus den absatz- und kapazitätsorientierten Teilplänen der operativen Planung, aus der Materialwirtschaft, der Termin- und Kapazitätsplanung (Zeitwirtschaft), der Auftragsveranlassung und Auftragsüberwachung. Wenn kein separates CAP-System geplant bzw. eingesetzt wird, müßte in Abb. 88 der Funktionsbereich Fertigungsvorbereitung - zwischen Materialwirtschaft und Termin- und Kapazitätsplanung - ergänzt werden; wesentliche Einzelfunktionen: Arbeitsplanung, Qualitäts-/Prüfplanung, Betriebsmittel-/Einstellplanung, Vorgabezeitwesen.

Es ist sinnvoll, das integrierte betriebswirtschaftliche Modell um die Informationsbeziehungen zwischen den (Haupt-) Funktionen zu ergänzen; damit kann die Logik des Modells validiert und vervollständigt werden. Als Beispiele dafür wurden im folgenden die Kostenrechnung und Finanzbuchhaltung gewählt.

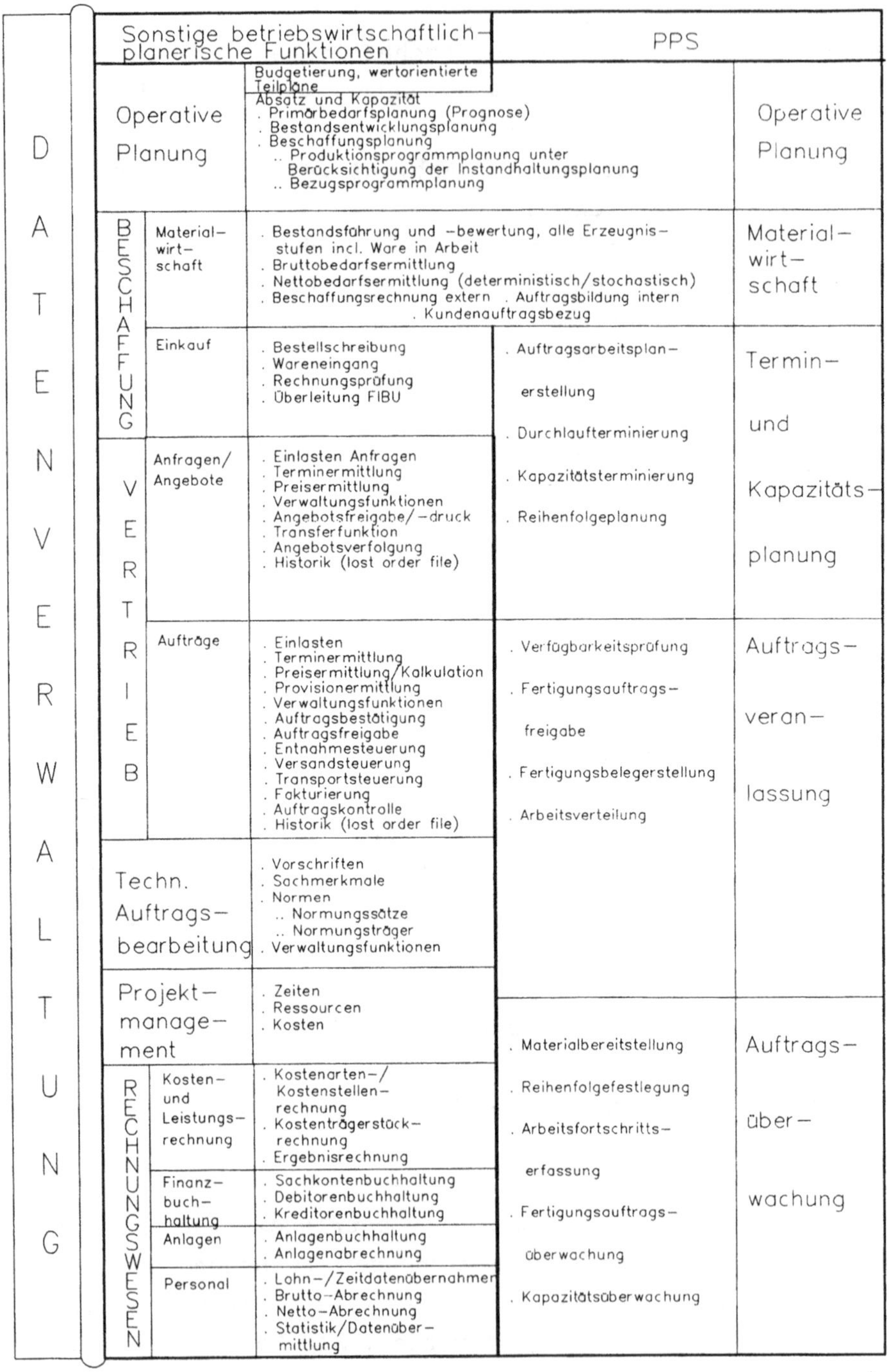

Abb. 88: Integrierte betriebswirtschaftliche Funktionen

In Abb. 89 ist die Kosten- und Leistungsrechnung mit den Hauptfunktionen dargestellt, von denen sie Informationen empfängt bzw. an die sie Informationen abgibt. Die Abbildung zeigt, wie eng die Kostenrechnung mengen- und wertmäßig mit PPS, der Beschaffung, dem Personal usw. verzahnt ist.

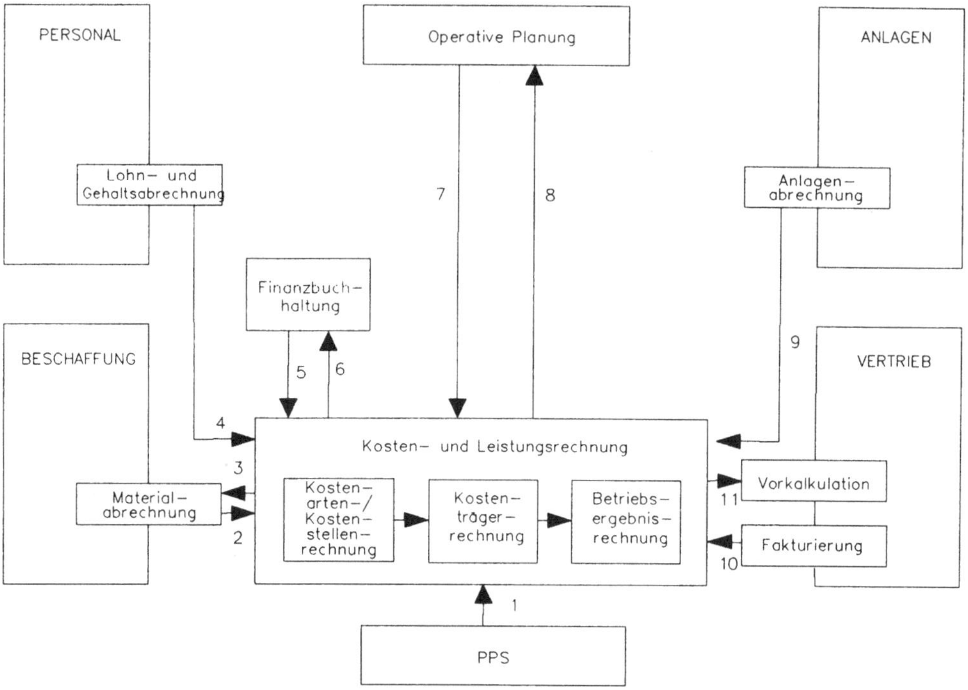

Nr.	Art der Information:
1	Ist-Verbrauch Sollverbrauch Materialmengen (Stücklisten) Sollverbrauch Bezugsgrößenmengen (Arbeitspläne) Fertigmeldungen
2	Materialpreise und -mengen (bei Abgang in die Produktion)
3	Herstellkosten und -mengen für Fertigwaren
4	Ist-Löhne und Gehälter
5	Erlöse, Erlösschmälerungen Sachausgaben Fremdleistungen
6	Bestand, Bestandsveränderungen an Halb- und Fertigfabrikaten
7	Plankosten und -erlöse Plandeckungsbeiträge
8	Plan-/Ist-Abweichungen
9	Kalkulatorische Abschreibungen Kalkulatorische Zinsen des Anlagevermögens
10	Erlöse und Mengen aus der verkauften Leistung
11	Herstellkosten, Deckungsbeitrag

Abb. 89: Informationsbeziehungen der Kosten- und Leistungsrechnung

in Anlehnung an: Horvath/Petsch/Weihe, Standard-Anwendungssoftware für das Rechnungswesen 1986, S. 40

Abb. 90 zeigt die Informationsbeziehungen der Finanzbuchhaltung zu den anderen betriebswirtschaftlichen Hauptfunktionen.

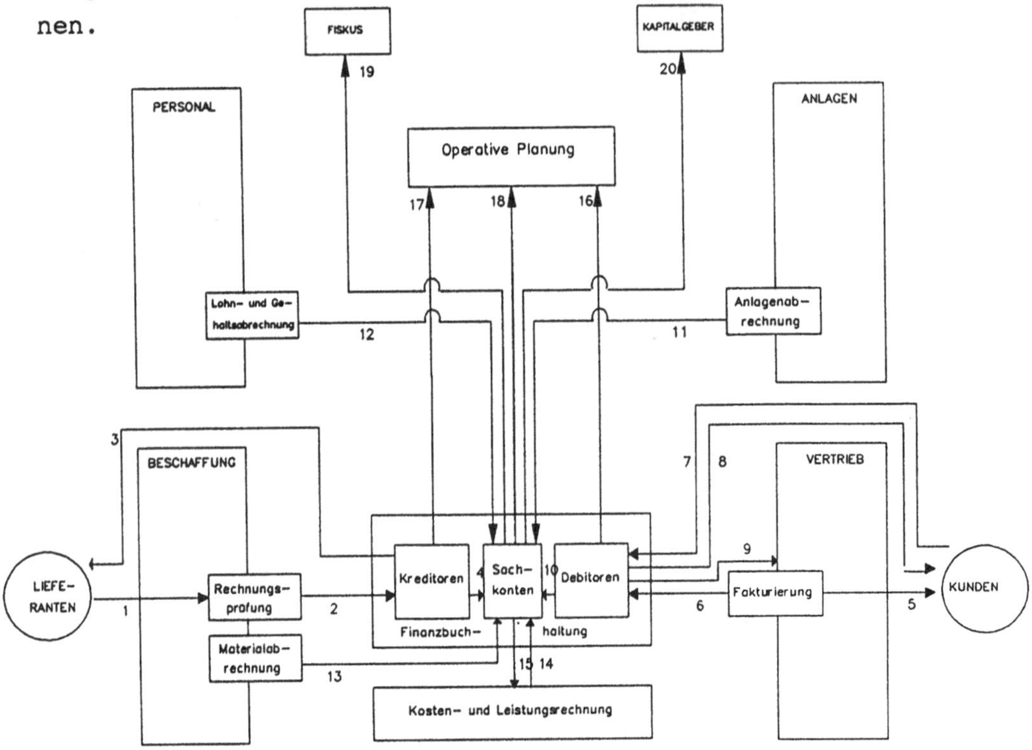

Nr.	Art der Information:
1	Lieferantenrechnung
2	geprüfte Lieferantenrechnung
3	Zahlungs-Gutschrifts-Beleg
4	Verbindlichkeiten/Kosten
5	Kundenrechnung/-gutschrift
6	Kundenrechnungs-/gutschriftsbeleg
7	Zahlungsbeleg
8	Mahnung
9	Bonitätskennziffer
10	Forderungen/Erlöse
11	Sammelbuchung z. B. Abschreibungen
12	Sammelbuchung Löhne und Gehälter
13	Sammelbuchung z. B. Materialzugänge
14	Beständebewertung
15	Kalkulatorische Kosten
16	Finanzstatus
17	Liquiditätsstatus
18	Bilanzauswertungen Planbilanz etc.
19	Steuerrechtl. Abschluß Umsatzsteuerunterlagen
20	handelsrechtl. Abschluß

Abb. 90: Informationsbeziehungen der Finanzbuchhaltung

in Anlehnung an: Horvath/Petsch/Weihe, Standard-Anwendungssoftware für das Rechnungswesen 1986, S. 24

Bereits an diesen beiden Beispielen wird transparent, wie sensibel und gleichzeitig folgenschwer die Anwendungssysteme auf eine fehlende Integrationsplanung reagieren. Wenn die Kosten- und Leistungsrechnung und/oder die Finanzbuchhaltung als Einzelsysteme installiert sind, stellt jede Informationsbeziehung zum betriebswirtschaftlichen Umfeld eine Schnittstelle dar, die entweder manuell - durch die Mitarbeiter - oder durch Schnittstellenprogramme überbrückt werden muß. Vor diesem Hintergrund wird klar, warum die Schnittstellenproblematik bei der CIM-Realisierung in der Hierarchie der Probleme einen der vorderen Plätze einnimmt. Es wird aber auch klar, welche Chancen sich bieten, wenn die richtigen Entscheidungen getroffen werden.

Bei der Weiterentwicklung des Modells wird für die betriebswirtschaftlichen Funktionen eine verdichtete Form der Abb. 88 gewählt, um das Gesamtmodell über alle Stufen darstellen zu können. Im wesentlichen werden dabei die definierten Hauptfunktionen verwendet (Abb. 91).

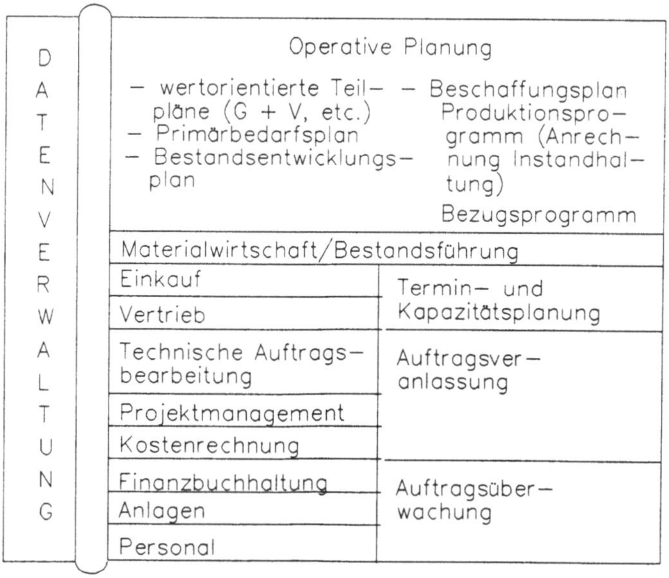

Abb. 91: Betriebswirtschaftliche Funktionen mit gemeinsamer Datenbasis; verdichtete Darstellungsform

3.2 Ebene Produktbereich: Technische Funktionen und Datenverwaltung

Ein verständlicher Wunsch von Systemplanern bzw. Anwendern wäre, daß auf einer gemeinsamen Datenbasis die Weiterentwicklung des logischen Produktmodells für alle Anwendungen einer produzierenden Geschäftseinheit erfolgen könnte, also die Ergänzung der betriebswirtschaftlich-planerischen Funktionen um die technischen Funktionen und bereichsübergreifenden Module (neben der Datenverwaltung z. B. die Bürokommunikation, siehe D.3.3). Dies wäre die ideale Form der Integration, die viele der heutigen Probleme lösen könnte: Redundanz und Inkonsistenz, geschlossene (separate) Systeme und Speicherstrukturen für unterschiedliche Anwendungen, Modell- und Schnittstellenprobleme an den Systemgrenzen. Abb. 92 zeigt ein Modell für integrierte kommerzielle und technische Anwendungen mit einer zentralen Datenbank.

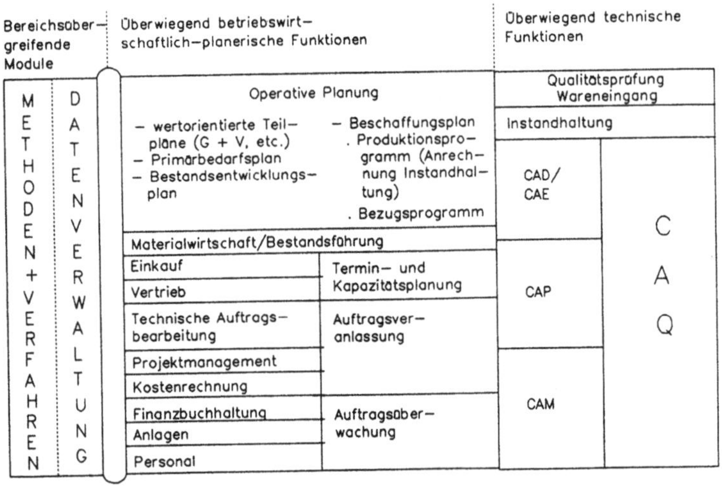

Abb. 92: Ein logisches Produktmodell mit zentraler Datenbank für die Anwendungen einer autonomen Geschäftseinheit (Idealansatz)

Die Grundzüge dieses Modells könnten im technischen Bereich z. B. wie folgt formuliert sein:

- Die Datenverwaltung umfaßt auch Methoden/Modelle, technische Dokumentationen und technologische Verfahren für die CA-Anwendungen.

- Der Wareneingang stellt das Bindeglied zwischen Beschaffung (quantitativer Wareneingang, Lieferantenbewertung) und CAQ (qualitative Wareneingangsprüfung) dar. Die Wareneingangs-Prüfpläne werden in CAP erstellt.

- Die Instandhaltung bildet das Bindeglied zwischen PPS (Einplanung vorbeugender Instandhaltungsaufträge) und CAQ. Instandhaltungsarbeitspläne werden ebenfalls in CAP erstellt.

- Das CAD-System arbeitet auch mit 3-D-Volumenmodellen und verfügt über integrierte Berechnungskomponenten wie Kollissionsprüfungen, Erzeugung von Schnitten und Ermittlung von mechanischen Eigenschaften, Volumen-, Massen- und Trägheitsmomentberechnungen, Finite-Elemente-Programme. Es generiert Stücklisten, die an das Verwaltungssystem in PPS übergeben werden können. Der Material- und Teilestamm wird mit dem Materialstamm, der allen betriebswirtschaftlichen Anwendungen zugrundeliegt, synchronisiert.

- Das CAP-System generiert Arbeitspläne, die an das PPS-Verwaltungssystem weitergegeben werden können. Mit den Stücklisten (aus CAD) und den Arbeitsplänen als Grunddaten ist eine konstruktionsbegleitende Kalkulation möglich. Ein integriertes NC-Programmiersystem generiert die NC-Programme.

- Das CAM-Modul übernimmt die NC-Programme und damit die technische Steuerung und Überwachung der Betriebsmittel für Fertigung, Handhabung, Transport und Lagerung.

- CAQ ist in das technische System eingebunden; bei der Generierung von Prüfplänen und Prüfprogrammen wird die Funktionalität von CAP genutzt.

Das Modell in Abb. 92 ist nicht realisierbar, weil die notwendigen technischen Möglichkeiten der Datenverwaltung nicht gegeben sind, siehe die folgenden Ausführungen.

3.2.1 Datenverwaltung

Im **betriebswirtschaftlichen Bereich** werden seit mehr als 10 Jahren **Standard-Datenbanksysteme** eingesetzt. Man unterscheidet hier Datenbanksysteme, die auf einem hierarchischen Datenmodell, auf einem Netzwerkmodell oder auf einem Relationenmodell basieren.

Es ist die Tendenz erkennbar, daß sich relationale Datenbanksysteme wegen ihrer Einfachheit, Klarheit und (potentiellen) Verteilbarkeit in Zukunft durchsetzen, wenn die Performanceprobleme gelöst werden können (bei großen Datenmengen und häufigen komplexen Transaktionen sind die Zugriffszeiten relativ lang).

Im technischen Bereich unterscheiden sich die Anforderungen an die Datenverwaltung bzw. an das Datenbanksystem sehr stark von den Anforderungen bei den betriebswirtschaftlich-planerischen Funktionen. Beispiele hierfür sind die unterschiedliche Komplexität in der Struktur der zu verwaltenden Objekte oder die unterschiedlichen Integritätsbedingungen (Abb. 93).

Es zeichnet sich ab, daß im **technischen Bereich** die sogenannten **Non-Standard-Datenbanksysteme** zum Einsatz kommen, da die Anforderungen der geometrisch/technologisch orientierten Anwendungen durch Standard-Datenbanksysteme i. d. R. nicht erfüllt werden.

betriebswirtschaftlich-planerische Anwendungen	geometrisch/technologisch orientierte Anwendungen
sehr viele kleine Objekte	große z. T. für herkömmliche Datenbanksysteme zu lange Objekte
einfach strukturierte Objekte (formatierte Daten)	recht komplexe Struktur wenig gleichartiger Objekte (unformatierte Daten)
relativ einfache Integritätsbedingungen	nicht-triviale Integritätsbedingungen
relativ kurze Transaktionen mit Zugriff auf wenige Objekte	sehr lange Transaktionen (z. B. CAD-Konstruktion)
nur aktueller Zustand wird von Datenbank widergespiegelt	alte Zustände bzw. verschiedene Versionen oder Varianten sollen verfügbar sein (CAD), Historikverwaltung
Verwendung herkömmlicher nicht-intelligenter Datensichtgeräte	Workstationkonzept üblich
keine Echtzeitforderung	Realzeitforderung (CAM, Steuerungen, NC-Programme)

Abb. 93: Vergleich der Datenbanksystem-Anforderungen von betriebswirtschaftlich-planerischen und geometrisch/technologisch orientierten Anwendungen

aus: Küspert, Das aktuelle Schlagwort: Non-Standard-Datenbanksysteme 1986, S. 184 - 185

Mit dem Einsatz eines Standard-Datenbanksystems für kommerzielle Anwendungen und eines Non-Standard-Datenbanksystems für technische Anwendungen ergäbe sich das Integrationsmodell gemäß Abb. 94:

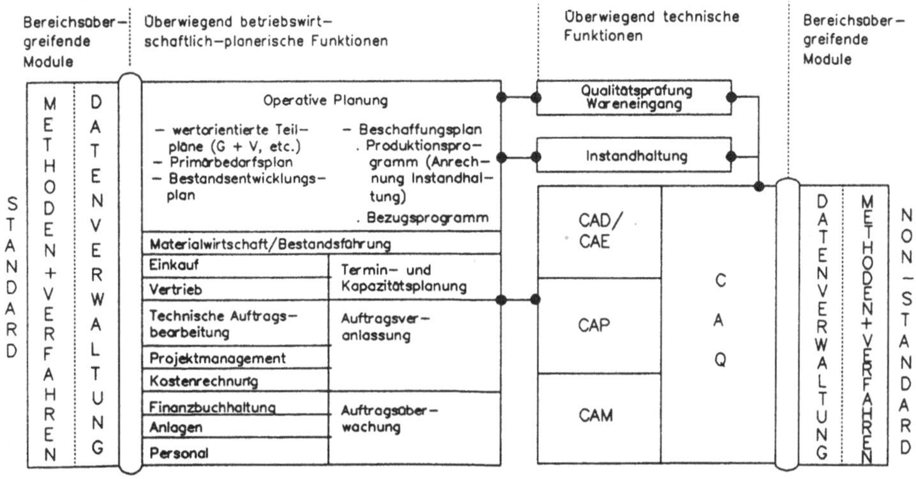

Abb. 94: Standard-DB im kommerziellen und Non-Standard-DB im technischen Bereich

Bei den Non-Standard-Datenbanksystemen ist noch entscheidende Entwicklungsarbeit zu leisten (heutiger Stand: Prototyp- bzw. Projektstatus), deshalb werden in der technischen DV überwiegend spezialisierte File Management Systeme oder Standard-Datenbanksysteme wie INGRES oder RDB für CA-Einzel**anwendungen** eingesetzt (Schnittstellen!). Es bestehen berechtigte Zweifel, ob es je gelingt, durch Datenbanken im technischen Bereich die heute vorherrschenden Insellösungen zu integrieren. CIM nach AWF mit gemeinsamer, bereichsübergreifender Nutzung **einer** Datenbank für PPS und CA-Funktionen ist deshalb auf absehbare Zeit nicht realisierbar (deshalb die Entwicklung eines CIM-Handlers als Integrationswerkzeug); die **zentrale** Datenbank (Idealfall der Integration!) bleibt vorläufig Illusion.

Zukünftig wird man voraussichtlich eher von einer gemeinsamen Datenbasis (= logisch zusammengehörender Datenbestand) aller Applikationen ausgehen, die auf **verteilten Datenbanksystemen** beruhen. In einem verteilten Datenbanksystem ist der logisch zusammengehörende Datenbestand physisch auf Datenbanksysteme auf mehreren, an verschiedenen Orten stehenden Rechnern aufgeteilt (vgl. Scholz, Datenbanken zur Kommunikation zwischen DV-Applikationen 1989, S. 11). Die kooperierenden lokalen Datenbanksysteme mit jeweils eigener Datenbank und eigenem Datenbankverwaltungssystem kommunizieren über ein Netz

- zum Transfer von Teilanfragen,
- zum Transfer von Ergebnisdaten,
- zur Verwaltung verteilter Transaktionen,
- zur globalen Anfrageoptimierung und
- zur dynamischen Schemaverwaltung

(vgl. Effelsberg, Datenbankzugriff in Rechnernetzen 1987, S. 140 - 152).

Das Netz verbindet einzelne Datenbankverwaltungssysteme untereinander, die Anwendungsprogramme arbeiten direkt mit ihrem lokalen Datenbankverwaltungssystem zusammen. Dieses ist für die korrekte Abwicklung der Anfrage in der gesamten Datenbasis im Netz verantwortlich. Dabei ist in jedem Fall zu beachten, daß

- 80 % der Zugriffe jeweils lokal erfolgen sollten;
- Veränderungen, die über das Netz verteilt werden müssen, viel teurer werden als in einem Zentralsystem;
- die Einführung von Redundanzen sorgfältig abgeschätzt werden muß;
- alle Anwendungen, die sich auf diese Daten beziehen, betrachtet werden.

Von hierarchischen und netzartigen Datenstrukturen wird man Abschied nehmen müssen und ganz auf relationale oder objektorientierte Datenstrukturen übergehen. Nur diese Strukturen lassen sich auf einfache Weise verteilen und in einem konsistenten Zustand halten.

Alle verteilt eingesetzten Programme, und zwar System- und Anwendungsprogramme, müssen auf einem gleichen oder einem aufeinander abgestimmten Release-Stand sein. Diese Forderung hebt leider einen Teil der Vorteile, die man sich von einer Verteilung erhofft hat, wieder auf (vgl. Plattner, Nur Standards können aus der Misere führen 1989).

Kritisch wird es, wenn man die Verteilung über verschiedene Rechnerarchitekturen, Betriebssysteme und Datenbanksysteme hinweg erlauben will, das Problem verteilter heterogener Datenbanksysteme ist nicht gelöst; die meisten Kommunikationsprotokolle in verteilten Datenbanken sind nicht standardisiert. Hier ist wie bei den Non-Standard-Datenbanksystemen noch eine Menge Entwicklungsarbeit zu leisten.

Für die Weiterentwicklung des Anwendungs- und Integrationsmodells werden folgende Minimalanforderungen definiert, die nach dem heutigen Stand der Technik erfüllbar sind:

- Das System der betriebswirtschaftlich-planerischen Funktionen beruht auf einem logischen Produktmodell mit einem Standard-Datenbanksystem für alle Anwendungen.

- Das System der technischen Funktionen setzt sich aus Einzelsystemen mit Dateiverwaltung zusammen.
- Betriebswirtschaftliche und technische Anwendungen werden - je nach Anforderung - über Batch- oder On line-Kommunikationsschnittstellen gekoppelt, um Daten auszutauschen und/oder konsistent zu halten (genormte Schnittstellen, beispielsweise X.400 oder interpretierbare Datenstrukturen mit Electronic Data Interchange/EDI oder - falls in dieser Form nicht machbar - konventionell mit eigenentwickelten Datenaustausch-Programmen). Bei der Planung dieses Kommunikationsnetzes kann auf diverse Veröffentlichungen zur Normierung bzw. Standardisierung von Schnittstellen im PPS- und CA-Bereich zurückgegriffen werden (z. B. VDMA, Datenaustausch zwischen CAD- und PPS-Systemen 1988). Die Umsetzung ist dann Projektarbeit.

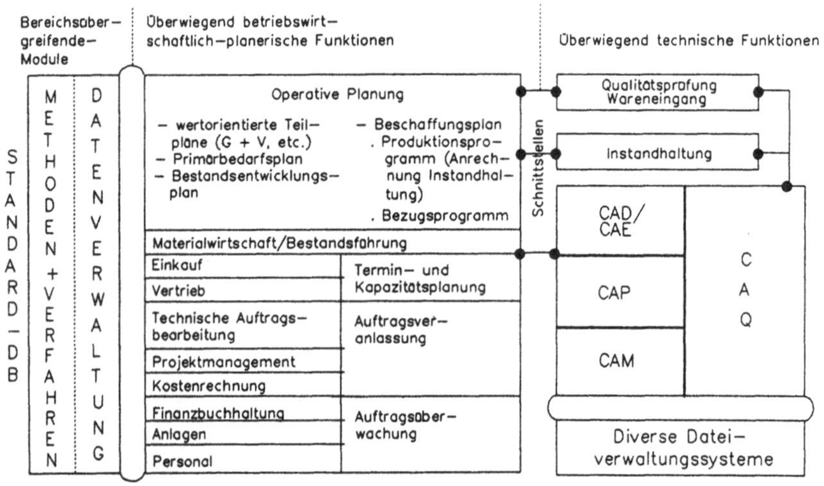

Abb. 95: Minimalansatz für die Weiterentwicklung eines integrierten Anwendungsmodells; die stärker ausgezogenen Trennungslinien im technischen Bereich symbolisieren die unterschiedlichen Einzelsysteme.

Dies führt zwar zu dem Zugeständnis an Daten-, Funktions- und Vorgangs-Redundanzen, aber auch zu einem gangbaren Weg mit klaren Entwicklungslinien für die Informationssysteme im kurz- und mittelfristigen Bereich.

Die Realisierung kann vereinfacht werden, wenn betriebswirtschaftliche und technische Funktionen auf einem Hardwaresystem installiert werden können, weil dadurch zumindest die Hardware-Schnittstellen eliminiert sind (wenn aufgrund der Mengengerüste, der Portabilität der Anwendungen etc. machbar).

3.2.2 Technische Funktionen

Der Ist-Zustand in der technischen Datenverarbeitung weist unter dem Aspekt integrierter CA-Systeme ähnliche Mängel auf wie im betriebswirtschaftlichen Funktionsbereich: CAD, CAP, CAM und CAQ sind als singuläre Systeme implementiert und finden ihr Pendant in betriebswirtschaftlichen Einzelsystemen für PPS, Finanzbuchhaltung oder Vertrieb. CAD und nachgeschaltete Systeme halten Daten redundant und oftmals inkonsistent, Zeichnungsinhalte werden mit erheblichem Informationsverlust ausgetauscht. Rechnerunterstützte Systeme zur Teileprogrammierung, z. B. APT, sind älter als CAD-Systeme und deshalb häufig über Anpaßprogramme an CAD angekoppelt; die kombinatorische Paarung von CAD- und NC-Programmiersystemen führt zu einer nicht vertretbaren Anzahl von Koppelungsprogrammen. Die ablauforientierte Einbindung von CAP (CAD -> CAP -> NC) wirft neue Probleme auf.

Bei der heute gängigen Arbeitsteilung zwischen Konstruktion und Arbeitsvorbereitung und dem Stand der Systemtechnik bzw. -organisation (Dateiverwaltungskonzept!) ist folgender Ablauf als typisch zu bezeichnen (Abb. 96):

a) Die Konstruktion legt die Fertigteilgeometrie, den zu verarbeitenden Werkstoff, die Oberflächenbehandlungen und die Toleranzen im CAD-System fest. Das Fertigteil liegt als Zeichnung vor.

b) Für die Übergabe der Daten an das NC-Programmiersystem der Arbeitsvorbereitung werden (standardisierte) Schnittstellen eingesetzt. Bei den gängigen Schnittstellen IGES (Initial Graphics Exchange Specification) und VDAFS (VDA-Flächenschnittstelle) gehen z. Z. die Informationen über Werkstoff, Oberfläche und Toleranzen verloren.

c) Die Arbeitsvorbereitung legt anhand der Fertigteilgeometrie unter Beachtung der Fertigungsschritte die notwendige Rohteilgeometrie und die fertigungstechnisch orientierte Werkstückgeometrie fest.

d) Der NC-Prozessor erzeugt unter Zuhilfenahme von Werkzeugdaten und Schnittwerten ein CLDATA-Programm (Cutter Location Data) nach DIN 66215 in einem für die Werkzeugmaschinen neutralen Zwischenformat. Da nur Werkzeugbewegungsinformationen an den Postprozessor übergeben werden, gehen die Informationen über Roh- und Fertigteilgeometrie weitgehend verloren.

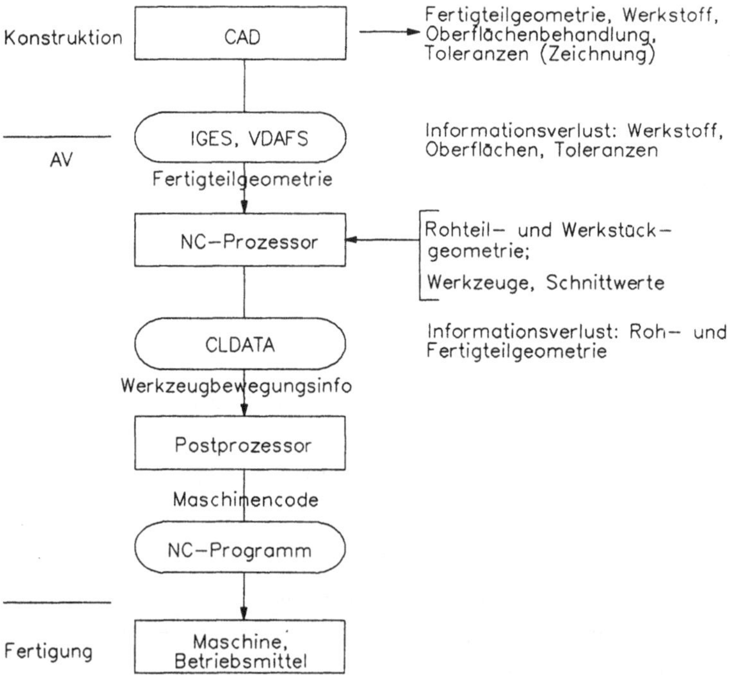

Abb. 96: Ist-Zustand des Informationsflusses in der technischen Datenverarbeitung bei überwiegend mechanischer Fertigung

e) Der Postprozessor generiert schließlich die NC-Steuerinformationen (nach DIN 66025), die mit maschinenspezifischen Codes angereichert sind, die entsprechende Kenntnis bei der Rückübersetzung erfordern.
(vgl. Pritschow, Integrationskonzepte für rechnerunterstützte Produktionsstrukturen 1986, S. 92)

Da der Spanfluß oder die Stabilität des Prozesses trotz rechnerunterstützter NC-Programmsimulation in der Arbeitsvorbereitung erst beim Maschinenlauf beurteilt werden können, sind häufig Programmänderungen notwendig, die nur vor Ort an der Maschine erkannt werden. Diese könnten maschinell

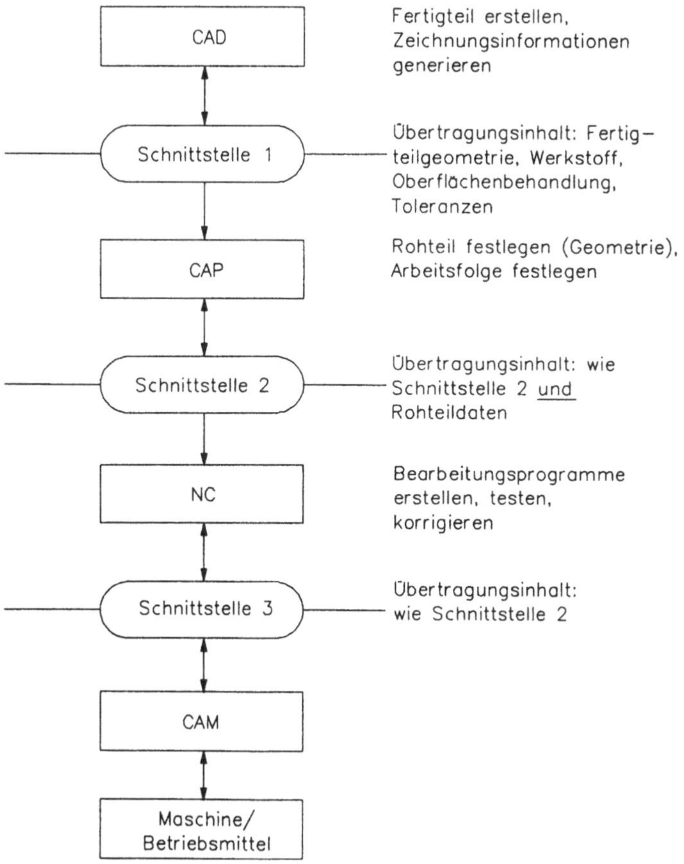

Abb. 97: Geforderte Übertragungsinhalte von Schnittstellen im CA-Bereich bei überwiegend mechanischer Fertigung

unterstützt werden, wenn die Kenntnis über Rohteil, Fertigteiltoleranz und Oberflächenbeschaffenheit an allen Schnittstellen zur Verfügung stehen würde (Abb. 97).

Gerade bei dem vorherrschenden Dateiverwaltungskonzept in der technischen Datenverarbeitung ist es unbedingt notwendig, daß die Schnittstellen ihren bisher grafisch orientierten Charakter verlieren und einen höheren Beitrag zur Koppelung der Einzelsysteme im CA-Bereich leisten. Unterstützt wird diese Forderung durch ISO-Standardisierungsbemühungen (z. B. STEP Standard for Exchange of Product Model Data).

Der Minimalansatz für die Weiterentwicklung eines integrierten Anwendungsmodells (Abb. 95) wird um die Forderung nach diesen Schnittstellen ergänzt.

3.3 Bereichsübergreifende Module

Als bereichsübergreifendes Modul wurde die Datenverwaltung allen betriebswirtschaftlich-planerischen Funktionen zugeordnet (Abb. 95); die Methoden und Verfahren, die von mehreren Funktionen benötigt bzw. aufgerufen werden, sind analog zu betrachten (z. B. exponentielle Glättung in der operativen Planung und in der Materialdisposition).

Weitere bereichsübergreifende Module sind das Report- oder Berichtswesen mit Entscheidungsunterstützungsfunktionen, die Belegerstellung, die Bürokommunikation und Zugangskontrolle sowie Zeiterfassung. Diese Module sind in Abb. 98 enthalten und werden im folgenden mit den an sie zu stellenden Anforderungen beschrieben.

Aufgrund der Situation, daß im CA-Bereich die Anwendungen jeweils eigene Datenverwaltungssysteme besitzen, verlieren hier die Module Reportsystem und Belegerstellung ihren bereichsübergreifenden Charakter; im betriebswirtschaftlich-planerischen Bereich sind es dagegen "echte" bereichsübergreifende Module.

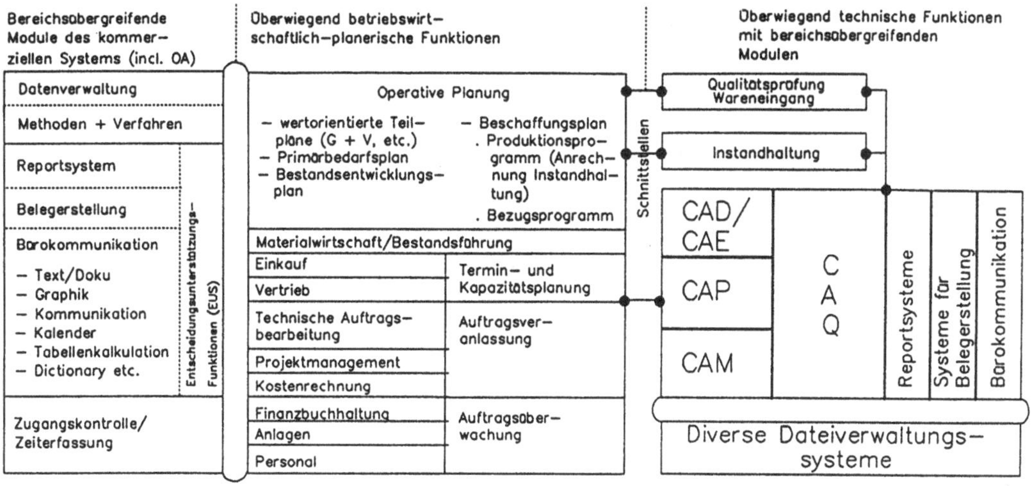

Abb. 98: Ergänzung der bereichsübergreifenden Module des kommerziellen und technischen Systems; OA = Office Automation; EUS = Entscheidungs-Unterstützungs-System

3.3.1 Reportsystem

Im Jahr 1946 formulierten John von Neumann und seine Mitarbeiter erstmals den Grundsatz der "Äquivalenz zwischen Information und Steuerung". Dieser Grundsatz, der im Rahmen von Forschungsarbeiten zur Automatentheorie entwickelt wurde, ist auf alle Ebenen eines Unternehmens übertragbar.

Beispiele:

- Eine Werkzeugmaschine führt ihre Arbeitsfolgen nur dann richtig aus, wenn das NC-Programm (= Information) fehlerfrei ist.

- Ein Werk/eine Betriebsstätte wird nur dann gut geführt bzw. gesteuert werden können, wenn vollständige und richtige Informationen über das Produktionsprogramm, die Kapazitätsauslastung, das laufende Qualitätsniveau usw. vorliegen.

- Ein Ressortleiter ist nur dann in der Lage, die "richtigen" Entscheidungen zu treffen, wenn sein Informationsstand möglichst aktuell und umfassend ist.

Die Anforderungen an Auswahl und Verdichtung, Aktualität und Aussagefähigkeit der Informationen werden mit jeder Ebene im Unternehmen höher und komplexer, Qualität und Zusammensetzung der Informationen verändern sich (Abb. 99).

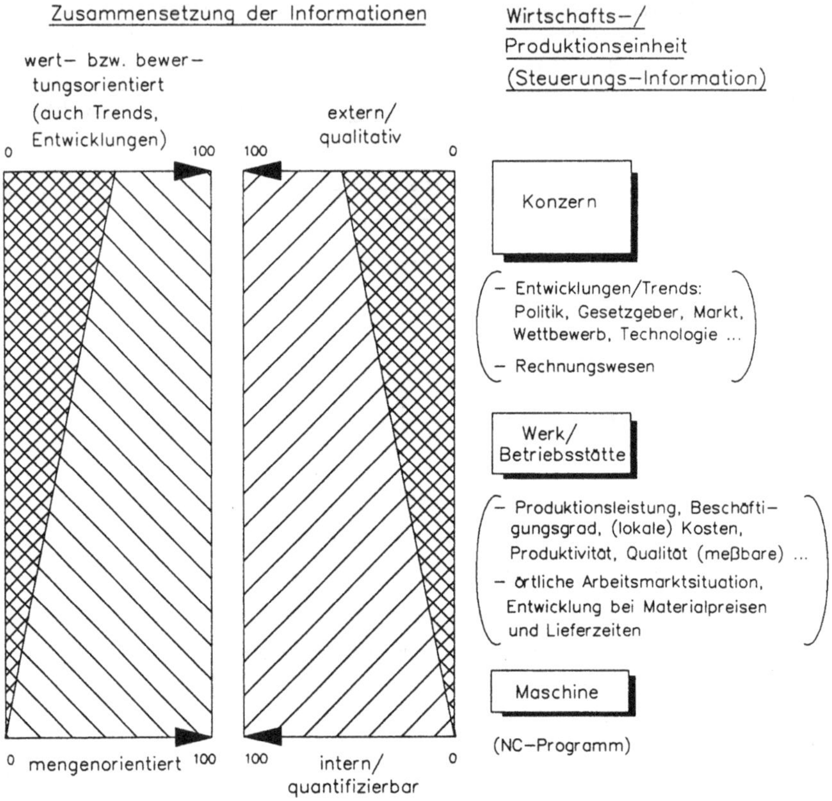

Abb. 99: Ebenen eines Unternehmens und Zusammensetzung der Informationen, die für Steuerungsaufgaben benötigt werden.

Beispiele:

- Informationen, gespeichert im NC-Programm, sind eindeutig mengenorientiert (höchstmögliche Anzahl "Gutstück" ohne

Qualitätsmängel), entstehen in der Regel intern im Unternehmen und sind quantifizierbar.

- Informationen zur Führung/Steuerung eines Werkes bzw. einer Betriebsstätte sind nur noch **zum Teil** mengenorientiert, unternehmensinterner Herkunft und meßbar (z. B. Produktionsleistung, Beschäftigungsgrad, Produktivitätsfortschritt). Sie müssen ergänzt werden um Informationen, die wert- bzw. bewertungsorientierten Charakter haben, nur qualitativ beurteilt werden können oder externe Quellen haben (dazu zählen die örtliche Arbeitsmarktsituation oder Trends und Entwicklungen bei Materialpreisen und Lieferzeiten).
- Informationen für den Vorstand (Ebene Konzern) setzen sich noch stärker aus teilweise nicht mehr quantifizierbaren Objekten zusammen; Trends müssen frühzeitig erkannt oder antizipiert werden und mit internen, zahlenmäßig darstellbaren Informationen z. B. aus dem betrieblichen Rechnungswesen verknüpft werden. Politik, Gesetzgeber, Märkte, technologische Entwicklungen und Informationen von Verbänden oder unabhängigen Organisationen beeinflussen täglich Entscheidungen.

Ein gutes Beispiel für diese Kategorie von Informationen sind z. B. die Periodika der Abteilung Statistik und Konjunktur im VDMA, die Entwicklungen zu Produktion, Kapazitätsausnutzung, Geschäftsklima oder Investitionen aufzeigen (siehe Abb. 100).

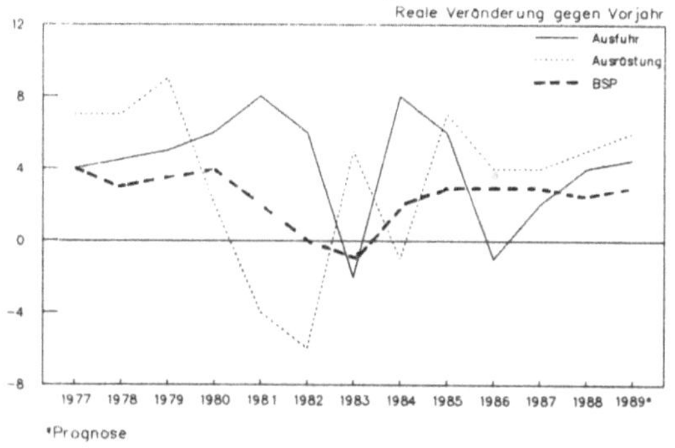

Abb. 100a: Gesamtwirtschaftliche Entwicklung

Quelle: VDMA

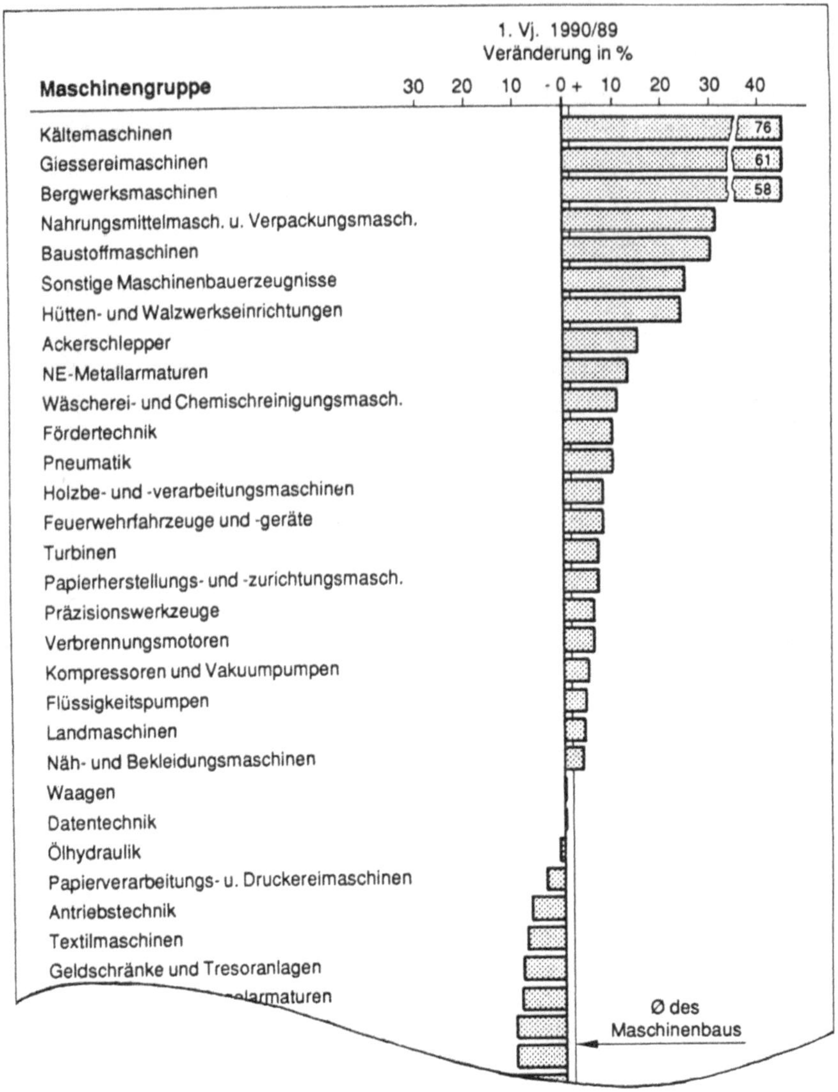

Abb. 100b: Auftragseingangsentwicklung nach Maschinengruppen

Quelle: VDMA

Das **Reportsystem** ist das geeignete Medium für ein effektives und reproduzierbares Informations-Management, wenn es gut organisiert ist. **Informations-Management** darf in diesem Zusammenhang nicht nur als Organisation des internen, quantifizierbaren Informationsbestandes verstanden werden, sondern als **Aufgabe, das Planen, Steuern und Entscheiden auf jeder Unternehmensebene optimal zu unterstützen.**

Die heute üblichen Organisationsformen des "Berichtens" verdienen das Prädikat "gut" allerdings selten. Die Aufbauorganisation bietet gerade in großen Unternehmen nahezu beliebige Möglichkeiten, Informationen an Entscheidungsträger - und das beginnt beim Sachbearbeiter - zu liefern. Sammel-, Berichts- und Aufbereitungsstäbe, die Informationen darstellen, interpretieren und an die jeweils vorgelagerte Ebene weiterleiten, sind in der Regel auf jeder Stufe der Organisationshierarchie installiert, teilweise mehrfach (Abb. 101).

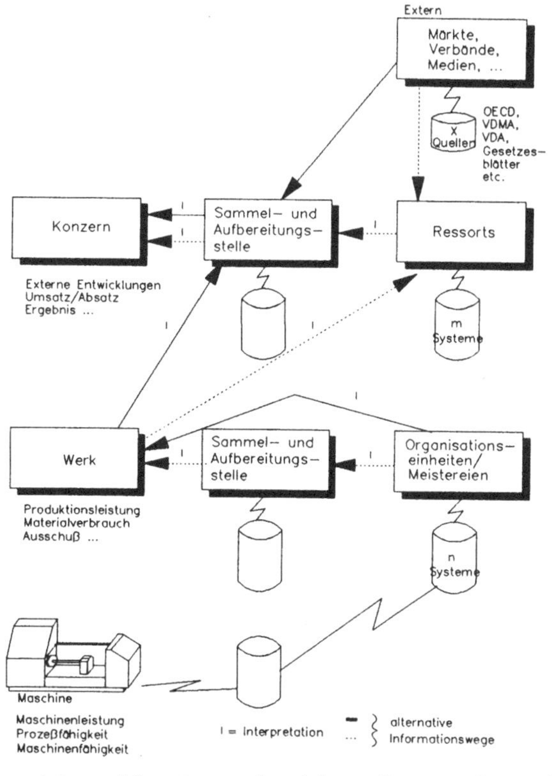

Abb. 101: Konventionelle Organisation der Informationsströme im Unternehmen

Das führt dazu, daß Informationen mehrfach um-interpretiert werden, in mehreren unterschiedlichen Systemen maschinell oder manuell verwaltet werden - natürlich mit unterschiedlichen Definitionsinhalten - und Information periodisiert wird (monatliche/quartalsweise Berichte auf jeder Stufe). Häufige Folgen:

- Zu starke Beeinflussung von Entscheidungsträgern durch Interpretationsinstanzen;
- Zu späte Weitergabe von Informationen, die dem Entscheidungsträger adäquate, rechtzeitige Steuerungsmaßnahmen nicht mehr erlauben (**nur fließende Information ermöglicht Steuerung!**);
- Informationsinhalte (unterschiedlicher Berichtsstellen) sind nicht mehr kompatibel;
- die Kosten der Informationssysteme übersteigen deren Nutzen;
- Verbesserungen (z. B. Beschleunigung) der Informationssysteme haben zusätzliche Kosten in erheblichem Umfang zur Folge, der Anforderer von Verbesserungen wird mit der Forderung nach mehr Personal konfrontiert.

Das Dilemma wird dadurch verschärft, daß die sich ändernden Anforderungen des Marktes an die Unternehmen (steigende Variantenvielfalt der Produkte, kürzere Lieferzeiten, höhere Produktkomplexität etc.) einen ständig steigenden Planungs- und Steuerungsaufwand verursachen.

Das Informations-Management und das Medium Reportsystem müssen diesen Anforderungen angepaßt werden. Das Vehikel zu dieser Anpassung heißt wiederum integrierte Datenverwaltung.

Mit dem Modell in Abb. 92 wären die Voraussetzungen gegeben, für den Produktbereich durch das integrierte Zusammenwirken der datenerzeugenden Funktionen eine **logische** Informationspyramide aufzubauen; am Fuß der Pyramide werden die Daten der mengenorientierten operativen Systeme gehalten, die auf der nächsten Stufe durch die Daten der wertorientierten Abrechnungssysteme ergänzt werden. Diese Daten werden in den betriebswirtschaftlichen Berichts- und Kontrollsystemen weiter "veredelt". Die Planungssysteme (z. B. für die Budgetierung) bilden die Spitze der Pyramide (Abb. 102).

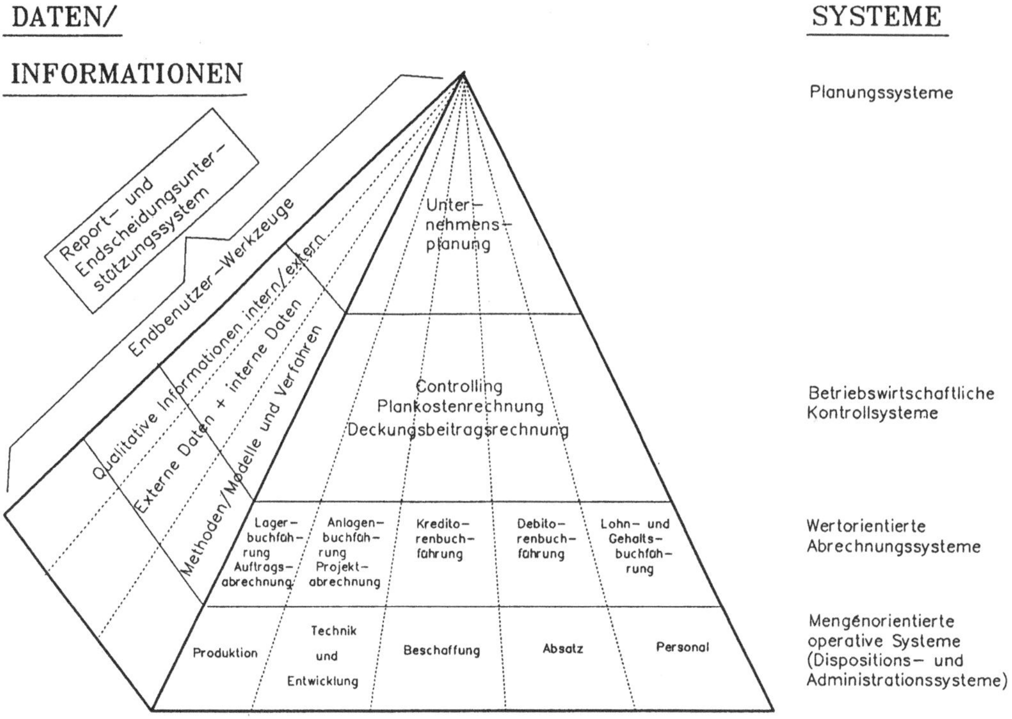

Abb. 102: Aufbau der Informationspyramide

in Anlehnung an: Scheer, Unternehmens-Datenbanken 1989, S. 7

Die Geschäftsprozesse, die mit dem System abgewickelt werden, durchlaufen sowohl die mengen- als auch wertbezogenen Ebenen (z. B. ein Beschaffungsvorgang) und legen die Daten, die sie erzeugt haben, dort ab (vgl. Scheer, Unternehmens-Datenbanken 1989, S. 7). Die Informationspyramide repräsentiert also sowohl aufeinander aufbauende Systeme als auch unterschiedliche Datenqualitäten (bezüglich Zusammensetzung und Aggregationsniveau) in den Ebenen. Sie integriert den Produktbereich funktional (Produktion, Technik, Beschaffung, Absatz, Personal) und hierarchisch (vom Sachbearbeiter bis zum Geschäftsleitungsmitglied).

In Anlehnung an Abb. 92 bedeutet dies, daß

- die Systeme der Technik und Entwicklung (in der Informationspyramide) auch die CA-Systeme einschließen;

- die Datenverwaltung alle relevanten Objekte aller Systeme zum Gegenstand hat:

  . interne und externe **qualitative** Informationen im Textformat;

  . **formatierte** interne und externe Daten (intern z. B. die Stammdaten der Erzeugnisse, Werkzeuge, Arbeitsplätze, Betriebsmittel, Kostenstellen etc. und die Bewegungsdaten, die durch Geschäftsvorfälle erzeugt werden; extern z. B. die Lohnsteuertabellen, die im Personalsystem für die Abrechnung notwendig sind oder kundenbranchenspezifische Entwicklungen - Zeitreihen für Produktion, Export, Import etc. - für Korrelationsanalysen in den Planungssystemen);

  . im CA-Bereich benötigte technische Verfahren und Berechnungsalgorithmen.

Das **Report- und Entscheidungsunterstützungs-System** besteht aus standardisierten und individuell generierbaren Auswertungen, Berichten, Simulationen, Analysen und Prognosen, die ad hoc oder periodisch aus der gemeinsamen Datenbasis gewonnen werden. Es liegen einheitliche Definitionsinhalte und Interpretationsvorschriften zugrunde, da alle Daten/Informationen im Data Dictionary für alle Informationsempfänger verbindlich beschrieben sind. Als Werkzeuge stehen eine leistungsfähige Endbenutzersprache (End User Facility EUF), die zentral verwalteten Methoden/Modelle/Verfahren und ein Textrecherche-System für qualitative, nicht strukturierbare Informationen zur Verfügung. Mit diesem Modell wird sichergestellt, daß unabhängig von der Tiefe der organisatorischen Hierarchie im Produktbereich gleiche Informationsinhalte kommuniziert werden. Interpretationsspielraum geben nur noch die qualitativen Informationen, die aber ohnehin der Interpretation bedürfen. Diese Organisationsform wird der Bedeutung der Information als "viertem Produktionsfaktor" uneingeschränkt gerecht. Das **Management-Informations-System** (MIS) ist Bestandteil des Reportsystems.

Damit wären die Maximalanforderungen an das Reportsystem formuliert. Diskutiert man die technische Realisierbarkeit, müssen erhebliche Abstriche gemacht werden, weil die Datenverwaltung in der Form der zentralen Unternehmensdatenbank nicht realisierbar ist.

Was heute machbar ist, wird mit Bezug auf Abb. 98 erläutert, dem Minimalansatz für die Weiterentwicklung eines integrierten Anwendungsmodells.

a) Eigenentwicklung im betriebswirtschaftlich-planerischen Bereich und Einsatz von Standard-Software bei den CA-Systemen

   Diese Realisierungsmöglichkeit erlaubt den Aufbau eines leistungsfähigen **Report- und Entscheidungsunterstützungs-Systems für den betriebswirtschaftlich-planerischen Bereich**, wenn ein Standard-Datenbanksystem für diese Anwendungen implementiert ist und die externen Informationen bei der Entwicklung des Datenmodells berücksichtigt werden.

   Ein Data Dictionary sollte installiert sein, ebenso die notwendigen Endbenutzer-Werkzeuge. Die technischen Systeme, gemäß Abb. 98 Einzelsysteme mit jeweils eigener Datenverwaltung, verfügen jeweils auch selbst über Reportfunktionen.

   Die Macht der Berichtsstäbe ist damit nicht endgültig gebrochen, da sie notwendig sind, um die Einzelberichte aus den Systemen zu einem Managementbericht weiterzuverarbeiten, aber es sind erhebliche Vorteile im betriebswirtschaftlichen Informationssystem erzielt und es sollte nur noch **eine** Berichtsinstanz für das gesamte Management geben.

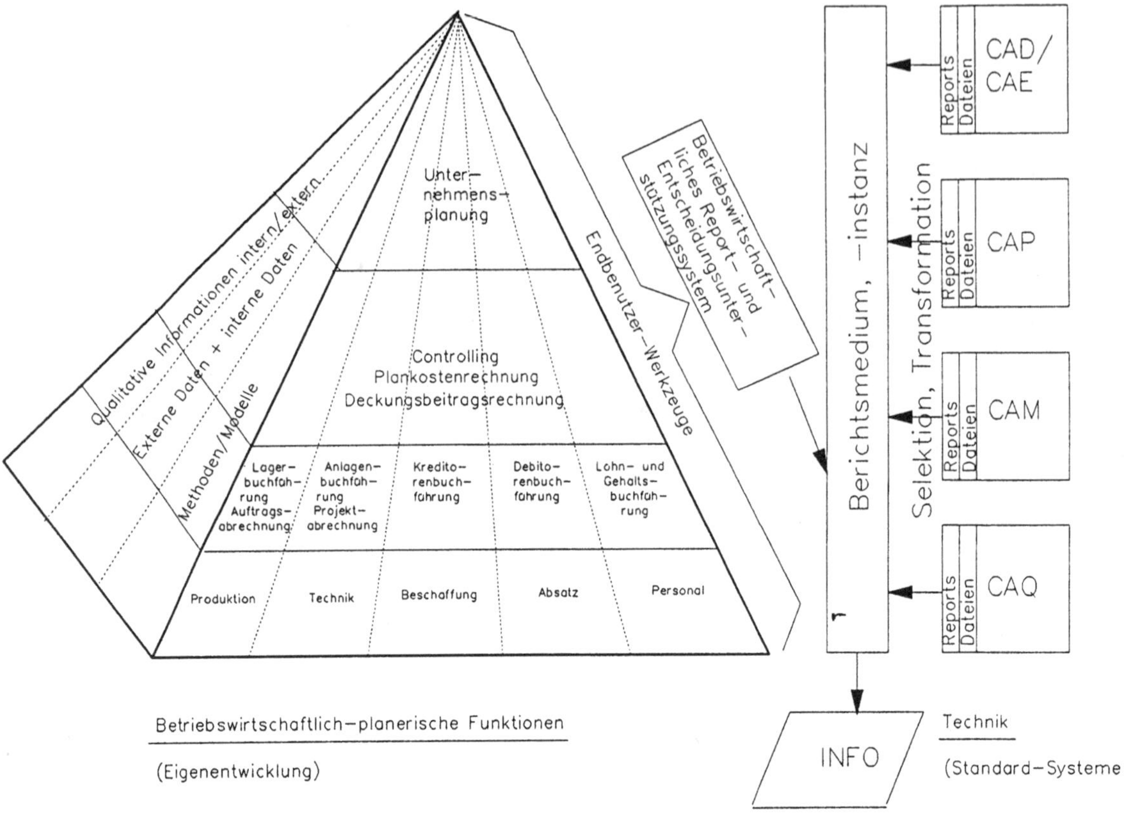

Abb. 103: Organisation des Reportsystems/Eigenentwicklung im betriebswirtschaftlich-planerischen Bereich

b) Einsatz von Standard-Software im betriebswirtschaftlichen und technischen Bereich

Das wichtigste Auswahlkriterium für das Standard-System im **betriebswirtschaftlich-planerischen** Bereich muß sein, daß nach Möglichkeit alle Funktionen gemäß Abb. 98 mit hinreichendem Erfüllungsgrad abgedeckt werden und eine Standard-Datenbank implementiert ist.

Eigenentwicklung muß dann trotzdem betrieben werden, weil die betriebswirtschaftlichen Kontrollsysteme, aber vor allem die Planungssysteme externe Daten benötigen, die aufgrund der diesen Systemen eigenen Individualität im

Unternehmen im Datenmodell des Standard-Systems nicht berücksichtigt sind. Externe Daten für die mengenorientierten operativen Systeme und die wertorientierten Abrechnungssysteme sind dagegen originärer Bestandteil der Standard-Datenbasis, weil die Funktionen sonst nicht ausführbar sind (z. B. Lohnsteuertabellen in der Lohn- und Gehaltsabrechnung).

Aus diesem Grund ergeben sich die Anforderungen, daß in der Systemumgebung leistungsfähige Entwicklungswerkzeuge (incl. Data Dictionary) zur Verfügung stehen und der Source Code ausgeliefert wird; Endbenutzer-Werkzeuge sollten verfügbar sein.

Die Eigenentwicklung, die zum einen die Erweiterung der Datenbasis und zum anderen die Anpassung bzw. Neuentwicklung von Funktionalität für Kontroll- und Planungssysteme zum Gegenstand hat, sollte

- im Data Dictionary und
- bei den Anwendungen über User Exits

abgrenzbar sein, um den Aufwand bei Releasewechseln zu minimieren.

Wenn das Standardsystem diese Anforderungen erfüllt, kann das Reportsystem gemäß Abb. 104 realisiert werden, das durch die vorgenommenen Erweiterungen in der Datenbasis und in den Funktionen ebenfalls Individualisierungen aufweist (gepunktete Linien).

Die externen Daten (ergänzte Objekte) werden entweder maschinell importiert (Informations-Services bieten solche Dienste an) oder es ist eine Erfassungschnittstelle vorzusehen. Für die qualitativen Informationen wäre es von Vorteil, wenn mit Scanner ins Textsystem eingelesen werden kann.

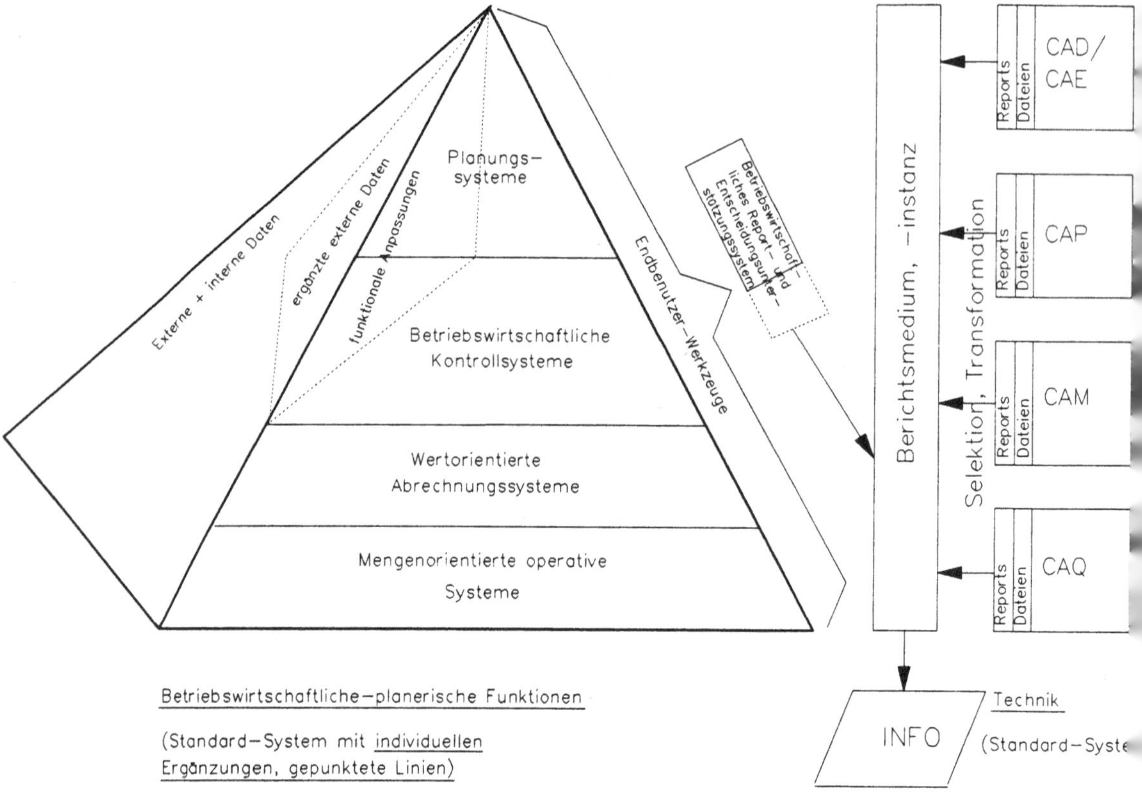

Abb. 104: Organisation des Reportsystems/Standard-Software im betriebswirtschaftlich-planerischen Bereich

c) Dedizierte Berichtsdatenbank bei heterogenen Softwarestrukturen

Die Berichtsdatenbank ist eine weitere - sehr pragmatische - Organisationsform des Reportsystems, die jedoch dem in der Abb. 98 dargestellten Ansatz nicht mehr genügt. Bei heterogenen Softwarestrukturen, wo im technischen und betriebswirtschaftlichen Anwendungsbereich Einzelsysteme mit eigenen Datenverwaltungssystemen in unterschiedlicher Ausprägung (Eigenentwicklung, Standard-Systeme, unterschiedliche Programmiersprachengenerationen, differente Benutzeroberflächen etc.) nebeneinander koexistieren, ist eine dedizierte Berichtsdatenbank oft der einzige Weg zu einem nachvollziehbaren Berichtswesen.

In der Berichtsdatenbank muß ein Data Dictionary für die allgemeinverbindliche Beschreibung der Objekte vorhanden sein, die aus den singulären Systemen extrahiert und an die Berichts-DB gemeldet werden sollen.

Diese Art des Reportsystems weist trotzdem einen höheren Ordnungs- und Organisationsgrad auf, als ein Berichtswesen, das den Managementbericht aus den Reports der Einzelsysteme mit unterschiedlichen Definitionsinhalten der Berichtsobjekte "zusammeninterpretiert". Sie wird häufig als Übergangslösung gewählt, wenn die Ablösung singulärer Systeme im Unternehmen entschieden und die Projekte zur Realisierung eines z. B. integrierten betriebswirtschaftlichen Gesamtmodells angelaufen sind, aber die Projektdauer relativ lang ist (Komplexität!).

Durch die Installation der dedizierten Berichtsdatenbank kann die Projektlaufzeit für integrierte Systeme überbrückt werden und wertvolle Vorarbeit für die endgültige Lösung (z. B. Reportsystem im betriebswirtschaftlichen System) geleistet werden, z. B. die Anforderungsanalyse beim Anwender/Management, Erstellen eines verbindlichen Glossars, Entwurf und Realisierung von Standardberichten.

Abhängig vom Funktionsumfang, der mit der Datenbank abgedeckt werden soll, sind Entscheidungsunterstützungsfunktionen in mehr oder weniger ausgeprägter Form zu definieren und zu implementieren (neben den Berichtsfunktionen). Dies gilt insbesondere für Planungsfunktionen (Analyse -> Prognose -> Simulation).

Eine moderne Software-Produktions-Umgebung ist in jedem Fall erforderlich.

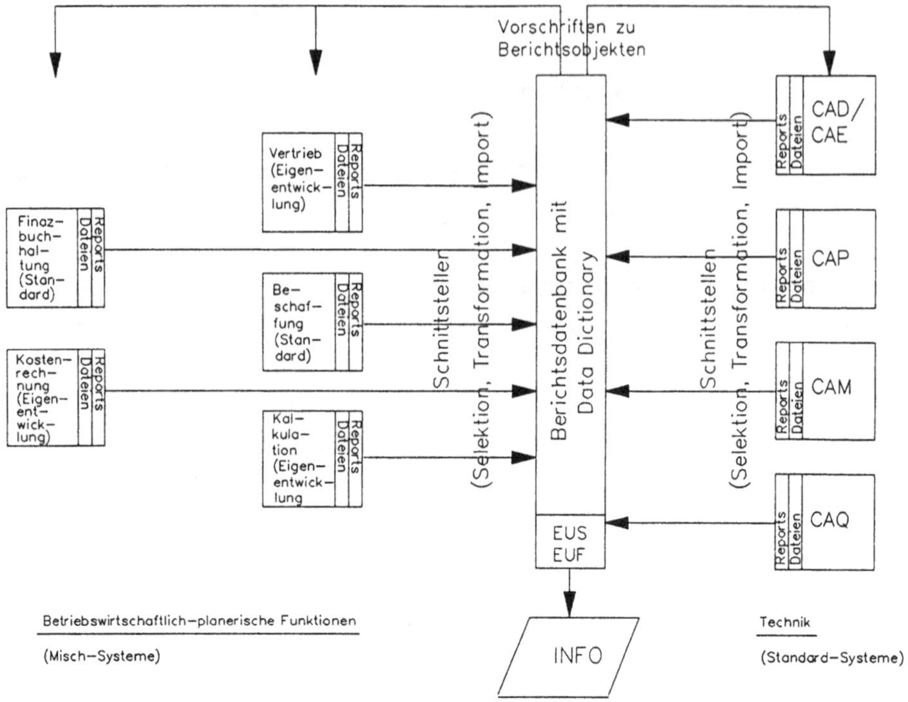

Abb. 105: Dedizierte Berichtsdatenbank bei heterogenen Softwarestrukturen

3.3.2. Belegerstellung

An die Belegerstellung werden die relativ trivialen Anforderungen geknüpft, daß

- alle Belegarten sowohl für interne als auch für externe Empfänger von den jeweiligen Anwendungssystemen generiert werden; d. h., daß alle konventionellen Arten der Belegerstellung (z. B. mit ORMIG, manuelle Belegschreibung, mit Schreibmaschine oder Stand alone-Textsystem) durch Systeme abgelöst sind, die bezüglich der Druck- und Formulargestaltung flexibel sind. Die Drucksysteme sind periphere integrierte Bestandteile der Anwendungssysteme. Drucksysteme der Zentralperipherie sollen kuvertierfähig sein (z. B. für Gehalts- und Lohnbelege);

- für externe Belegarten ein maschineller Übermittlungsweg existiert, Telex oder Telefax (z. B. für die Übermittlung einer Bestellung aus dem Beschaffungssystem direkt zum Lieferanten ohne vorherigen Ausdruck);
- DFÜ-Funktionen für standardisierten Datenaustausch (EDIFACT, VDA, ODETTE, SEDAS) implementiert sind;
- für interne Belegarten, die mehrmals bearbeitet bzw. rückgemeldet werden, Strich-Code- und Scanner-Funktionen zur Verfügung stehen.

Diese Anforderungen sind ohne größere technische Probleme erfüllbar.

3.3.3 Bürokommunikation (OA-Systeme)

Die Bürokommunikation hat zwei Einsatzfelder:

a) die Unterstützung des Anwenders bei der Durchführung von Routine-Tätigkeiten oder bei der Interpretation daraus resultierender Ergebnisse (Komfort);
b) die Bereitstellung geeigneter **Funktionen bzw. Werkzeuge für die Erledigung von Nicht-Routine-Tätigkeiten.**

Zur ersten Kategorie gehört z. B. die graphische Visualisierung von Zahlen- oder Tabellenwerten, die durch eine Abfrage im kommerziellen Bereich verfügbar sind (Materialverbrauchshistorik etc.) oder die Terminplanung des Sachbearbeiters/ der Sekretärin; zur zweiten Kategorie gehört z. B. das Ausarbeiten eines Zeit- und Aktivitätenplanes für eine Sonderaufgabe mit Ausweis der (zeitlich) kritischen Aktivitäten bei den zugrundegelegten Ressourcen.

Die Bürokommunikation ist als Werkzeugkasten zu verstehen, aus dem sich der Anwender nach Bedarf bedient. Die Zusammensetzung dieses Werkzeugkastens zeigt Abb. 106.

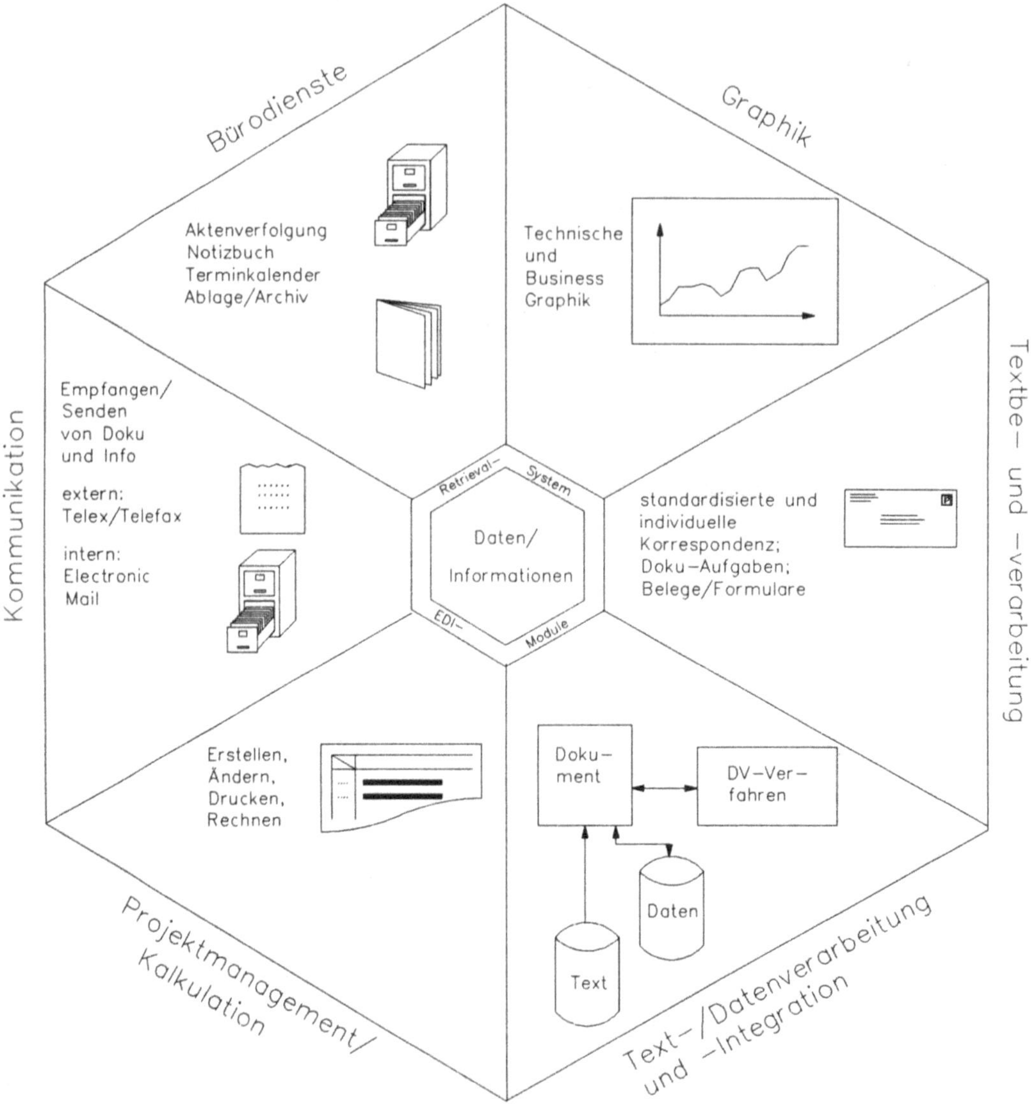

Abb. 106: Werkzeugkasten Bürokommunikation

Die Sprachkommunikation, die häufig als Bestandteil von OA-Systemen aufgefaßt wird, ist in Abb. 106 nicht enthalten, da sie in der Regel über eine eigenständige Infrastruktur verfügt (PBX-Systeme, vgl. A.3.2.4.8). Es ist allerdings erkennbar, daß mittelfristig die Bereiche Sprachkommunikation und Datenkommunikation vernetzt werden; dies ist für die weitere Betrachtung von untergeordneter Bedeutung.

Bei der Diskussion der technisch machbaren Realisierungsformen der Bürokommunikation stößt man auf zwei Fragen(komplexe):

a) Zentrale (Host-Lösung) oder dezentrale (verteilte) Installation?

   Die Beantwortung dieser Fragestellung führt über die schon angesprochene Thematik der Verteilung von Daten bzw. Funktionen (A.3.1.2).

b) Wie werden die Funktionsredundanzen eliminiert, die beim Einsatz von OA-Systemen fast zwangsläufig auftreten?

   Bei den Ausführungen zum Reportsystem wurde bereits ein Textverarbeitungssystem mit Textrecherche als notwendiger Funktionsbaustein genannt; die Textbe- und -verarbeitung ist aber auch Bestandteil des OA-Systems, die Textrecherche ist Bestandteil des Retrieval-Systems der Bürokommunikation. Die Belegerstellung und die externe Kommunikation, sind - auch - dem OA-System zuzuordnen.

3.3.3.1 Installationsform

Von den gegebenen Möglichkeiten der Verteilung von Daten bzw. Funktionen ist die Programm-zu-Programm-Verbindung (A.3.1.2.6) von Anwendungen eines Zentralrechners und dezentraler Workstations für die Funktionen der Bürokommunikation naheliegend. APPC (IBM), andere herstellerspezifische Softwareprodukte für Programm-zu-Programm-Kommunikation oder das herstellerneutrale TCP/IP eignen sich besonders in den Fällen, in denen ein komplexeres Datenobjekt als ganzes temporär einem Benutzer auf einem PC oder einer Workstation zugeordnet werden kann, z. B.:

- eine Konstruktionszeichnung;

- eine Arbeitsplanung für einen Tag mit graphischer Visualisierung;
- ein beliebiger Text mit Graphiken;

(vgl. Plattner, Nur Standards können aus der Misere führen 1989).

Die Daten werden in komprimierter Form als Anwendungsdaten auf die Workstation übertragen und die Bearbeitung der Objekte erfolgt im wesentlichen lokal. Nach der Rückübertragung der geänderten Daten auf den Zentralrechner wird die Verarbeitung mit dem Fortschreiben der Datenbank fortgesetzt. Der Sperrmechanismus für den Objektzugriff muß typischerweise von der Anwendung verwaltet werden. Es ergeben sich u. a. die Vorteile, daß

- der Leistungsbedarf des graphischen Arbeitsplatzes befriedigt als auch die restlichen OA-Funktionen überwiegend "dezentral" abgewickelt werden können, ohne den Zentralrechner zu überlasten;
- völlig andere Benutzeroberflächen realisiert werden können;
- der Individualität des Mitarbeiters Rechnung getragen werden kann;
- bei Ausfall des Zentralrechners lokal weitergearbeitet werden kann;
- der Anwender in Routine- und Nicht-Routine-Tätigkeiten unterstützt wird.

Die Anforderungen von geometrisch/technologisch orientierten Anwendungen und OA-Anwendungen an die Informationstechnik werden durch das Workstationkonzept, den zu verwaltenden heterogenen Objekten (Text, Graphik, Daten) und der geforderten Simulationsfähigkeit (z. B. in der operativen Planung oder in der Entscheidungsunterstützung) in hohem Maße vergleichbar.

3.3.3.2 Abgrenzung der OA-Funktionen

Mit Einsatz eines OA-Systems auf Workstations werden die Funktionen der **Belegerstellung** und **Textbe-/-verarbeitung** auf Host-System und Workstation verteilt.

Dem Host werden zugeordnet:

- Das Generieren und Editieren von internen/externen Standarddokumenten wie Auftragsbestätigung, Versandanweisung, Lieferschein, Rechnung; die Texte auf den Dokumenten müssen frei gestaltbar sein; der Text-Editor auf dem Host wird mit den gleichen Funktionstasten bedient wie ein leistungsfähiges kommerzielles Textverarbeitungssystem für Nicht-Standarddokumente auf der Workstation.

- Die Ausgabeperipherie mit hohem Leistungsvermögen.

Der Workstation werden zugeordnet:

- Das kommerzielle Textverarbeitungssystem für Nicht-Standarddokumente mit Retrieval-Funktionen.

- Scan-Funktion zum Einlesen von Texten; die qualitativen, nicht strukturierbaren Informationen für das Reportsystem werden lokal auf der Workstation verwaltet.

- Die Kommunikationsfunktionen intern (Electronic Mail) und extern (Telex, Teletex, Telefax) für Standard- und Nicht-Standarddokumente bzw. Daten.

- Ein Ausgabesystem (dedizierter Drucker/Plotter) mit niedriger bis mittlerer Leistung.

Für die **Kommunikationsfunktionen** auf der Workstation werden EDI-Standards implementiert (z. B. EDIFACT oder ANSI X12), die Standardnachrichten werden in vollem Umfang im zentralen Data Dictionary (auf dem Host) abgebildet.

In Abb. 107 ist eine mögliche kommunikationsfähige Host-Workstation-Konfiguration dargestellt. Die Partnerprofile/ Anwendungen und der EDI-Module-Pool sind sowohl auf dem Host als auch auf der Workstation installiert. Wenn die entsprechenden Nachrichtentypen implementiert sind, können Angebote, Auftragsbestätigungen, Bestellungen etc. maschinell mit den Geschäftspartnern ausgetauscht oder es kann firmenintern mit Electronic Mail kommuniziert werden.

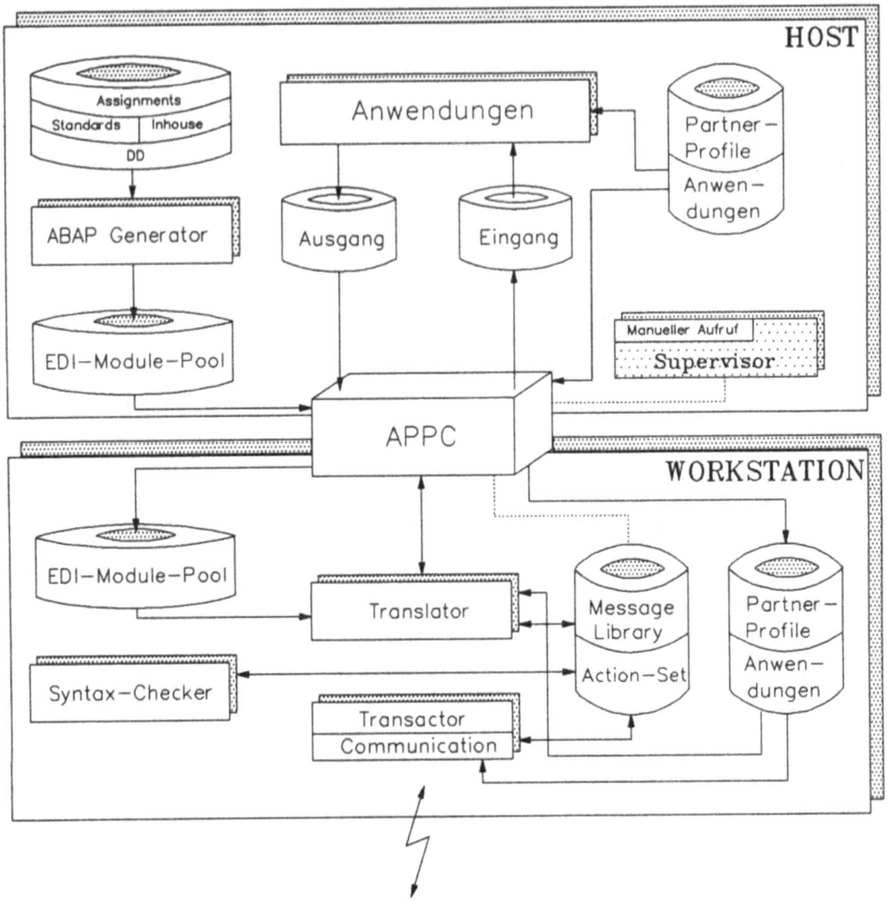

Abb. 107: EDI-fähige Host-Workstation-Konfiguration

aus: Ispan, EDI-Strategie der SAP 1989, S. 10

Das **Reportsystem** nutzt die Möglichkeiten der Bürokommunikation bzw. der Workstation, indem die Daten/Informationen aus der betriebswirtschaftlich-planerischen Datenbasis extrahiert und mit Graphiken kombiniert oder mit den nicht quantifizierbaren (Text-)Informationen ergänzt werden. Graphik, Kalender, Tabellenkalkulation und Dictionary sind lokal auf der Workstation installiert.

Die Leistungsfähigkeit der Workstation wird voll ausgeschöpft, wenn sie dem Benutzer eine einheitliche Oberfläche mit Ikonen-/Piktogramm-Menue für alle Anwendungen bietet:

- Fachanwendungen;
- Programmentwicklungsfunktionen (Endbenutzer-Entwicklung);
- Kommunikation;
- Graphik;
- Text;
- Kalender etc.

Die Workstation kann Aufgaben autark ohne Belastung des zentralen Rechners durchführen:
- Menue-Auszüge und Menue-Auswahl;
- Menue- und Feld-Help;
- Pull down-Menue für die allgemeine Ablaufsteuerung (Action Bar);
- lokales Blättern in Listbereichen über Scroll-Bars;
- Maus für Cursor-Positionierung;
- Syntax-Check bei Programmentwicklung;
- Graphik mit Pop Up-Windows und Maussteuerung;
- Ablaufsteuerung bei Multisession-Betrieb (alternative Transaktionen)

(vgl. Oswald, SAA - Basis der SAP-Entwicklungen 1989, S. 3).

Mit einem nicht intellegenten Terminal können die HOST-Anwendungen und zentral hinterlegte Komfortfunktionen genutzt werden (Menue, Help, einfache Mailing-Transaktionen, Text für Standard-Formulare), mit der Workstation werden die weiteren Anwendungen erschlossen. Es muß allerdings möglich sein, die Workstation flexibel zu konfigurieren. Der Arbeitsplatz der Sekretärin benötigt in der Regel z. B. keinen Zugriff auf die Fachanwendungen; um so wichtiger wird aber die Integration von Text und Graphik, Dictionary, Kalender und Anschluß an das LAN mit Mailing; die OA-Software-Pro-

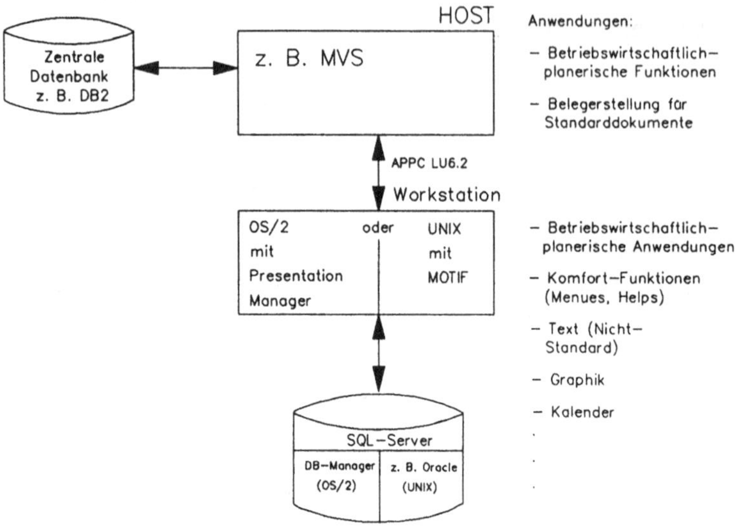

Abb. 108: Verteilte Anwendungen HOST <-> Workstation
in Anlehnung an: Oswald, SAA - Basis der SAP-Entwicklungen 1989, S. 2

dukte und die Benutzeroberfläche sollten aber identisch sein. Diese Forderung wird jedem Anwender klar, der schon versucht hat, auf dem PC einen mit Software-Produkt A generierten Text mit einer Graphik zu kombinieren bzw. integrieren, die mit Software-Produkt B erstellt wurde.

Ihre Grenzen bezüglich Integration hat die Bürokommunikation dann, wenn die betriebswirtschaftlich-planerischen Funktion auf einem HOST des Herstellers A und die technischen Systeme auf einem HOST des Herstellers B installiert sind und die Hersteller unterschiedliche OA-Produkte anbieten. Oft bleibt hier nur eine Lösung: die Installation **zweier** OA-Systeme, (wie in Abb. 98 bereits dargestellt), die über Gateways verbunden werden können (z. B. mit X.400). Diese Abbildung wird ergänzt um lokale (private) Datenbestände auf der Workstation für OA- und Report-Funktionen, die bereichsübergreifende Funktion "Belegerstellung" wird auf Standarddokumente eingegrenzt.

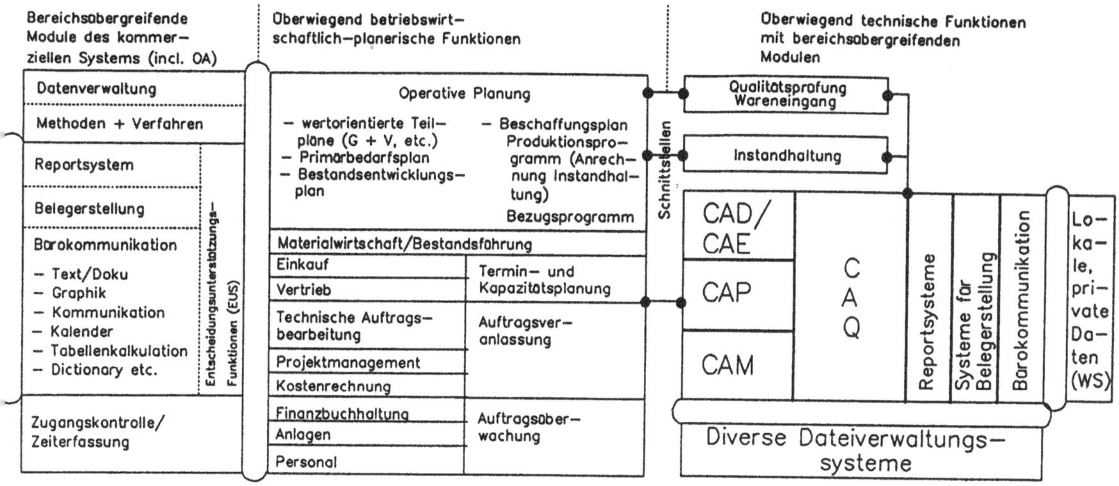

Abb. 109: Lokale (private) Daten auf der Workstation (WS)

Anmerkung:

Für die Entwicklung und Implementierung einer einheitlichen Benutzeroberfläche auf der Workstation, die als oberste Schicht alle Anwendungen incl. der Fachanwendungen überlagert, ist es sinnvoll, eine gemeinsame Entwicklung mit dem OA-Lieferanten zu betreiben. Ein OA-System integriert auch mit den Möglichkeiten von APPC und EDI die Anwendungen nicht von selbst; Integration und Oberfläche müssen konzipiert, realisiert und mit den Anwendungen implementiert werden.

3.3.4 Zugangskontrolle/Zeiterfassung

Man kann darüber diskutieren, ob diese Funktionen den bereichsübergreifenden Modulen oder dem Funktionsbereich "Personal" (als verlängerter Arm) zuzuordnen sind:

- Für die Zuordnung zu den bereichsübergreifenden Modulen spricht, daß alle Mitarbeiter im Unternehmen Anwender dieser Systeme sind;

- für die Zuordnung zum Funktionsbereich Personal spricht,

daß diese Systeme die Daten für die Lohn-/Gehaltsabrechnung liefern.

Beide Zuordnungen sind also zulässig.

Für Zugangskontrolle/Zeiterfassung werden heute Ausweise im Scheckkartenformat mit Induktiv-, Magnetstreifen- oder Strich-Codierung eingesetzt, die durch "Stempeln" an Erfassungsterminals folgende Funktionen erfüllen können:

- Lösen eines Sperrmechanismus für Zugangskontrolle;

- Real time-Arbeitszeiterfassung;

- Ermittlung der entgeltwirksamen Zeiten unter Berücksichtigung von Tarifverträgen und Betriebsvereinbarungen;

- Verarbeitung unterschiedlicher Arbeitszeitmodelle für Entgelt- und Zuschlagsberechnung (z. B. Gleitzeit, Teilzeit, Schichtmodelle);

- Abbilden unterschiedlicher Pausenregelungen;

- Erfassung/Verarbeitung von Abwesenheitszeiten und Arbeitszeitunterbrechungen (z. B. Urlaub, Dienstreise/-gang, Arztbesuch);

- Erfassung der Mitarbeiterverfügbarkeit;

- Kantinendatenerfassung;

- Auswertungen (z. B. Fehlzeitübersicht, Gleitzeitübersicht, Zeitsaldenermittlung).

Die Zeiterfassungsterminals werden in der Regel nicht real time (direkt) mit dem HOST gekoppelt, auf dem das Abrechnungssystem für Lohn/Gehalt läuft, obwohl dies technisch denkbar wäre. Heute übliche Installationen arbeiten mit einem **Zwischenrechner**; als Zwischenrechner werden PC, Workstations oder - mit steigender Tendenz - UNIX-Rechner eingesetzt. Die Aufgabenverteilung ist dann z. B. wie folgt (Abb. 110):

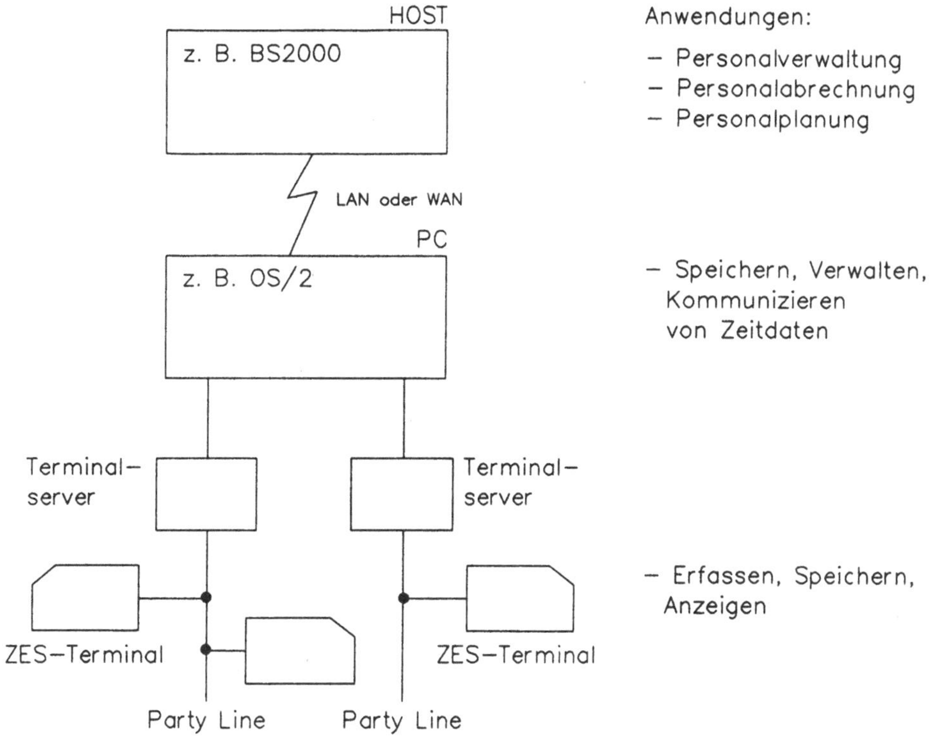

Abb. 110: Beispiel einer Konfiguration zur Zugangskontrolle/ Zeiterfassung mit PC als Zwischenrechner

a) Auf dem **HOST** läuft das Personalinformationssystem und die Abrechnung; ein verkürzter Personalstammsatz mit z. B. Personalnummer, Ausweisnummer und der Kennung ("ID") des zugeordneten Erfassungsterminals für den Mitarbeiter wird an den Zwischenrechner übertragen und täglich aktualisiert.

Vom Zwischenrechner werden im Rahmen der Tagesabschlußprozeduren die während des Tages erfaßten Informationen "kommt/geht" oder "Dienstgang" pro Mitarbeiter an den HOST übertragen; dort wird der Gleitzeit-Saldo ermittelt, die Mehrarbeit errechnet oder Fehlzeiten fortgeschrieben. Der aktualisierte Gleitzeit-Saldo des Mitarbeiters wird danach wieder an den Zwischenrechner gemeldet, damit er am nächsten Arbeitstag (tages-)aktuell am Erfassungsterminal angezeigt werden kann.

b) Der **Zwischenrechner** übernimmt den Datenaustausch mit dem HOST (File Transfer) und ist real time mit den Zeiterfassungterminals gekoppelt. Die Zeitbuchungen werden von den Terminals direkt übertragen und im Rechner zwischengespeichert.

c) An den **Zeiterfassungsterminals** wird mit dem Ausweis durch den Mitarbeiter "gestempelt" bzw. gebucht, den tagesaktuellen Gleitzeit-Saldo zeigt das Terminal zur Information an. Bei Ausfall des Zwischenrechners oder Störung der Übertragungsleitung kann das Terminal auch off line betrieben werden, wenn der Terminalspeicher entsprechend ausgebaut ist; nach der Störung erfolgt eine Stapelübertragung der erfaßten Daten an den Zwischenrechner.

Es ist durchaus denkbar, daß die Infrastruktur für die Zugangskontrolle/Zeiterfassung auch für andere Anwendungen genutzt wird, z. B. für zusätzliche Fachanwendungen auf dem Zwischenrechner. Die Verfügbarkeit des Rechners sollte durch diese Anwendungen jedoch nicht eingeschränkt sein.

Beim Einsatz von Werkstattsteuerungssystemen ergibt sich eine weitere Organisationsform für die Zeiterfassung, wenn das Werkstattsteuerungssystem (als Subsystem von PPS) einen leistungsfähigen Zeitwirtschaftsmodul aufweist. BDE und ZES bilden dann das gemeinsame Rückmeldesystem für PPS (Auftragsdaten), Instandhaltung und Personalabrechnung.

Damit kann im Lohnbereich eine höhere Integration erzielt werden, der Mitarbeiter nutzt **ein** Anwendungssystem. Die Mitarbeiterverfügbarkeit ist dem Werkstattsteuerungssystem zu jedem Zeitpunkt bekannt (Abb. 111).

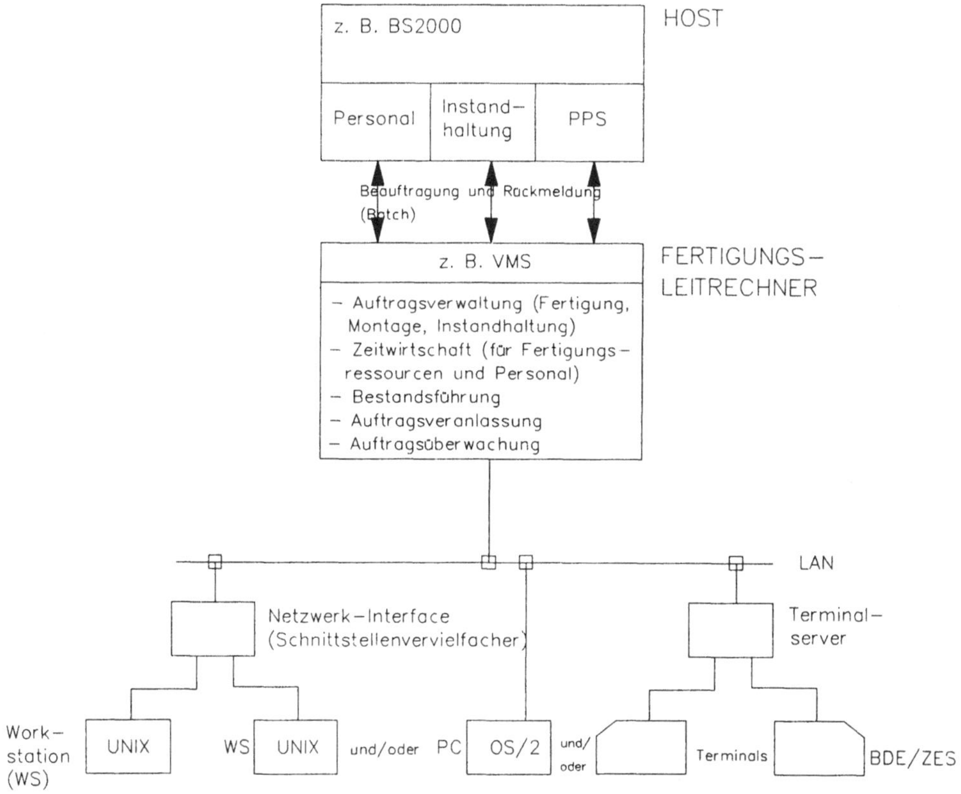

Abb. 111: Mögliche Konfiguration für integrierte BDE-/ZES-Funktionen

Das technisch Machbare muß allerdings im Unternehmen auch durchsetzbar sein. Die notwendige Betriebsvereinbarung zu BDE/ZES ist die Planungsbasis für den Systementwickler.

3.4 Funktionen der untergelagerten Ebenen im Produktbereich

Sowohl die Ausprägung der Funktionen von untergelagerten Ebenen im Produktbereich als auch die Anzahl solcher Ebenen ist von mehreren Einflußfaktoren abhängig. Dazu zählen z. B.:

a) Größe der Werke oder Betriebsmittelgruppen und das Mengen-/Zeitgerüst des durchschnittlichen Fertigungsauftragsbestandes;

b) Automatisierungsgrad der Lager-, Transport- und Fördertechnik;

c) Strukturierung der Fertigung nach dem Objektprinzip oder verrichtungsorientierte Werkstattfertigung; das Objektprinzip erlaubt die ganzheitliche Fertigung eines bestimmten Teilespektrums in überschaubaren Fertigungsbereichen mit einem höheren Maß an Autonomie bezüglich der Disposition der zu fertigenden Aufträge;

d) die Komplexität der Erzeugnisstruktur;

e) das Erzeugnisspektrum, also Zusammensetzung des Produktprogrammes (Standarderzeugnissen, typisierte Erzeugnisse oder Varianten);

f) die vorherrschende Technologie: Mechanik, Chemie, Elektronik/Elektrotechnik, Hybridtechnologien;

g) die Fertigungsart: Massenfertigung, Serienfertigung, Einzelfertigung, Prozeßfertigung;

h) das Steuerungskonzept: zentral oder dezentral; beim dezentralen Steuerungskonzept werden die Fertigungssteuerungsfunktionen des klassischen PPS-Systems vertikal auf 2 bis n Rechnerebenen verteilt; man spricht in diesem Zusammenhang auch von "neuen Architekturen" für PPS-Systeme oder von segmentierten Softwaresystemen.

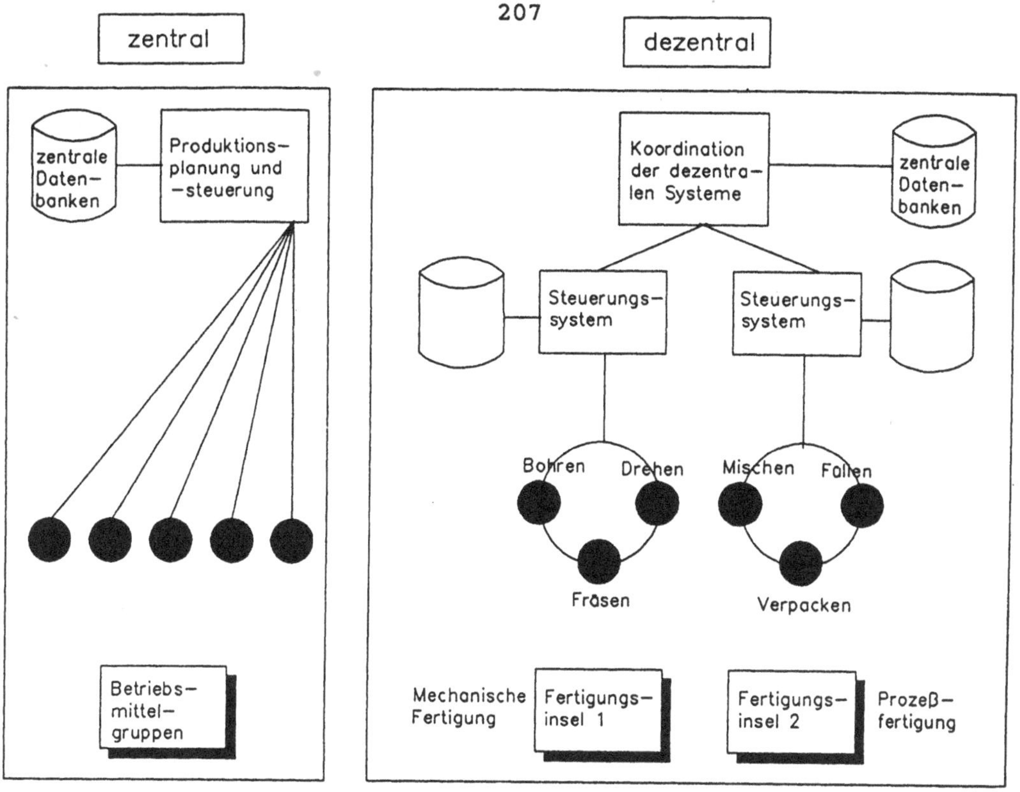

Abb. 112: Zentrales und dezentrales Steuerungskonzept

aus: Herterich, Zell, Dezentrale Fertigungssteuerung 1989, S. 19

Die Abkehr vom zentralen Steuerungskonzept ist heute in vielen Unternehmen zu beobachten; diese Entwicklung ist meist auch eine Abkehr vom Taylorismus (der sich als träge erwiesen hat), die durch die Verfügbarkeit und Realisierbarkeit flexibler Automatisierungskonzepte wie flexible Fertigungszellen oder -systeme verstärkt wird. Trotzdem wird das zentrale Steuerungskonezpt bei bestimmten Fertigungstypen weiterhin zu finden sein, vor allem in der Mischform mit dezentralen Fertigungssteuerungssystemen (z. B. Werk 1 mit zentraler Steuerung, Werk n mit dezentraler Steuerung).

3.4.1 Zentrale Steuerung

Die übliche Realsierungsform des zentralen Steuerungskonzeptes ist ein kommerzielles Terminal, das im herstellerspezifischen Netz eines Zentralrechners betrieben wird und Funktionen des zentralen PPS-Systems zur Verfügung stellt.

Die Rückmeldung der freigegebenen Fertigungsaufträge erfolgt im Meilensteinprinzip oder nach jedem Arbeitsgang, die Implementierung von Funktionen der Maschinendatenerfassung mit Installation entsprechender Einrichtungen/Geräte wäre zusätzlich denkbar; DNC-Betrieb ist eingeschränkt möglich.

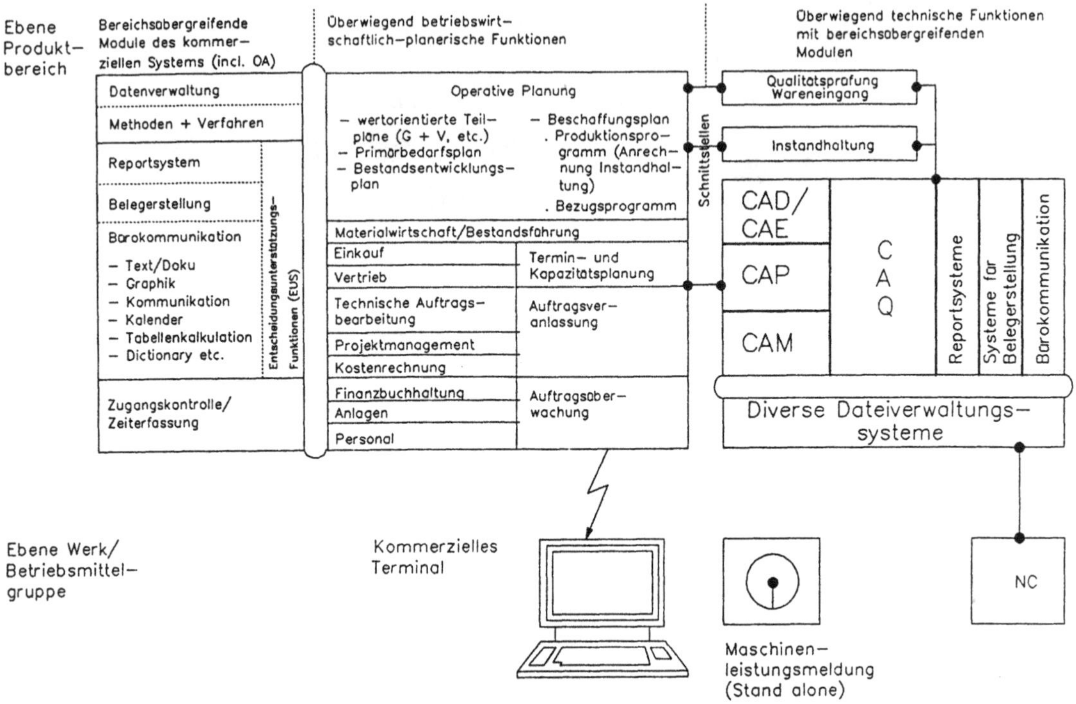

Abb. 113: Zentrale Planungs- und Steuerungsfunktionen (Beispiel)

Dieses Steuerungskonzept wäre z. B. bei einem Einzel- oder Kleinserienfertiger denkbar, der größere Maschinen oder Motoren in Baustellenfertigung bei mehrmonatigen Fertigungszeiten herstellt.

3.4.2 Dezentrale Steuerung

Die dezentrale Steuerung ist dadurch gekennzeichnet, daß das zentrale PPS-System 1 bis n Fertigungsaufträge, in der Regel also einen Auftragsvorrat, an die nachgelagerte(n) Ebene(n) übergibt und diese selbständig für die **Durchsetzung** der Aufträge in der Fertigung sorgt bzw. sorgen, sofern wesentliche Vorgaben nicht verletzt werden (Teilautonomie). In definierten Zeitabständen oder ereignisgesteuert tauschen die Ebenen ihre Daten nach dem Schichtenmodell aus und synchronisieren damit ihren Informationsbestand. Die wesentlichen **Funktionen** des dezentralen Systems sind:

- Verwalten des Auftragsvorrats;
- Funktionen der Termin- und Kapazitätsplanung (z. B. Reihenfolgeplanung, Feinterminierung);
- Ressourcenverwaltung (Personal, Material, Betriebsmittel, Werkzeuge, NC-Programme);
- Lagerwirtschaft/Bestandsführung;
- Qualitätssicherungsfunktionen;
- Funktionen der Betriebs-/Maschinendatenerfassung, DNC-Betrieb;
- Auftragsveranlassung und Auftragsüberwachung.

Die Genauigkeit der Planung im zentralen PPS-System bestimmt im wesentlichen die Anforderungen an die Steuerungsfunktionen. Beispielsweise ist denkbar, daß ein Fertigungsauftrag im PPS-System mit frühestem Starttermin und spätestem Endtermin terminiert wird und im Steuerungssystem lediglich eine Reihenfolgeplanung innerhalb der damit vorgebenen Grenzen erfolgt.

Eine andere Möglichkeit wäre, daß für die Funktionen der Material- und Zeitwirtschaft im PPS-System nur Rumpfarbeitspläne vorliegen, mit denen sich die Rohteile und der daraus resultierende Fertigungsbereich sowie die Durchlaufzeit durch den gesamten Bereich bestimmen lassen, ohne Einzelinformationen zu den Arbeitsgängen; die detaillierten Arbeitspläne verwaltet das Steuerungssystem, auch die zugehörigen Alternativarbeitspläne, z. B. für die Fertigung auf konventionellen Maschinen oder flexiblen Fertigungszellen (vgl. Lang, Hierarchie in der rechnergestützten Fertigung 1987, S. 69). Es ist deshalb äußerst wichtig, die Schnittstellen der Ebenen genau zu beschreiben (z. B. grobterminierter Fertigungsauftrag) und festzulegen, wer wo welche Daten speichert und wer sie verändern darf.

Dezentrale Steuerungssysteme erhöhen die Transparenz, Reagibilität und Flexibilität in der Fertigung, wenn sich selbst regelnde Teilbereiche das organisatorische Grundmuster bilden; unbestritten sind sie ausfallsicherer als Zentralsysteme. Zu ihren Eigenschaften gehören weiterhin:

- ausgeprägte Simulations-, Visualisierungs- und Animationstechniken; unter Animation oder Prozeßvisualisierung versteht man die Technik, den Fertigungsablauf auf dem Bildschirm in bewegten Bildern darzustellen und zu verfolgen (vgl. Herterich, Zell, Dezentrale Fertigungssteuerung 1989, S. 23);

- mit Prozeßnähe zunehmende Echtzeiteigenschaften (im Gegensatz zum dialog- und batch-orientierten PPS-System);

- flexible Parametrierbarkeit zur Anpassung an unterschiedliche Fertigungstypen (die Individualität der Anforderungen in der Fertigung nimmt mit Prozeßnähe stark zu);

- ausgeprägte BDE-/MDE- und DNC-Fähigkeit;

- Angebot mehrerer Verfahren der Fertigungssteuerung, die je nach Fertigungstyp genutzt werden können (Abb. 114).

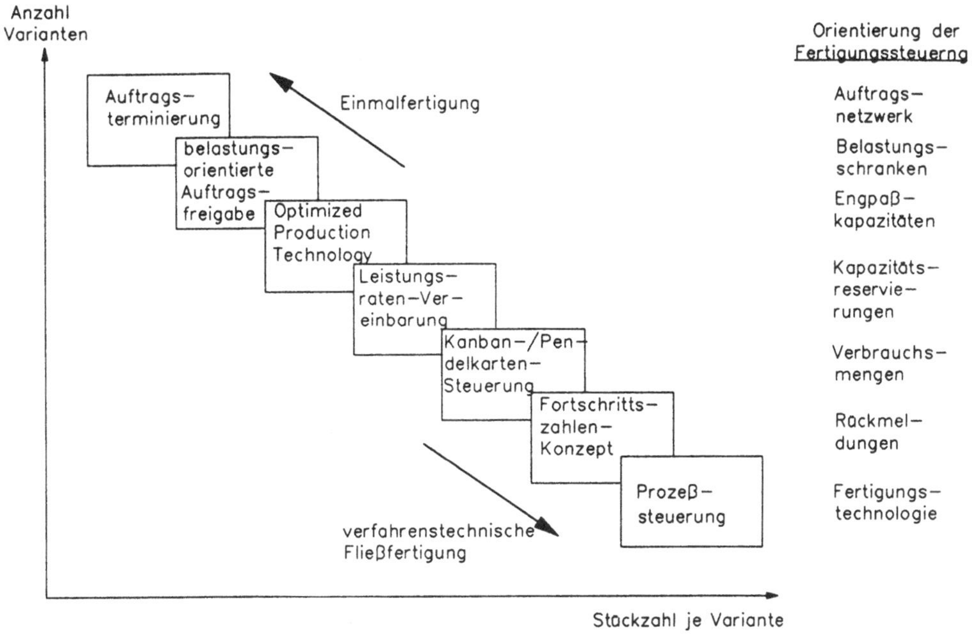

Abb. 114: Verfahren der Fertigungssteuerung
aus: Zülch, Der strategische Steuerungsraum 1989, S. 59

Marktgängige Steuerungssysteme können grob in zwei Kategorien eingeteilt werden, nämlich elektronische Leitstände und mehrstufige Steuerungssysteme.

3.4.2.1 Elektronischer Leitstand

Elektronische Leitstände sind die z. Z. am häufigsten eingesetzten Steuerungssysteme. Als Rechner werden Workstations oder UNIX-Maschinen unterhalb des HOST-Systems eingesetzt, die graphikfähig sind ("graphischer" Leitstand) und das Fertigungsgeschehen visualisieren können; sie können gleichzeitig als DNC-Leitrechner eingesetzt werden und das gleiche OA-System nutzen, das auf der Ebene Produktbereich eingesetzt wird. BDE-/MDE-Systeme sollten ebenfalls angeschlossen werden können.

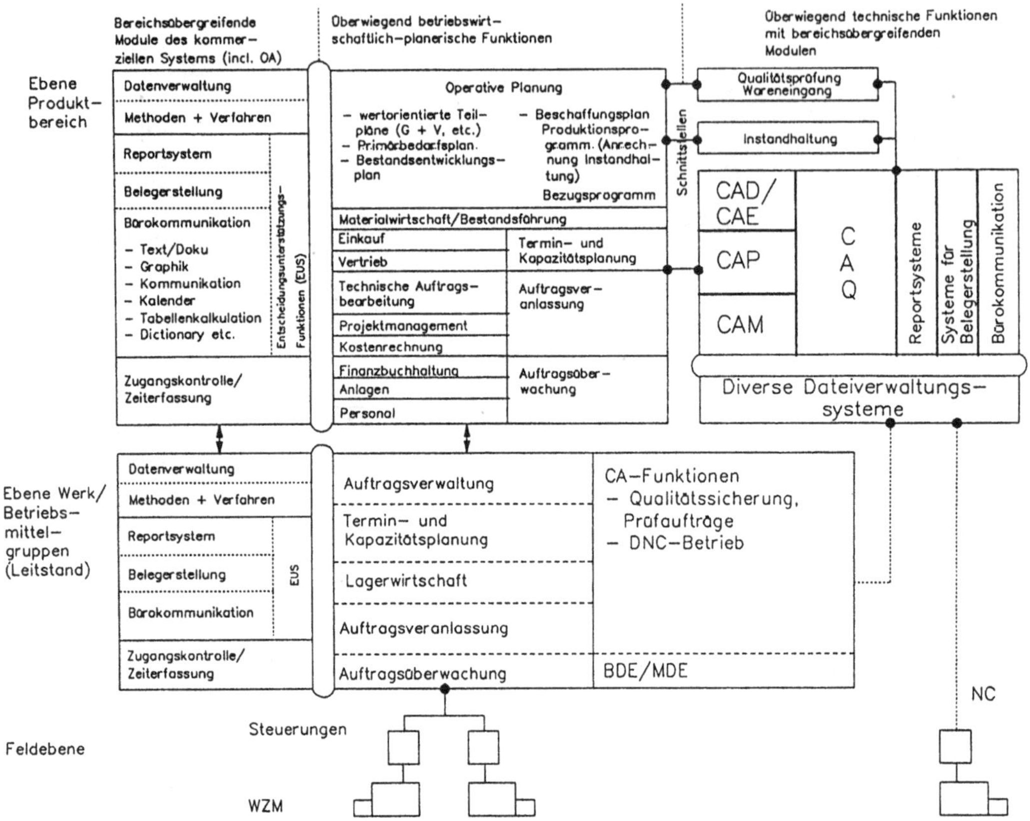

Abb. 115: Elektronischer Leitstand (WZM = Werkzeugmaschine/ Betriebsmittel)

Von Vorteil ist es, wenn das PPS-System (besser: das gesamte kommerzielle Anwendungssystem) und der elektronische Leitstand von einem Software-Anbieter als verteilte HOST-Workstation-Anwendung bezogen werden können. Diese Lösung ist heute mit relationalen Datenbanken und Programm-zu-Programm-Kommunikation realisierbar und wird teilweise schon angeboten. Die Abstimmung der Funktionalität und die Schnittstellenprobleme sind bei diesen Produkten - technisch und organisatorisch - bereits gelöst. Bei der Auswahl sollte darauf geachtet werden, daß die Realisierung des Systems mit offenen Standards erfolgt ist (z. B. SQL, C, X-Windows).

3.4.2.2 Mehrstufige Steuerungssysteme

Für hochautomatisierte Fertigungen sind häufig mehrstufige Steuerungssysteme notwendig, weil

- für unterschiedliche Aufgaben unterschiedliche, spezialisierte Hardware-Systeme benötigt werden: General purpose Computer, Minis/Mikros, Prozeßrechner, speicherprogrammierbare Steuerungen;

- die Hardware-Redundanz aus Verfügbarkeitsgründen benötigt wird;

- die Aufgaben (Software) in Prozeßnähe so spezifisch werden können, daß eine Mischung aus Standard-Software (Planungsebene) und Individualentwicklung notwendig wird (Steuerungsfunktionen);

- maschinelle Transport- und Lagersysteme in der Regel durch dedizierte Steuerungssysteme (Software + Hardware) geführt und koordiniert werden;

- usw.

In Abb. 59 wurde bereits ein mehrstufiges Steuerungssystem vorgestellt. In allgemeiner Form zeigt die folgende Abbildung eine mögliche Funktionsverteilung in mehrstufigen Systemen, wobei die Anzahl der Ebenen in konkreten Projekten naturgemäß immer von den Anforderungen bzw. vom Automatisierungskonzept abhängig ist.

Die Ebene "Werk" in Abb. 116 nimmt die Funktionen der Koordination, Verteilung und Kontrolle aller Fertigungsbereiche in einem Werk wahr, die Gruppenleitebene ist das eigentliche Steuerungssystem; für Fertigung/Montage können auf der Gruppenleitebene natürlich auch elektronische Leitstände eingesetzt werden, die an das Koordinationssystem der Ebene Werk angebunden sind.

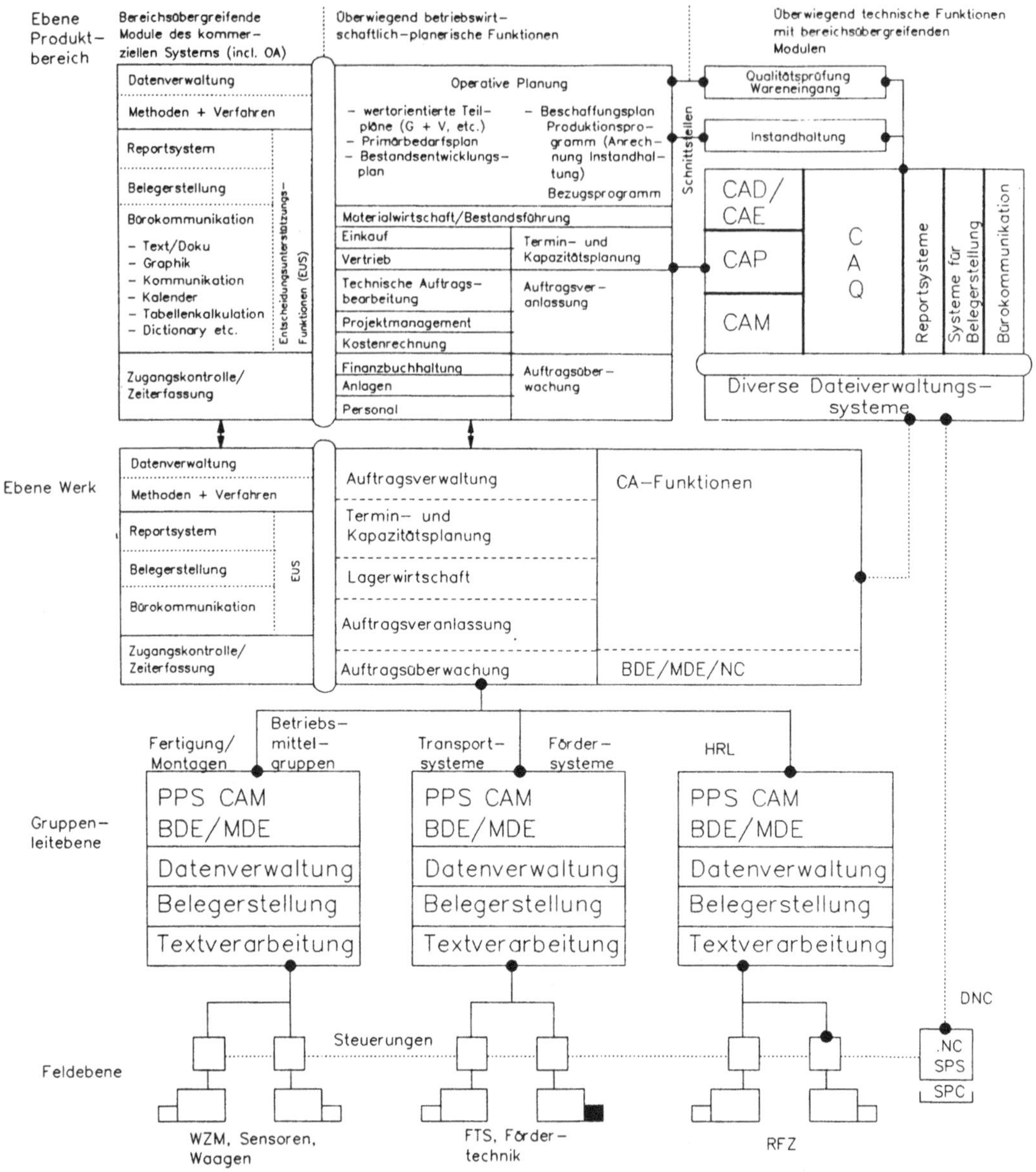

Abb. 116: Mehrstufiges Steuerungssystem

(FTS = Fahrerloses Transportsystem
HRL = Hochregallager
NC = Numerical Control
RFZ = Regalförderzeug
SPC = Statistical Process Control
SPS = Speicherprogrammierbare Steuerung
WZM = Werkzeugmaschine)

3.5 Übergelagerte Ebene des Produktbereiches (Muttergesellschaft/Konzern)

Der Ebene Muttergesellschaft/Konzern wurden folgende Funktionen zugeordnet (vgl. D.1):

- Finanzen, Personal und Öffentlichkeitsarbeit, die durch Zentralstellen wahrgenommen werden;
- Organisation, Planung und Controlling, die durch Stäbe wahrgenommen werden.

Die funktional autonomen Produktbereiche liefern definierte Daten/Informationen/Reports aus ihren Systemen zu definierten Terminen an das System der obersten Ebene. Dort können notwendige Verdichtungen vorgenommen werden, wie z. B. die Ergebnisrechnung der gesamten Muttergesellschaft oder Konsolidierungsfunktionen für den Konzern. Neben den (internen) Daten der Produktbereiche werden in hohem Maße externe Daten zur Einschätzung von Entwicklungen/Trends benötigt.

An das System der obersten Ebene werden weitaus geringere Anforderungen bezüglich der Integration seiner Anwendungen gestellt als an die Systeme der operativen Produktbereiche. Es sollte jedoch verfügen über:

- die gleiche (relationale) Datenbank für die Datenverwaltung wie in den Produktbereichen (Homogenisierung);
- die gleichen Anwendungen in der Bürokommunikation;
- die gleichen Tools für das Reportsystem;
- die gleiche Hard-/Software in der Zeiterfassung.

In Abb. 117 ist die Ebene Muttergesellschaft/Konzern ergänzt; technische (CA-)Funktionen werden hier nicht wahrgenommen. Die Entwicklung eines unternehmensorientierten verteilten Integrationsmodells, basierend auf den heutigen Möglichkeiten der Informationstechnik, ist damit abgeschlossen.

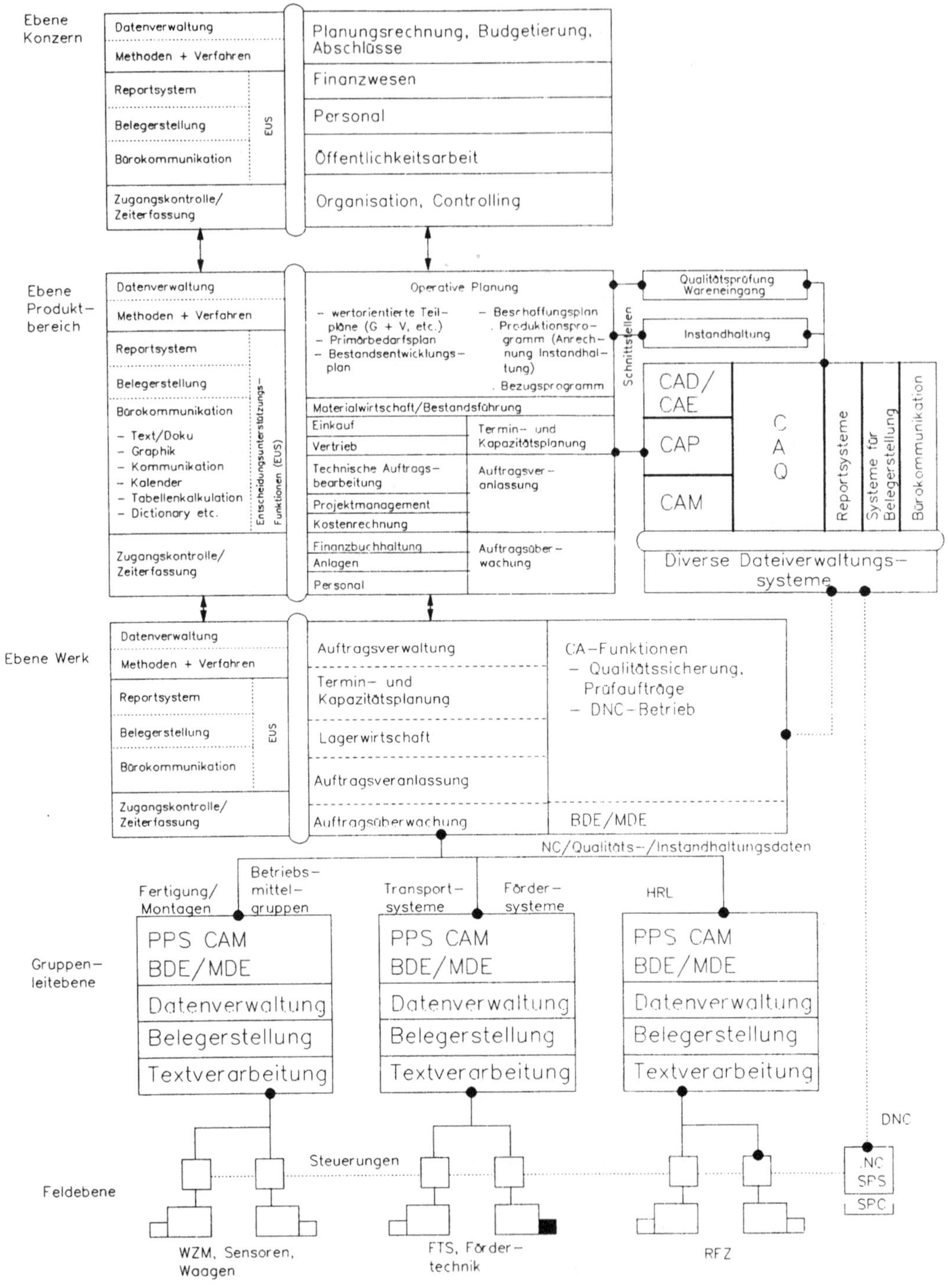

Abb. 117: Unternehmensorientiertes verteiltes Anwendungs- und Integrationsmodell

E. Ein Projekt bei FAG Kugelfischer

Im folgenden wird ein Projekt zur Informationslogistik bei FAG Kugelfischer Georg Schäfer KGaA vorgestellt, das nach den Grundsätzen der unternehmensorientierten Integration geplant und realisiert wurde. Der Begriff Informationslogistik umfaßt für diese Ausführungen die Informations- und Kommunikationssysteme als auch die betrachteten Logistiksysteme.

1. Der Konzern FAG Kugelfischer Georg Schäfer KGaA

FAG Kugelfischer wurde 1883 gegründet und hat seither den Stammsitz in Schweinfurt. 1983 erfolgte die Umwandlung der Rechtsform der Muttergesellschaft in eine KGaA; 1985 wurde der Gang an die Börse vollzogen und die Gliederung der Geschäftsaktivitäten in die Produktgebiete Lagerungstechnik und Industrietechnik durchgeführt.

In der Lagerungstechnik tritt der Technologiekonzern FAG traditionell als Universalist und damit als Problemlöser für alle Lagerungsaufgaben auf. In der Industrietechnik wurden alle nicht wälzlagerbezogenen Aktivitäten wie Bremshydraulik, Radiometrie, Nähtechnik oder Textilmaschinenzubehör zusammengefaßt. Im Geschäftsjahr 1989 wurden im Konzern 3,9 Mrd. DM Umsatz mit ca. 30.000 Mitarbeitern erzielt; davon entfielen rund 960 Mio. DM auf das Produktgebiet Industrietechnik.

FAG ist weltweit mit mehr als 50 Beteiligungsgesellschaften, die in den Konzernabschluß einbezogen werden, sowie zahllosen Service-Stellen präsent. Der Auslandsanteil des Konzerns liegt bei rund 60 %.

1.1 Organisationsstruktur

Die Organisationsstruktur im FAG-Konzern ist gekennzeichnet

durch die Produktgebiete Lagerungstechnik und Industrietechnik sowie zentrale Geschäftsbereiche (siehe Abb. 118). Die operierenden Einheiten in den Produktgebieten werden Erzeugnisbereiche genannt. Während die Produktprogramme und die eingesetzten Technologien im Produktgebiet Lagerungstechnik relativ homogen sind, unterscheiden sie sich in den Erzeugnisbereichen des Produktgebietes Industrietechnik von Erzeugnisbereich zu Erzeugnisbereich sehr stark. Gemeinsam haben die Erzeugnisbereiche der beiden Produktgebiete ihre Funktionszuweisung, nämlich Entwicklung/Konstruktion, Fertigung, Qualitätssicherung und Vertrieb ihrer jeweiligen Produkte.

Den Erzeugnisbereichen stehen zentrale Geschäftsbereiche zur Seite, die Funktionen der kaufmännischen Verwaltung, des Peronal- und Sozialwesens oder im Bereich Recht und Öffentlichkeitsarbeit wahrnehmen. In Hinsicht auf die Relevanz dieser Funktionen bei der Gestaltung von Informationssystemen sind hier insbesondere die Funktionen folgender Hauptabteilungen in den zentralen Geschäftsbereichen bzw. Produktgebieten zu nennen:

- Materialwirtschaft,
- Finanzwesen und Geschäftsbuchhaltung,
- Konzernabschlüsse und -budgets,
- Kosten- und Leistungsrechnung,
- Personalverwaltung und Sozialwesen,
- Planung, Organisation und Qualitätssicherung.

Da die Erzeugnisbereiche ihren Standort nicht ausschließlich in Schweinfurt haben, sondern an mehreren Standorten im Inland angesiedelt sind, wurden die Funktionen der zentralen Geschäftsbereiche räumlich in die jeweiligen Standorte und funktional in die Erzeugnisbereiche integriert. Damit sind alle wesentlichen Funktionen zur Führung eines Erzeugnisbereiches standortbezogen vorhanden.

Wichtig ist in diesem Zusammenhang, daß alle Organisations-

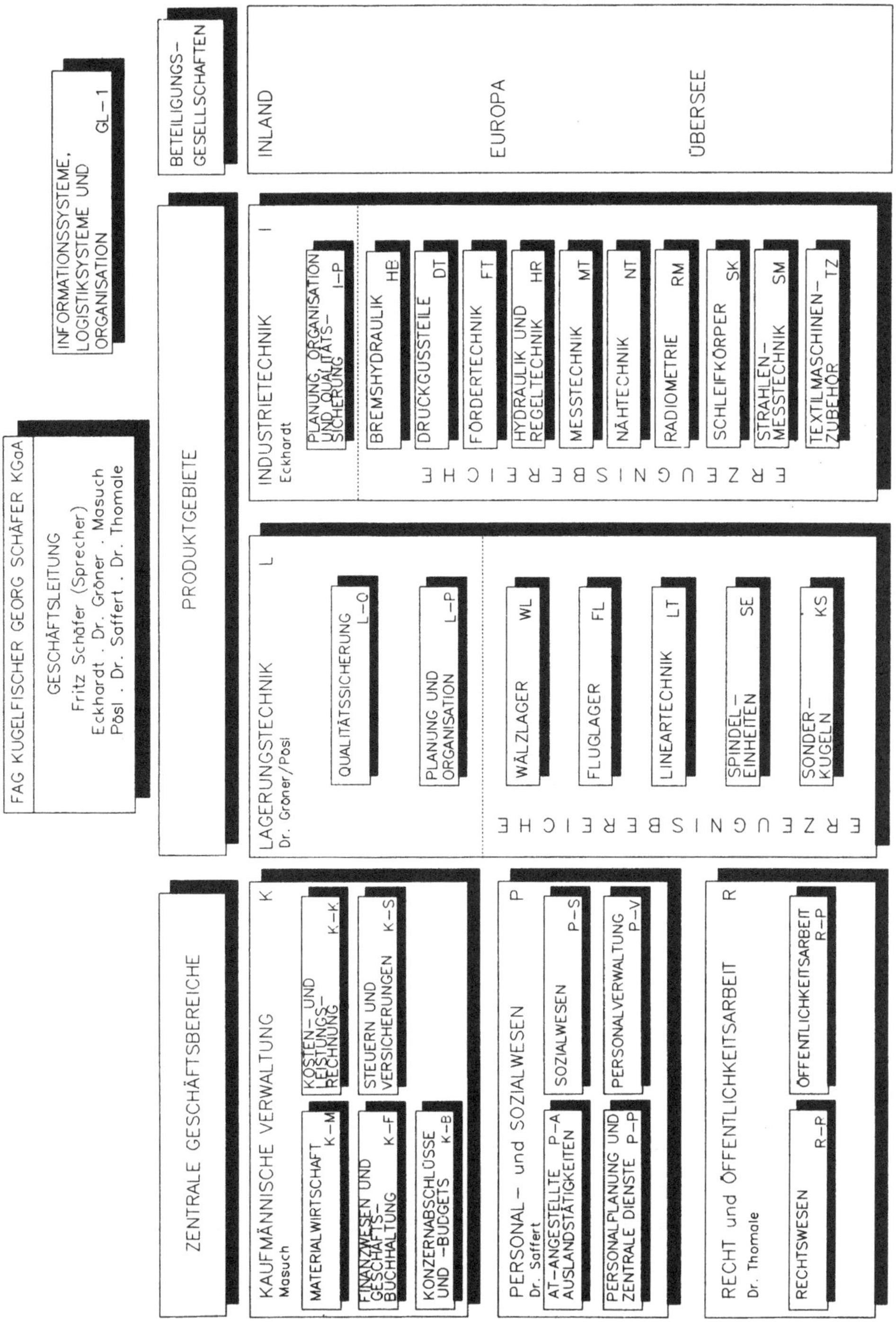

Abb. 118: Organisationsstruktur im FAG-Konzern

einheiten, die sich mit DV-Systemen und Organisation beschäftigen, einer zentralen Hauptabteilung "Informationssysteme, Logistiksysteme und Organisation GL-1" zugeordnet sind. Diese Hauptabteilung hat Stabscharakter und berichtet direkt an den Sprecher der Geschäftsleitung. Damit ist sichergestellt, daß die Belange bzw. Anforderungen sowohl in der kommerziellen als auch der technischen Datenverarbeitung gleichermaßen Berücksichtigung finden und die Integration dieser Bereiche gesamthaft angegangen werden kann.

Die organisatorische Grundstruktur des Unternehmens FAG hat unmittelbaren Einfluß auf die Struktur der einzusetzenden Informationssysteme. Diese Ableitung wird in Punkt E.2.4 vorgenommen.

1.2 Typisierung der Erzeugnisbereiche im Produktgebiet Industrietechnik

Für die Beschreibung eines Projektes zur Informationslogistik ist es notwendig, sich auf einen konkreten Erzeugnisbereich zu konzentrieren, um die Strukturierungsparameter und die Ausgangssituation verständlich darzustellen. Dafür wurde der Erzeugnisbereich Bremshydraulik innerhalb des Produktgebietes Industrietechnik als Repräsentativ-Vertreter für die Erzeugnisbereiche bei FAG gewählt.

Die schon angesprochenen Unterschiede struktureller als auch technologischer Art zwischen den Erzeugnisbereichen im Produktgebiet Industrietechnik werden transparent, wenn man eine vergleichende Betriebstypisierung zwischen zwei beliebigen Erzeugnisbereichen vornimmt. Vergleicht man den Erzeugnisbereich Bremshydraulik (EB HB) mit dem Erzeugnisbereich Radiometrie (EB RM), beginnen die Unterschiede bereits bei der Branche, denen die Erzeugnisbereiche zuzuordnen sind: der EB HB ist Kfz-Zulieferer, der EB RM ist ein Unternehmen des Spezialmaschinenbaus (Meßtechnik). Der Umsatz des EB HB betrug im Geschäftsjahr 1989 235 Mio. DM, der Umsatz des EB RM betrug 48 Mio. DM.

Die Mitarbeiterzahl des EB HB ist mit 2.560 mehr als zehnmal so hoch wie die des EB RM mit rund 220 Mitarbeitern; im Erzeugnisbereich Bremshydraulik sind vom Sachbearbeiter bis zum Erzeugnisbereichsleiter insgesamt 5 Hierarchie-Ebenen installiert, im Erzeugnisbereich Radiometrie dagegen 4. Die Unterschiede in diesen allgemeinen Typisierungs-Merkmalen setzen sich auch bei den fertigungs- und produktorientierten Merkmalen fort:

- Erzeugnisstruktur:

  Mehrteilige Erzeugnisse mittlerer Strukturtiefe im EB HB, komplexe Erzeugnisstruktur im EB RM;

- Erzeugnisspektrum:

  Standarderzeugnisse mit Varianten im EB HB; typisierte Erzeugnisse, die nach Kundenspezifikation gefertigt werden, im EB RM;

- Dispositionsart:

  programmorientiert im EB HB, kundenauftragsorientiert im EB RM;

- Eingesetzte Technologie:
  a) EB HB: mechanische Teilefertigung (z. B. Gehäuse, Kolben, Kolbenstangen) und chemische Teilefertigung (Gummiteile wie Bremsschläuche und Dichtungen) sowie Elektronik-Komponenten, wie sie beispielsweise für das Motorrad-ABS benötigt werden;

  b) EB RM: mechanische Fertigung, z. B. für den Strahlerhalter, kombiniert mit Entwurf und Realisierung der Steuerung für die Meßanlage (Leiterplattenentwicklung bis hin zur Fertigung kompletter Steuerungsrechner mit der anlagenspezifischen Software);

Produktprogramm EB HB	Produktprogramm EB RM
Motorrad-ABS, Hauptzylinder, Tandemzylinder, Simplex-Radzylinder, Duplex-Radzylinder, Kupplungsgeber- und Kupplungsnehmerzylinder, Unterdruck-Bremskraftverstärker, Festsättel, Sonderhydraulikanlagen, Armaturenteile, Gummiformteile, Bremsschläuche, Kupplungsschläuche, Bremsflüssigkeit, Prüfgeräte	Meß- und Automatisierungssysteme zum Messen und Regeln von Dicke, Schichtdicke, Flächenmasse, Feuchte und Füllstoff bei der Herstellung von Blech, Glas, Papier, Kunststoff, beim Verzinken, Galvanisieren, Feuerverzinken, Lackieren von Blechen, Beschichten von Folien und Datenträgern

Typisierungs-Merkmale	Erzeugnisbereich Bremshydraulik (EB HB)	Erzeugnisbereich Radiometrie (EB RM)
Sitz	Ebern	Erlangen
a) Branche	Kfz-Zulieferer	Spezialmaschinenbau (Meßtechnik)
b) Umsatz (1989, Mio. DM)	235	30 in der KGaA (48 im Konzern)
c) Mitarbeiter (30.04.1990)	2.561	218 (KGaA)
d) Hierarchie-Ebenen	5	4
e) Erzeugnisstruktur	Mehrteilige Erzeugnisse mittlerer Strukturtiefe	Mehrteilige Erzeugnisse mit komplexer Struktur
f) Erzeugnisspektrum	Standarderzeugnisse (Kundenspezifikation) mit Varianten	Typisierte Erzeugnisse, Fertigung nach Kundenspezifikation
g) Dispositionsart	programmorientiert	kundenauftragsorientiert
h) Eingesetzte Technologie	a) Mechanisch b) Chemisch (Gummi) c) Elektronik/Elektrotechnik	a) Mechanisch b) Elektronik/Elektrotechnik
i) Fertigungsart	Massen- bis Einzelstückfertigung	Einzelfertigung
j) Fertigungsablaufart	Werkstatt- und Gruppen-/ Linienfertigung	Baustellenfertigung (intern)
k) Anzahl Standorte (Werke)	4	1 und 2 Beteiligungsgesellschaften

Abb. 119: Betriebstypisierung der Erzeugnisbereiche Bremshydraulik und Radiometrie

- Fertigungsart:

  Von der Massenfertigung bis hin zur Fertigung von "Exoten" (Einzelfertigung) im EB HB, Einzelfertigung im EB RM;

- Fertigungsablaufart:

  Werkstatt- und Gruppen-/Linienfertigung im EB HB, Baustellenfertigung im EB RM;

- Standorte (Werke):

  a) EB HB: Gummi- und Teilefertigung sowie Entwicklung und Verwaltung in Ebern, ebenso das Werk "LMV" (siehe später); Radzylindermontage in Maroldsweisach, zusätzlich eine Teilefertigung in Furth im Wald;

  b) EB RM: Sitz Erlangen

Es sei bereits hier vorweggenommen, daß durch die komplexen Anforderungen selbst **innerhalb** eines Erzeugnisbereiches spezialisierte Branchenlösungen für den Serienfertiger bzw. Einzelfertiger als Anwendungssysteme für diese Erzeugnisbereiche ausscheiden (z. B. Koexistenz von Massenfertigung, Kleinserienfertigung, Einzelstückfertigung, Prozeßfertigung und Fertigung elektrotechnischer Komponenten bzw. Steuerungssoftware im EB HB).

1.3 Ausgangssituation im Produktgebiet Industrietechnik/ Erzeugnisbereich Bremshydraulik im Jahr 1986

Im Jahr 1986 erfolgte eine kritische Bestandsaufnahme mit Schwachstellenanalyse bezüglich der Informations-, Kommunikations- und Logistiksysteme in den Erzeugnisbereichen des Produktgebietes Industrietechnik. Ausgelöst wurden diese Aktivitäten durch die Bildung des Produktgebietes Industrietechnik 1985. Die Ausgangslage war wie folgt:

- Bis zur Gründung des Produktgebietes Industrietechnik ging man in der Anwendungsentwicklung den Weg, daß die für den dominierenden Bereich Lagerungstechnik entwickelten Systeme auf die Erzeugnisbereiche in der Industrietechnik übertragen wurden; aufgrund der unterschiedlichen Anforderungen an die Anwendungssysteme zwischen Lagerungstechnik und den Erzeugnisbereichen in der Industrietechnik war diese Vorgehensweise zu überdenken;

- der DV-Durchdringungsgrad war insgesamt relativ niedrig;

- für den neugebildeten Diversifikationsbereich Industrietechnik fehlte die DV-Strategie;

- die integrierte Sicht auf die Organisation, Logistik und EDV fehlte.

Die Folgen dieser Situation, die durchaus nicht FAG-spezifisch, sondern auch in anderen Unternehmen bekannt sind, waren im Erzeugnisbereich Bremshydraulik:

- mehrfache Medienbrüche in der Prozeßkette Planung, in der Prozeßkette Auftragserledigung und in der Prozeßkette Produktentwicklung;

- eine auslastungsorientierte Fertigung;

- nicht koordinierbare Fertigungssteuerungsentscheidungen, verursacht durch die Rückstandsproblematik;

- verrichtungsorientierte Werkstattfertigung;

- räumliche Engpässe, die zu Materialflußproblemen führten und die ergonomische Gestaltung von Arbeitsplätzen sowie die Schaffung adäquater Sozialeinrichtungen behinderten.

Diese Aufzählung könnte sicher noch um den einen oder anderen Punkt ergänzt werden, sie läßt jedoch bereits erkennen, daß die damals gegebenen Unzulänglichkeiten nicht durch eine isolierte DV-Planung mit anschließender Realisierung behoben werden konnten; die kurzfristige Optimierung schied als Realisierungsstrategie aus; aufgrund des Umfangs der anstehenden und zu bewältigenden Aufgaben entschied man sich für die strategische Evolution, d. h. der Festlegung eines strategisch abgesicherten Rahmenkonzeptes mit schrittweiser Realisierung.

2. Erzeugnisbereich Bremshydraulik

Für den Erzeugnisbereich Bremshydraulik - wie auch für die restlichen Erzeugnisbereiche im Produktgebiet Industrietechnik - wurde beginnend mit dem Jahr 1986, also kurz nach der Gründung des Produktgebietes Industrietechnik, mit der Formulierung des strategisch abgesicherten Rahmenkonzeptes begonnen. Dafür wurde folgendes Vorgehensmodell gewählt (Abb. 120):

- Entwicklung eines Produkt-/Markt-Konzeptes für die Erzeugnisbereiche;

- Ermittlung der Auswirkungen bzw. Qualifizierung der Änderungen in der Logistik, Organisation und Produktion;

- Entwicklung des Anwendungs- und Integrationsmodells; daraus abgeleitet die Entscheidungen zu Individualentwicklung oder Zukauf von Standardprogrammen.

Die Produkt-/Marktsituation des Erzeugnisbereiches Bremshydraulik war 1986 - und ist es in verschärftem Maße heute - gekennzeichnet von zunehmender Variantenvielfalt und zunehmendem Datenumfang bei gleichzeitiger Forderung nach Verkür-

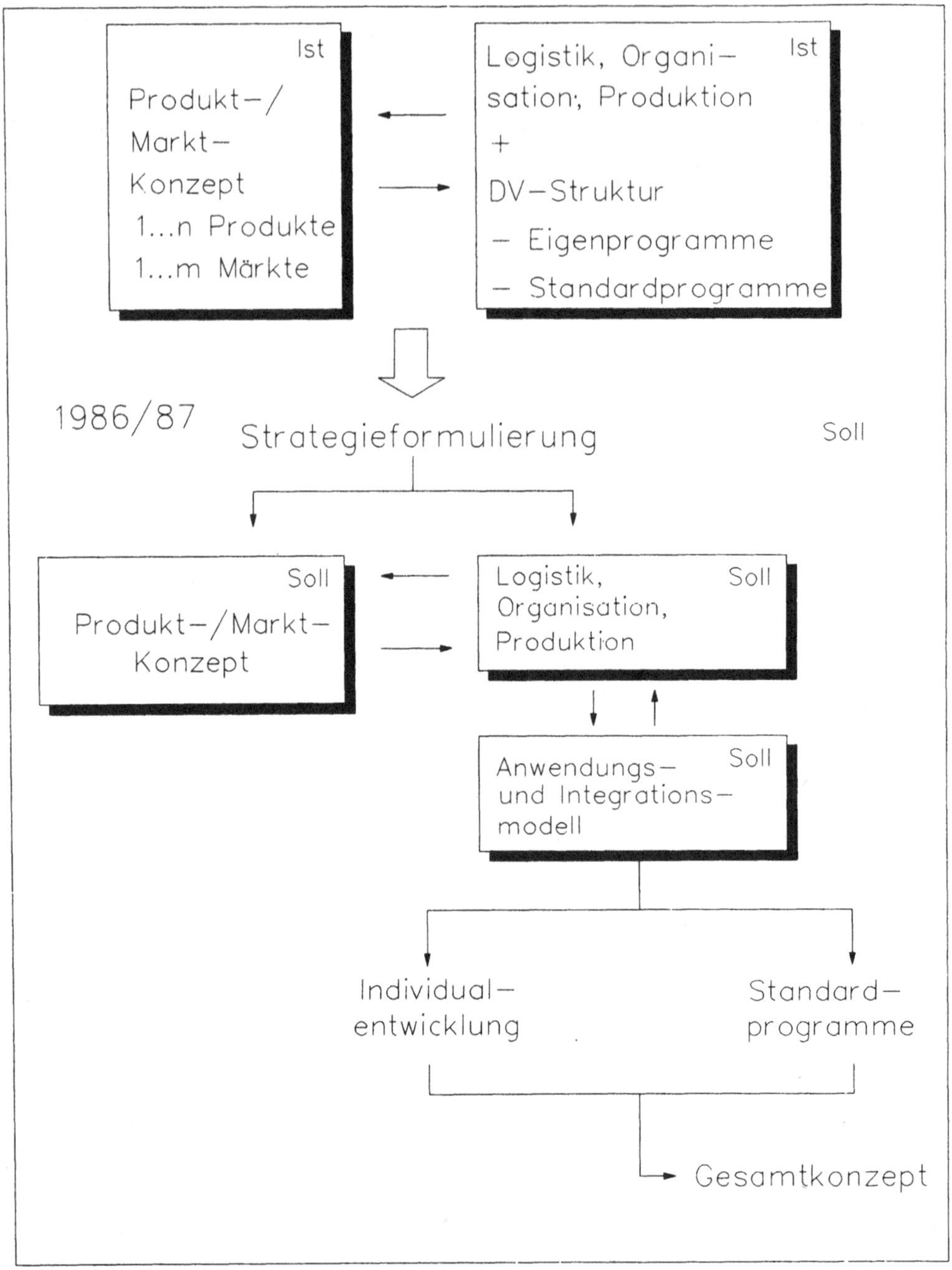

Abb. 120: Vorgehensmodell bei der Strategieformulierung

zung der Lieferzeiten, kürzeren Produktlebenszyklen bei gleichzeitig steigender Produktkomplexität, höheren Anforderungen an Qualität und Konsistenz. Hierzu lassen sich viele Beispiele anführen, z. B. die 10jährige Produktdokumentation für Sicherheitsteile, die im Erzeugnisbereich Bremshydraulik hergestellt werden, um den Anforderungen der stringenten Produzentenhaftung Rechnung zu tragen und die natürlich den Datenumfang in diesem Erzeugnisbereich exponentiell anwachsen läßt; oder die Produktkomplexität, die bei einem ABS-System für Motorräder im Vergleich zu einer herkömmlichen Trommelbremse im Pkw zigmal höher ist. In Summe führt dieses Markt-Szenario zu dem Zwang, innerbetriebliche Prozesse in hohem Maße transparent zu machen, die Reaktionszeit nach unten zu bringen und die betriebliche Flexibilität zu erhöhen. Um dies zu erreichen, wurden für den Erzeugnisbereich Bremshydraulik die Ziele definiert:

- Durchgehende Prozeßkette Planung -> Auftragserledigung ohne Medienbrüche; Prozeßkette Produktentwicklung, die durch Schnittstellenprogramme und lokale Netze integriert ist;

- Realisierung einer durchlaufzeitorientierten Fertigung;

- Reorganisation der Fertigung und Abkehr von der einseitigen Auslastungsoptimierung;

- systemgestützte integrierte Fertigungs- und Materialflußsteuerung;

- Strukturierung der Fertigung nach dem Objektprinzip anstelle der vorhandenen verrichtungsorientierten Werkstattfertigung.

In Abb. 121 sind Ausgangssituation und Ziele zur Ausrichtung des Erzeugnisbereiches Bremshydraulik auf die geänderten Anforderungen seines Marktes nochmals zusammengefaßt. Als wesentliche Wirkungen, die man sich von dieser Ausrichtung versprach, sind u. a. eine drastische Reduzierung der Durchlaufzeit in der mechanischen Fertigung von 16 Wochen auf 4 Wochen und eine Bestandsreduzierung für Umlaufmaterial, Fertigteile und Fertigerzeugnisse von insgesamt 30 % zu nennen. Die erforderlichen Maßnahmen zur Zielerreichung sollten bis 1990 abgeschlossen sein.

Damals (1986)	Zukünftig (1990)
▸ Mehrfache Medienbrüche in der Prozeßkette Auftrags-erledigung	Durchgehende Prozeßkette Auftragserledigung
▸ Auslastungsorientierte Fertigung	Durchlaufzeitorientierte Fertigung
▸ Beengte Raumverhältnisse	Angemessene Raumverhältnisse für eine gleitfähige Materialflußstrecke
▸ Intransparenz und Inkonsistenz von Daten und Abläufen	Transparenz und Konsistenz von Daten und Abläufen
▸ Nicht koordinierbare Fertigungssteuerungsentscheidungen	Systemgestützte integrierte Fertigungs- und Materialfluß-steuerung
▸ Verrichtungsorientierte Fertigung	Strukturierung in Serien-/Kleinserienfertigung, Objektprinzip

→ drastische Reduzierung DLZ (von 16 auf 4 Wochen) und Lieferzeit

→ drastisch verbesserte Zuverlässigkeit

→ erhöhte Flexibilität (der Fertigung)

→ drastische Bestandsreduzierung (30 %)

→ keine Medienbrüche in den Systemen

Abb. 121: Ziele bei der Ausrichtung des Erzeugnisbereiches Bremshydraulik auf die Anforderungen des Marktes

2.1 Informationssystem-Strategie

Die in Abb. 121 unter der Rubrik "zukünftig" beschriebenen Zielvorstellungen betreffen die Organisation im Aufbau und im Ablauf (z. B. Reorganisation der Dispositionsfunktionen), die eingesetzte Technologie (Prozeßfähigkeit der Maschinen) und die Informationssysteme. Zukünftige Informationssysteme, die im Produktgebiet Industrietechnik bzw. im Erzeugnisbereich Bremshydraulik zum Einsatz kommen, sollten generellen Anforderungen genügen können. Diese Anforderungen wurden in 1986 im Rahmen einer Informationssystem-Strategie festgelegt und im wesentlichen bei der Formulierung der Konzernstrategie für die Informationssysteme im Jahr 1988 bestätigt. Informationssysteme bei FAG sollen demnach sein:

- so dezentral wie möglich, so zentral wie nötig bzw. wirtschaftlich;

- so offen wie möglich (ISO/OSI, SQL);

- so schnell wie möglich, d. h. Antwortzeiten für Standardtransaktionen $\leq$ 2 Sekunden;

- so standardisiert wie möglich (Anwendungs-Software);

- so homogen wie möglich (Betriebssysteme, Hardware);

- so integriert wie möglich (Anwendungen).

Die notwendige Adaption der Standard-Anwendungssoftware auf die bei FAG gegebenen Anforderungen sollte nicht durch Programmieren (d. h. Änderungen am Source Code) erfolgen, sondern durch Parametrieren entsprechender Tabellen möglich sein. Schließlich sollte ein Universalsystem für die kommerziellen Anwendungen der zentralen Geschäftsbereiche und der Erzeugnisbereiche - vergleichbar mit den Ebenen 1 und 2 in Abb. 117 - zum Einsatz kommen, das die heterogenen Anforderungsprofile der Erzeugnisbereiche zu ca. 80 % abdecken kann, da es weder wirtschaftlich noch sinnvoll ist, für jeden Erzeugnis- oder Geschäftsbereich das am besten spezialisierte System am Markt auszuwählen und einzusetzen.

2.2 Projekte der Informationslogistik im Erzeugnisbereich Bremshydraulik

Nachdem das Konzept zur Ausrichtung des Erzeugnisbereichs Bremshydraulik auf die Anforderungen des Marktes und die Informationssystem-Strategie festlagen, konnte die Vielzahl der notwendigen Aktivitäten und Maßnahmen in sinnvolle Einzelprojekte gegliedert werden. Insgesamt wurden 7 Teilprojekte definiert, die dem Bereich Informationslogistik zuzuordnen sind und deshalb "CIL-Projekte" genannt wurden. Abb. 122 zeigt diese Projekte in der beschaffungs-, produktions- und distributionslogistischen Zuordnung. Im einzelnen stehen dahinter:

a) Die Realisierung eines flexiblen Beschaffungssystems (hausinternes Kürzel FBS), das für die zentrale Materialwirtschaft installiert wird und maschinell an die integrierten kommerziellen Anwendungssysteme im Erzeugnisbereich Bremshydraulik (hausinternes Kürzel IMS, siehe b) angebunden ist;

b) Realisierung integrierter Modularprogrammsysteme (IMS) für den gesamten betriebswirtschaftlich-planerischen Funktionsbereich mit einem Standard-Datenverwaltungssystem;

c) Installation leistungsfähiger CAX-Systeme, die an das betriebswirtschaftlich-planerische System angebunden sein sollen;

d) Modernisierung der Produktions- und Materialflußtechnik; dieses Projekt ist in engem Zusammenhang mit der Weiterentwicklung der CA-Systeme und der Projektierung und Errichtung eines Lager-, Montage- und Versandzentrums (hausinternes Kürzel LMV) zu sehen; das Lager-, Montage-

und Versandzentrum soll eine Just-in-time-Belieferung für die Automobilkunden ermöglichen und erfordert die Restrukturierung und Modernisierung des gesamten vorgelagerten Produktions- und Beschaffungsbereiches;

e) Projektierung und Realisierung eines Rohlingmagazins- und Wareneingangsgebäudes, das on line an das flexible Beschaffungssystem angebunden ist;

f) das schon angesprochene Lager-, Montage- und Versandzentrum LMV;

g) die Realisierung leistungsfähiger Kommunikationssysteme für den Datenaustausch mit Kunden und Lieferanten.

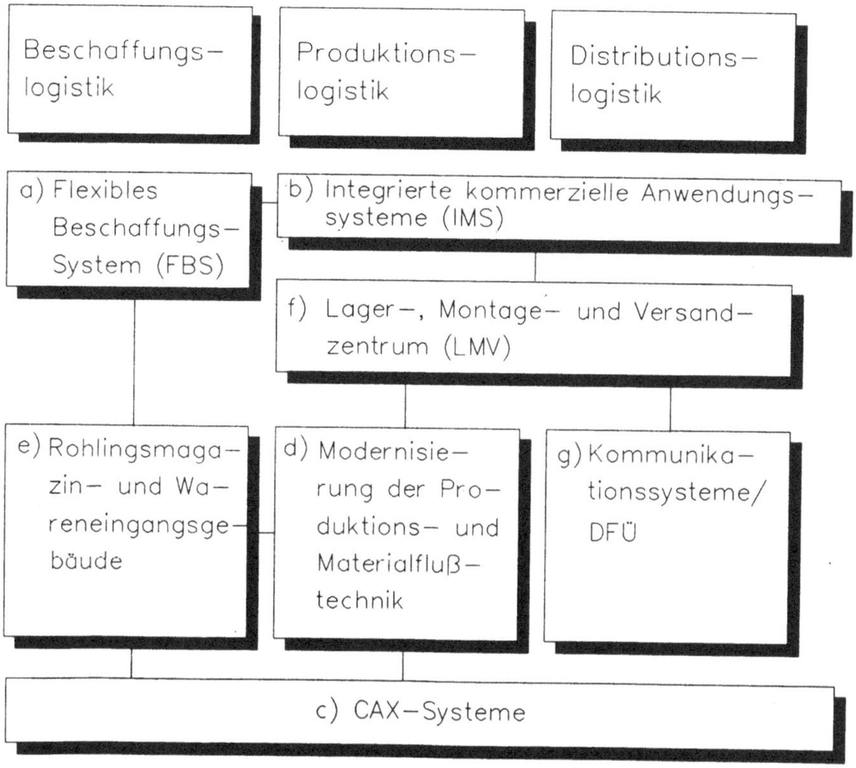

Abb. 122: Die CIL-Projekte im Erzeugnisbereich Bremshydraulik

Bei dem Projekt Lager-, Montage- und Versandzentrum (LMV) handelt es sich um die Errichtung einer neuen Fabrik. Da sie als integrierter Bestandteil der Produktions- und Informationssysteme im Erzeugnisbereich zu sehen ist, werden die wesentlichen Anforderungen an diese Fabrik sowie die Planungseckdaten kurz beschrieben, bevor das unternehmensorientierte Anwendungs- und Integrationsmodell für den Erzeugnisbereich Bremshydraulik unter Einbeziehung dieses LMV entwikkelt wird.

2.3 Die neue Fabrik "Lager-, Montage- und Versandzentrum (LMV)"

Der Markt des Erzeugnisbereichs Bremshydraulik kann grob aufgeteilt werden in die drei Segmente Serie Erstausrüster, Serie Ersatz und reines Ersatzgeschäft. In den Segmenten Serie Erstausrüster und Serie Ersatz sind die Bedarfe gut bis sehr gut vorhersehbar (Lieferplanabwicklung mit den Erstausrüsterkunden), die Feinabrufmengen unterliegen jedoch Schwankungen, die entweder Montagekapazitätsreserven oder die Pufferung von Fertigerzeugnissen erfordern; im Bereich Ersatz reicht die Spannweite der Planungsfähigkeit von statistisch gut vorhersehbar bis zu nicht prognostizierbar.

Für das **Seriengeschäft** werden deshalb die Montagekomponenten in Anlehnung an die Bedarfsvorhersage in der Lieferplanung der Erstausrüsterkunden disponiert und in Linien- und Gruppenfertigung hergestellt. Im LMV erfolgt eine Zwischenpufferung dieser Komponentenbestände, die dann auftragsbezogen montiert werden. Dies hat den Vorteil einer geringeren Kapitalbindung für die Montagekomponenten, zum anderen ergibt sich aufgrund der Mehrfachverwendbarkeit der Komponenten ein flexibler Einsatz. Die Durchlaufzeit für Montageaufträge im LMV beträgt für das Seriengeschäft bei Verfügbarkeit der Komponenten im Durchschnitt 1 bis 2 Tage.

Im **Ersatzgeschäft** werden in der Regel Fertigteile (Montagekomponenten) bevorratet, die Bestandshöhen sind stark von

Erfahrungswerten abhängig. Die Erstverpackung erfolgt dabei weitgehendst kundenauftragsbezogen, da im Ersatzteilgeschäft zum Teil kundenspezifische Verpackungen gefordert werden. Die Komponenten dieser Fertigerzeugnisse werden in Kleinserien in Fertigungsinseln produziert, die nach dem Objektprinzip organisiert sind und eine Komplettbearbeitung der Teile ermöglichen. Die Montage und Bevorratung erfolgt dann ebenfalls im LMV. Daneben existiert eine sogenannte "Exoten"-Fertigung, d. h. kleinste Mengen bis zur Einzelstückfertigung, deren Komponenten ebenfalls nach dem Komplettprinzip gefertigt und im LMV montiert werden.

In Abb. 123 sind die zu lagernden Objekte im LMV dargestellt, wozu neben Montagekomponenten und Fertigerzeugnissen auch gepackte Sendungen zählen. Bei den gepackten Sendungen handelt es sich um kundenauftragsbezogene Bestände, die bis zum Versand zwischengepuffert werden (z. B. zur Überbrückung der Akkreditivabwicklung im Export).

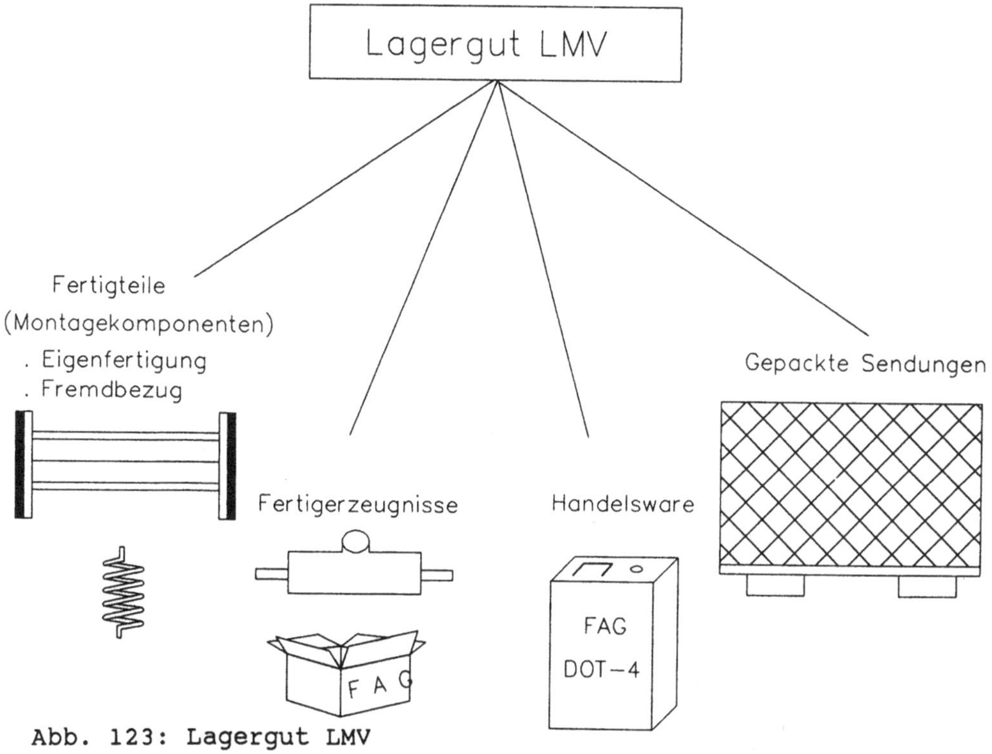

Abb. 123: Lagergut LMV

2.3.1 Einordnung der Funktionen des LMV

Die Hauptfunktionen des LMV kommen bereits in seiner Bezeichnung zum Ausdruck, nämlich Lagern (Puffern), Montieren und Versenden. Dabei erhält das LMV Aufträge vom betriebswirtschaftlich-planerischen System im Erzeugnisbereich, das LMV führt diese Aufträge aus und meldet sie zurück. Das LMV-System ist deshalb in der Funktionsstruktur des Erzeugnisbereiches als dezentralisiertes Fertigungsleitsystem zu betrachten.

In Abb. 124 sind die Funktionen des LMV und die wesentlichen zu verwaltenden Daten dargestellt. In der Verwaltung der Daten als auch der Aufträge ist Redundanz, die jedoch für die Funktionalität notwendig ist. Das LMV verwaltet einen Auftragsvorrat von ca. 10 Tagen und tauscht sich mit dem übergeordneten System im 15-Minuten-Takt aus (zyklischer File-Transfer).

Im Datentransfer der Aufträge an das LMV-System werden die jeweiligen Stücklisten- und Arbeitsplandaten auftragsspezifisch übermittelt. Nach der DV-gestützen Reihenfolgefestlegung der einzelnen Arbeitsvorgänge, die unter Berücksichtigung des gesamten Auftragsnetzes im LMV-System erfolgt, werden automatisch die notwendigen Transportaufträge generiert und ausgeführt.

Es war von Anfang an das Ziel, daß der gesamte Warenfluß zwischen den Funktionsbereichen maschinell über Behälterförderstrecken erfolgt. Die einzelnen Montage- und Versandarbeitsplätze sollen direkt an dezentrale, mit Regalförderzeugen ausgerüstete Pufferläger angebunden werden. Damit ist eine vollmaschinelle Materialversorgung und -entsorgung der Arbeitsplätze gewährleistet.

Unterhalb der Funktionen der Ebene LMV wird deshalb ein dedizierter Steuerungsrechner für die automatisierten Lager-, Förder- und Transportsysteme notwendig.

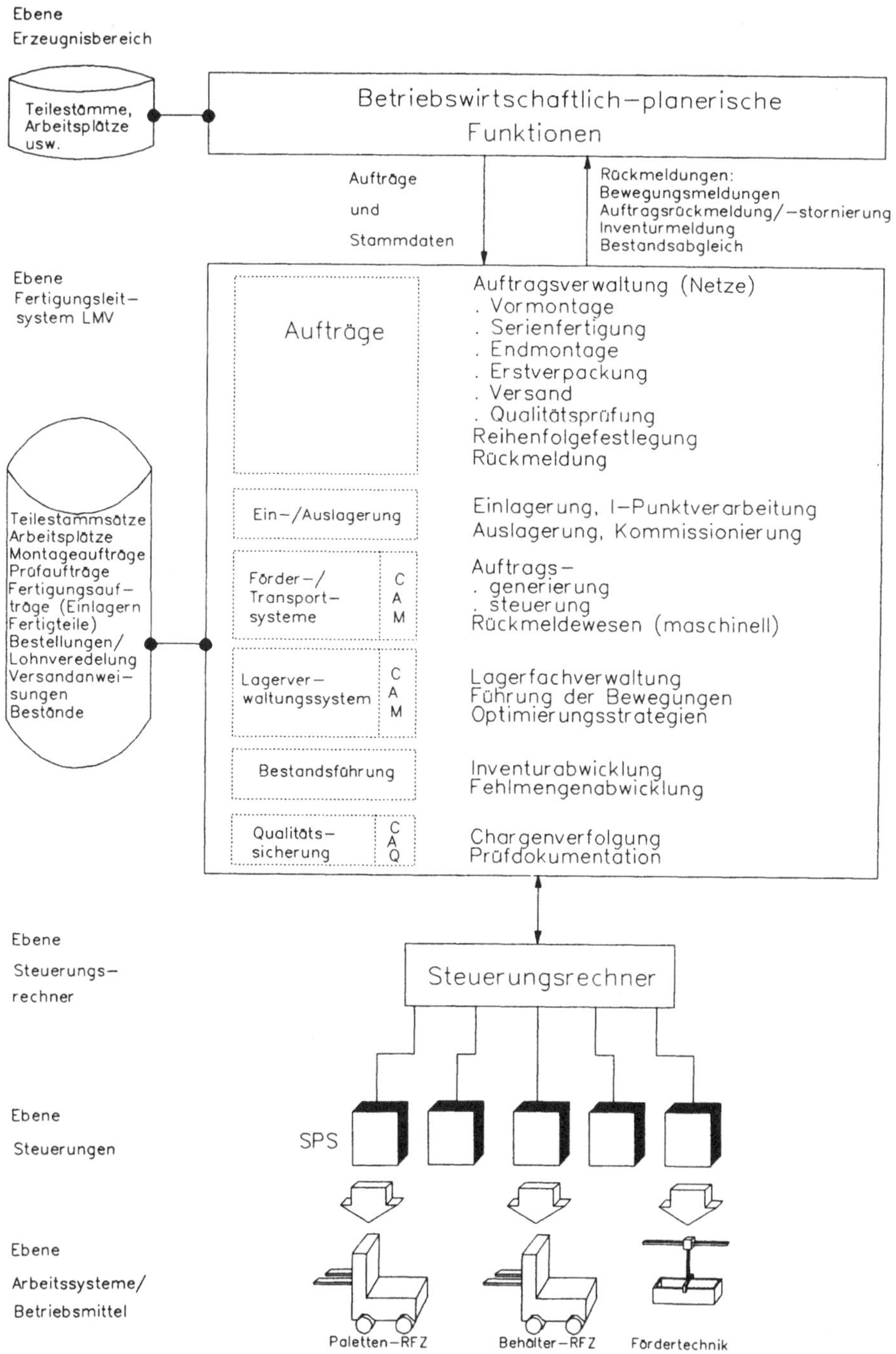

Abb. 124: Funktionen des LMV

2.3.2 Planungsphase und Logistikkonzept

Die FAG-Projektgruppe erstellte ein Pflichtenheft mit Leistungsverzeichnis, das an potentielle Generalplaner für die neue Fabrik versandt wurde. Es wurde keine feste logistische Lösung vorgegeben, sondern die Ausschreibung erfolgte in Form eines Anbieterwettbewerbes. Diese Vorgehensweise wurde dahingehend bestätigt, daß unterschiedliche, sehr innovative Konzepte von den Anbietern erarbeitet wurden.

Nach einer sorgfältigen hausinternen Analyse und Bewertung der Angebote nach den Hauptkriterien Bau (Gewichtung 35 %), Logistik (Gewichtung 40 %), Informatik (Gewichtung 15 %) und Anbieterprofil (Gewichtung 10 %) erhielt die Firma WITRON (Parkstein) den Zuschlag. WITRON übernahm damit auch die Realisierung des Fertigungsleitsystems bis zur speicherprogrammierbaren Steuerung im LMV (siehe unter Punkt "Informationstechnische Rahmenkonzeption").

In Abb. 125a sind einige Eckdaten des LMV aufgeführt. Aus dem Logistikkonzept sind noch folgende Punkte interessant:

- Die Materialversorgung an den Montagearbeitsplätzen erfolgt nach dem KANBAN-Prinzip, d. h. die dezentralen Behälterpuffer (sogenannte Busse) werden nach dem Zieh-Prinzip bzw. verbrauchsgesteuert durch die Fertigmeldung eines Auftrages am Montagearbeitsplatz automatisch aus dem Hochregallager nachgefüllt. Die dezentralen Behälterpuffer bevorraten im Durchschnitt Material für 1 bis 2 Tagesbedarfe.

- Für das LMV wurde ein eigenständiger Behälterstandard entwickelt, der voll VDA-kompatibel ist. Die VDA-Behälter selbst konnten aus konstruktiven Gründen im LMV nicht eingesetzt werden (Antriebsprobleme auf der Rollenbahn, Behälter-Codierung, Reinigungsfähigkeit).

- In der Auftragsabwicklung wird zwischen Serienabwicklung

und Normalauftragsabwicklung unterschieden. Bei der Normalauftragsabwicklung wird bei der Kommissionierung der zu montierenden Komponenten nur ein sogenanntes Führungsteil (z. B. Gehäuse) gezählt, die restlichen Komponenten werden bei der Rückmeldung der montierten Fertigerzeugnisse im Verhältnis ihrer Stücklisteneinsatzmenge abgebucht.

In der Serienabwicklung werden immer ganze Lagergebinde ohne entsprechende Rücklagerung ins Hochregallager dem Montagepersonal zur Verfügung gestellt, wobei die Bestandsabbuchung ebenfalls mit der Rückmeldung des Montageauftrages retrograd erfolgt.

- Bei jeder Einlagerung ins LMV erfolgt eine automatische I-Punktverarbeitung, bei der das Soll-Gewicht eines Ladungsträgers mit dem Ist-Gewicht abgeglichen wird. Damit ist eine wesentliche Voraussetzung für die Einlagerungsinventur gegeben.

In Zusammenarbeit mit einem externen Institut wurde mit Hilfe einer Computer-Simulation die ergonomische Gestaltung der neugeschaffenen Arbeitsplätze vorgenommen. Für Frauen- und Männer-Arbeitsplätze wurde eine differenzierte Betrachtung durchgeführt (Körpergröße, Griffweite, Hebelasten).

Die Abb. 125b zeigt das Modell des LMV nach Abschluß der Planungsphase im Juni 1988; rechts hinten das Hochregallager, in den beiden großen Hallen die Vor-/Endmontage und Erstverpackung, rechts daneben der Wareneingangs- und Versandbereich und im Vordergrund das Bürogebäude.

Größe des Werksgeländes LMV	32.000 m2
Nutzfläche	16.000 m2
Hochregallager – 8 Behältergassen . Stellplatzraster 600 x 400 mm . 3 Stellplatzhöhen . Länge 68 m . Höhe 13,6 m . 78.336 Stellplätze . Behälter-auf-Tablar-Organisation mit Verwaltung mehrerer Artikel . 8 RFZ (a 52 Doppelspiele/Stunde) . Montagekomponenten und Fertigerzeugnisse als Lagergut – 3 Palettengassen . Stellplatzraster 1200 x 1000 mm . 3 Stellplatzhöhen . Länge 68,8 m . Höhe 15,5 m . 3606 Stellplätze . Verwaltung mehrerer Artikel auf einem Stellplatz . 3 RFZ (a 25 Doppelspiele/Stunde) . gepackte Sendungen und überdimensionierte Montagekomponenten als Lagergut	42.000 m3
Montage-/Versandfläche mit 4 dezentralen Behälterpuffern (sog. "Busse") – direkte Arbeitsplatzanbindung – 4 Busse (a 100 – 150 Bewegungen/Stunde) – Tagespuffer für Montagelinien	8.300 m2
Anzahl LMV-Mitarbeiter im Zweischicht-Betrieb	350
Fördertechnik (staudrucklose Rollenbahnen)	2.000 m
Antriebe und Motoren	750
Sensoren	2.500

Abb. 125a: Eckdaten zum LMV

Abb. 125b: Modell des LMV nach Abschluß der Planungsphase

2.3.3 Übergeordnete Anforderungen an das LMV

Mit dem LMV ging man konsequent den Weg der segmentierten Fabrik, d. h. einer überschaubaren Einheit mit möglichst großer Autonomie und Selbstverantwortung. Innerhalb dieser Fabrik ist größtmögliche Flexibilität gegeben, der jeweilige Fertigungsbereich kann die Durchsetzung seines Auftragsvorrates selbst planen und die Reihenfolge der Abarbeitung selbst bestimmen. Sie ist logistikorientiert und funktionsintegriert, Material- und Informationsflüsse laufen synchron.

Eine wichtige Anforderung an das LMV war, daß diese Fabrik den Menschen in den Mittelpunkt stellt. Ein großzügiger Lichthof in der Mitte der Montagehalle mit Grünbepflanzung dient der Kommunikation und Erholung der Mitarbeiter; moderne Sozialräume wurden geschaffen. Für die Farbgestaltung der Fassade und der Innenräume wurde ein Farb-Designer beauftragt. Der Mitarbeiter hat im LMV einen erheblich verbesserten Arbeitsplatz im Hinblick auf Architektur, Licht, Design und Farbe erhalten.

2.3.4 Zeitplan, Realisierungsstand

Zeitlich kann der Ablauf dieses Projektes wie folgt dargestellt werden:

- Ausschreibung des LMV mit detailliertem Pflichtenheft und Leistungsverzeichnis	März 87
- Angebote der Anbieter bei FAG	Ende Mai 87
- FAG-interne Analyse und Bewertung der Angebote	bis August 87
- Vertragsverhandlungen	Sept./Okt. 87
- Vertragsabschluß mit WITRON als Generalplaner	Anfang Nov. 87
- Planungsbeginn WITRON	Mitte Nov. 87

- Übergabe der fertigen Planungsunterlagen an FAG — Ende Juni 88
- Vertragsgestaltung mit WITRON als GU — Juni bis Okt. 88
- Baubeginn — November 88
- Bezug des Gebäudes und Inbetriebnahme mit konventionellem Materialfluß — Dezember 89
- Inbetriebnahme der Fördertechnik — Anfang Juli 90

Das LMV als eines von insgesamt 7 parallelen Teilprojekten der Informationslogistik im Erzeugnisbereich Bremshydraulik wurde damit zeitgerecht realisiert. Das Investitionsvolumen für diese Fabrik beträgt ca. 50 Mio. DM. Für den interessierten Leser noch einige Daten zur Planungsdimension dieses Projektes:

- ca. 40.000 Mannstunden für die Planung;
- ca. 120.000 Datensätze für die Computersimulation;
- ca. 20 Varianten für den Materialfluß;
- ca. 500 Entwürfe und Zeichnungen für den Baubereich;
- mehr als 2.500 Seiten in den Leistungsverzeichnissen für Bau-, Rechner- und Fördertechnik;
- mehr als 10.000 Positionen im Bauleistungsverzeichnis.

2.4 Entwicklung des unternehmensorientierten Anwendungs- und Integrationsmodells für den Erzeugnisbereich Bremshydraulik

Die für die Entwicklung des Anwendungs- und Integrationsmodells im Erzeugnisbereich Bremshydraulik relevanten Strukturebenen sind die Muttergesellschaft/KGaA, der Erzeugnisbereich selbst, seine Werke (z. B. LMV) und - abhängig vom Automatisierungsgrad des Werkes - weitere Gruppenleit- und Steuerungsebenen.

Die Ebene "Produktgebiet" im Organigramm der Abb. 118 ist die übergeordnete Führungsinstanz der Erzeugnisbereiche und damit nicht unmittelbar Objekt für den Einsatz operativer Fachanwendungen (jedoch mittelbar für das zu organisierende Reportsystem).

2.4.1 Ebene Muttergesellschaft/KGaA

Dieser Ebene sind die Funktionen der zentralen Geschäftsbereiche zugeordnet, die durch Fachanwendungen abgedeckt sein müssen. Im einzelnen sind dies:

a) Materialwirtschaft

In der zentralen Materialwirtschaft werden die Richtlinien für die externe Beschaffung in den Erzeugnisbereichen formuliert und die Rahmenverträge mit Lieferanten verhandelt und verwaltet. Die Beschaffung von Investitionsgütern sowie von nicht erzeugnisbereichspezifischen Gütern mit nennenswerter Mehrfachverwendung wird hier wahrgenommen, das Bestellobligo der KGaA verwaltet und die Gegenbezugsstatistik geführt.

Dem Erzeugnisbereich sind die Beschaffungsfunktionen für Fertigungsmaterial mit Stücklistenverwendung, Ersatzteile, Werkzeuge/Vorrichtungen/Prüfmittel, bereichsspezifische Hilfs- und Betriebsstoffe sowie bereichsspezifische Dienstleistungen zugeordnet. Wenn für Güter und Dienstleistungen ein Rahmenvertrag von der zentralen Instanz abgeschlossen wurde, können diese Güter und Dienstleistungen direkt vom Erzeugnisbereich abgerufen werden.

Gerade bei Konzernstrukturen ist es oft nicht möglich, den Integrationsgrad der Funktionen und den Autonomiegrad der operierenden Einheiten puristisch zu betrachten, da dies in letzter Konsequenz nur möglich ist, wenn jeder Erzeugnisbereich als rechtlich selbständige Einheit geführt wird; die Zusammenfassung von Erzeugnisbereichen in einer größeren rechtlich selbständigen Einheit bietet aber Vorteile, z. B. durch die Möglichkeit der Bildung größerer Investitionsschwerpunkte und die breitere Eigenkapitalbasis.

Es ist zu erkennen, daß im Bereich der Materialwirtschaft

die operativen, für die Gleitfähigkeit der Materialflußstrecke wesentlichen Funktionen dem Erzeugnisbereich zugeordnet sind; zentral werden Funktionen wahrgenommen, die dadurch nennenswerte wirtschaftliche Vorteile bringen (z. B. Rahmenverträge) und die notwendige Sicht auf die gesamten Beschaffungsmaßnahmen in der KGaA ermöglichen (Bestellobligo, Gegenbezugsstatistik).

b) Finanzwesen und Geschäftsbuchhaltung
Diese Funktionen werden vollumfänglich zentral wahrgenommen. In die Erzeugnisbereichssysteme werden die notwendigen Informationen für den Kunden- und Lieferantenstamm, die zulässigen Sachkonten oder die Zahlungsbedingungen maschinell synchronisiert.

c) Konzernabschlüsse und -budgets
Diese Instanz ist verantwortlich für die Funktionen Konsolidierung und Jahresabschluß für alle Geschäftseinheiten des FAG-Konzerns. Sie unterstützt die Beteiligungsgesellschaften, die für die verschiedenen Erzeugnisbereiche im Inland und im Ausland tätig sind, bei der Erstellung ihrer Budgets und führt die laufende zentrale Budgetkontrolle durch. Die Beteiligungsgesellschaften liefern als Budgetierungsbasis ihre operative Teilpläne (Umsatz, Absatz, Personal, Investitionen etc.). Die Instanz Konzernabschlüsse und -budgets unterstützt daneben auch bei mittelfristigen betriebswirtschaftlichen Planungsrechnungen im Beteiligungsbereich.

d) Kosten- und Leistungsrechnung
Die Kosten- und Leistungsrechnung unterstützt die Erzeugnisbereiche bei der Erstellung ihrer Budgets, erarbeitet die betriebswirtschaftlichen Konzepte für die Parametrierung der Systeme, stellt das Basiszahlenwerk für die Kosten- und Leistungsrechnung zur Verfügung und erstellt die kurzfristige Erfolgsrechnung für die KGaA.

Im Erzeugnisbereich sind die Funktionen der Kalkulation und der Betriebsergebnisrechnung angesiedelt; der Erzeugnisbereich liefert die notwendigen Daten für die Erfolgsrechnung der KGaA, z. B. Ist-Verbrauch, Erlöse, Bestände.

e) Personal- und Sozialwesen
Das zentrale Personal- und Sozialwesen ist verantwortlich für die Funktionen Personalentwicklung und -beschaffung für Führungskräfte, Aus- und Weiterbildung, Betriebliches Vorschlagswesen und Altersversorgung sowie Betriebskrankenkasse. Daneben werden Richtlinien für die Personalverwaltung und die Lohn- und Gehaltsabrechnung in den Erzeugnisbereichen vorgegeben. Die Funktionswahrnahme für die Personalverwaltung und -abrechnung erfolgt überwiegend dezentral an der Datenquelle, also im Erzeugnisbereich.

f) Planung, Organisation und Qualitätssicherung
Diese Organisationseinheiten nehmen die erzeugnisbereichsübergreifenden Aufgaben innerhalb der Produktgebiete wahr.

In Abb. 126 ist das Anwendungs- und Integrationsmodell des Erzeugnisbereiches Bremshydraulik mit dem Werk LMV dargestellt. Die oben beschriebenen Funktionen sind der Ebene Muttergesellschaft/KGaA zugeordnet. In gepunkteten Linien ist ein CA-System eingezeichnet; hierbei handelt es sich um das technische HOST-System des Erzeugnisbereiches Wälzlager, das fallweise Serviceleistungen für die Erzeugnisbereiche in der Industrietechnik übernimmt (z. B. aufwendige technische Berechnungsprogramme).

Den Funktionen der Zentralstellen wurden die bereichsübergreifenden Module Datenverwaltung, Reportsystem, Belegerstellung, Bürokommunikation und Zugangskontrolle/Zeiterfassung zugeordnet. Diese Module werden auch den nachgelagerten Ebenen zugewiesen, die über nennenswerte Fachanwendungen verfügen.

Funktionen bzw. Anwendungen, die sehr stark spezialisiert sind, sind in dem Modell in Abb. 126 nicht explizit dargestellt. Dazu zählen z. B. Anwendungen wie Portfolio-Analysen, die auf dem PC oder der Workstation neben den Bürokommunikationsfunktionen installiert werden können, oder eine Gefahrstoffdatenbank nach DIN 52900 für den betrieblichen Umweltschutz, die als eigenständige Datenbank auf dem HOST oder einer Workstation implementiert werden kann.

Abb. 127 zeigt das Anwendungs- und Integrationsmodell des Erzeugnisbereiches in einer vereinfachten Darstellungsform, in der die DNC-Leitrechner für die Teilefertigungen nicht eingezeichnet sind. Die Funktionen sind auf Plattformen dargestellt, die jeweils die Ebenen repräsentieren. Dem schnellen Leser kommt diese Darstellungsform sicher entgegen.

2.4.2. Ebene Erzeugnisbereich

Dieser Ebene sind die betriebswirtschaftlich-planerischen Funktionen mit ihren bereichsübergreifenden Modulen und das technische HOST-System im Erzeugnisbereich zugeordnet.

Im betriebswirtschaftlich-planerischen Bereich sind die Funktionen der Finanz- und Anlagenbuchhaltung mit einem Quadrat markiert, da sie zentralen Charakter für die KGaA haben. Das bedeutet natürlich, daß systemtechnisch zu den Funktionen der Ebene Muttergesellschaft/KGaA entsprechende Schnittstellen realisiert werden müssen (vgl. Abb. 90). Ähnliche Schnittstellen ergeben sich für die Materialwirtschaft/Bestandsführung/Beschaffung, Kostenrechnung, die Personalverwaltung und Lohn- und Gehaltsabrechnung.

Im PPS-Bereich ergeben sich Schnittstellen zum technischen System zum Austausch von Stücklisten, Teilestamminformationen (Konstruktionsstatus), Daten zur Materialklassifizierung sowie Arbeitsplänen (CAP). Die nachgeordnete Ebene des Werkes LMV muß vom PPS mit Stammdaten und Aufträgen versorgt werden, umgekehrt müssen die Rückmeldungen aus diesem Werk verarbeitet werden.

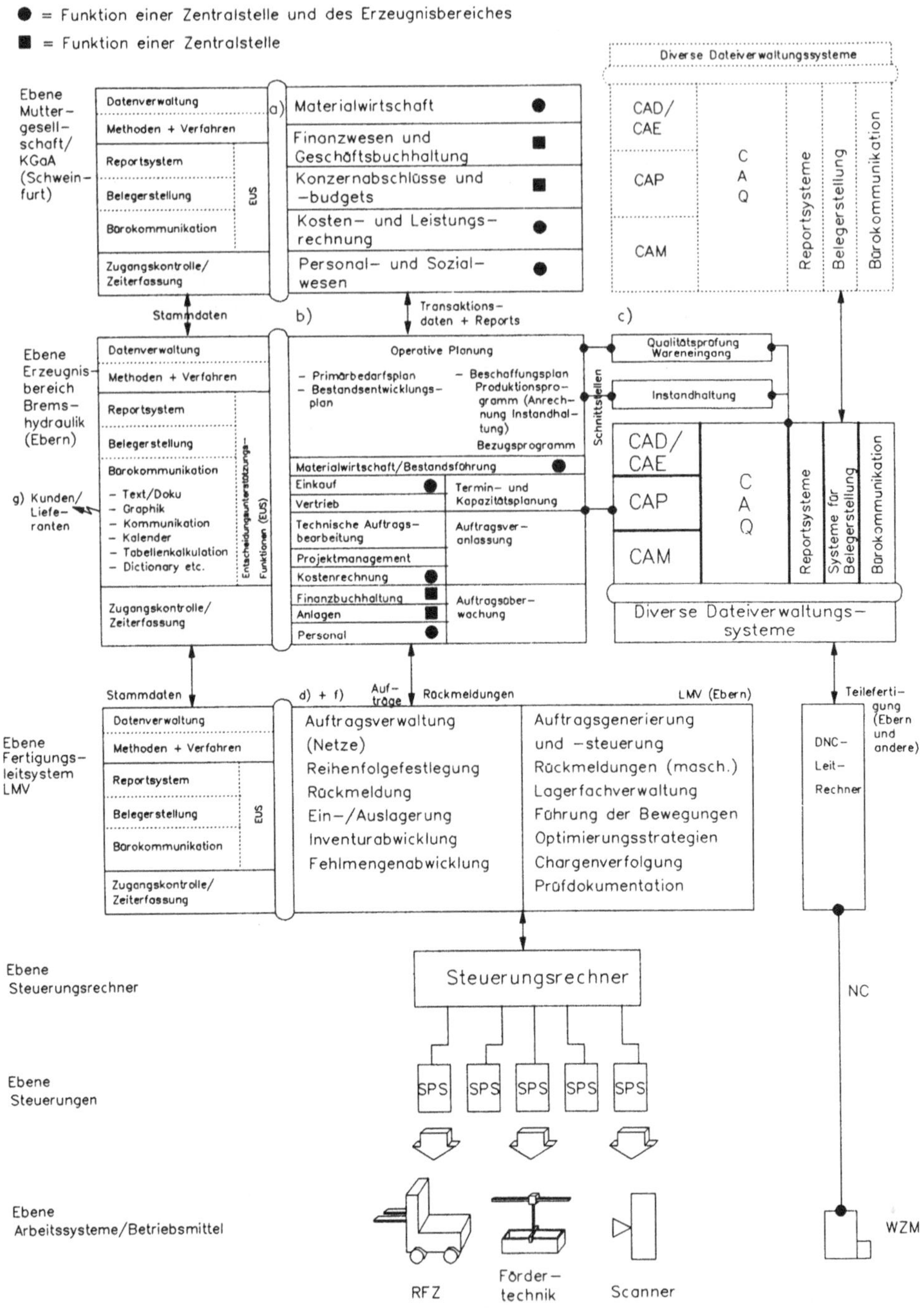

Abb. 126: Das unternehmensorientierte Anwendungs- und Integrationsmodell des Erzeugnisbereiches Bremshydraulik mit dem Werk LMV (rechts oben das CA-System des Erzeugnisbereiches Wälzlager)

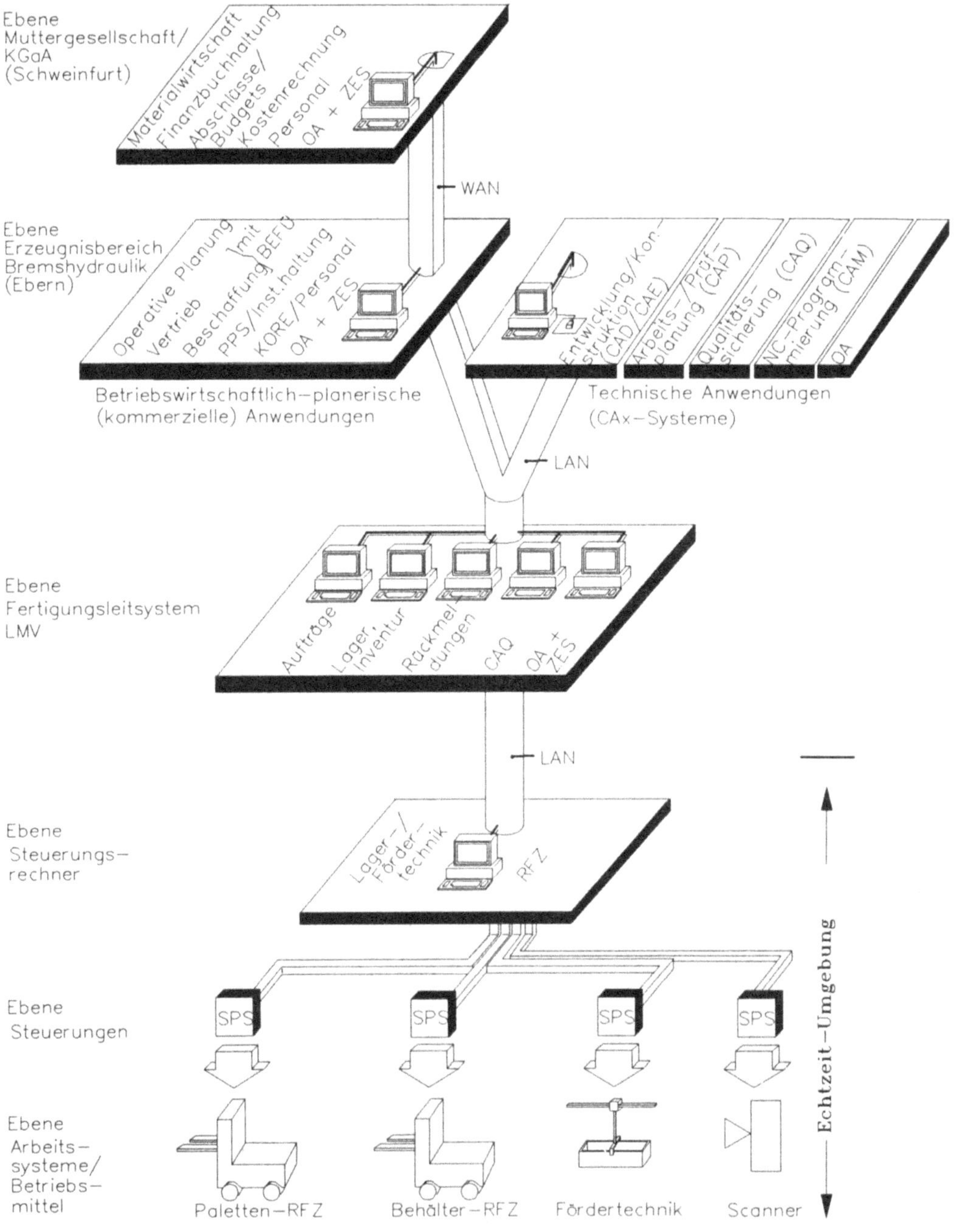

Abb. 127: Das unternehmensorientierte Anwendungs- und Integrationsmodell des Erzeugnisbereiches Bremshydraulik mit dem Werk LMV

2.4.3 Ebene Werk

Auf der Ebene Werk ist das Fertigungsleitsystem des LMV angesiedelt, die wesentlichen Funktionen dieses Fertigungsleitsystems wurden aus Abb. 124 in die Abb. 126 übertragen.

Das Fertigungsleitsystem verfügt ebenfalls über bereichsübergreifende Module. Zur Steuerung der Lager-, Transport- und Fördertechnik ist unterhalb des Fertigungsleitsystems LMV ein Steuerungsrechner vorgesehen, an dem die speicherprogrammierbaren Steuerungen angeschlossen sind.

Die Werke Furth im Wald (Teilefertigung), Maroldsweisach (Radzylindermontage) und die Teilefertigung in Ebern außerhalb des Werkes LMV werden mit kommerziellen Terminals an das PPS-System der Ebene Erzeugnisbereich angebunden. Hier sind weitere Ausbaustufen denkbar, z. B. die Installation elektronischer Leitstände, die dann horizontal auf der Ebene Werk neben dem Fertigungsleitsystem LMV in den Abb. 126/127 ergänzt werden müßten.

In den Werken ungleich LMV sind DNC-Leitrechner installiert, die an das technische HOST-System des Erzeugnisbereiches angebunden sind.

2.4.4 Kommunikationssysteme/Infrastruktur

Im Erzeugnisbereich soll ein Lokalbereichsnetz installiert werden. Zu allen Werken außerhalb des Lokalbereiches existieren leistungsfähige Leitungen, ebenso zum Stammhaus nach Schweinfurt. Kunden und Lieferanten werden so weit wie möglich DFÜ-mäßig angebunden, sowohl mit offenen Protokollen (EDI) als auch mit branchen- oder kundenspezifischen Protokollen (z. B. VDA, Odette, RVS, DAKS).

Falls es durch spezifische Fertigungsumgebungen notwendig

wird, werden Fabriknetze mit verkürzten Protokollarchitekturen im prozeßnahen Bereich eingesetzt.

2.4.5 Bedeutung des Anwendungs- und Integrationsmodells für den Erzeugnisbereich Bremshydraulik

In Abb. 122 wurden die CIL-Projekte dargestellt, die als notwendig für die Ausrichtung des Erzeugnisbereichs Bremshydraulik auf die geänderten Anforderungen des Marktes erkannt wurden. Diese Projekte sind der Produktionstechnik, der Informationstechnik und der Logistik (Funktionsintegration) zuzuordnen. Sofern es sich hierbei um anwendungsbezogene oder informationstechnische Projekte handelt, sind sie im Anwendungs- und Integrationsmodell der Abb. 126/127 wiederzufinden (Kennzeichnung durch Kleinbuchstaben in Abb. 126); das sind alle Projekte mit Ausnahme des Rohlingsmagazin- und Wareneingangsgebäudes, das nur insofern die Informationstechnik tangiert, als es mit kommerziellen Terminals an das betriebswirtschaftlich-planerische Anwendungssystem angeschlossen ist.

Aus dem Vergleich der Abb. 126 mit Abb. 122 wird ersichtlich, daß eine konventionelle Gliederung komplexer Aktivitäten in Teilprojekte für eine erfolgreiche Realisierung nicht mehr ausreichend ist. Die zentrale Bedeutung des Anwendungs- und Integrationsmodells wird durch folgende Überlegungen deutlich:

- Es ist denkbar, daß für betriebswirtschaftlich-planerische Funktionen des Erzeugnisbereiches Bremshydraulik für jeden größeren Funktionsbereich ein Anwendungssystem zum Einsatz kommt, das aus Sicht der jeweiligen Fachabteilung als am besten geeignet erscheint, also ein System für die Beschaffung, den Vertrieb, die Kostenrechnung oder für die PPS-Funktionen. Natürlich hat jedes dieser Systeme - unabhängig ob Eigenentwicklung oder Standardsoftware - eine unterschiedliche Benutzeroberfläche, ein eigenes Datenverwaltungssystem und eine eigene Entwicklungslogik. Die dadurch entstehenden Schnittstellen und der Wartungsaufwand sind irgendwann nicht mehr beherrschbar. Das Anwendungs- und Integrationsmodell erschließt die gesamtheitliche Betrachtung der informatorischen Projekte.

- Für die betriebswirtschaftlich-planerischen Funktionen auf der Ebene Muttergesellschaft/KGaA treffen die gleichen Aussagen zu wie für den Erzeugnisbereich. Der Vorteil liegt auf der Hand, wenn sowohl in der Muttergesellschaft als auch im Erzeugnisbereich die gleichen Anwendungssysteme eingesetzt werden können.

- Die Kompatibilität der Soft- und Hardware-Systeme innerhalb des Erzeugnisbereiches und damit natürlich auch in der KGaA ist nicht mehr gegeben (wenn jede Instanz eigenständig ihre Anwendungssysteme beschafft und installiert). Dateninhalte unterliegen unterschiedlichen Interpretationsvorschriften, ein Berichtswesen ist nahezu nicht organisierbar.

- Das Anwendungs- und Integrationsmodell ist die Basis für die mittel- und langfristige Lenkung der Investitionsströme in der Informations- und Kommunikationstechnik, eine ereignisgesteuerte Investitionsentscheidung ohne die langfristige Weichenstellung ist meist eine Fehlinvestition.

Im folgenden wird kurz beschrieben, wie aus dem Anwendungs- und Integrationsmodell die Auswahlprozesse für Software, Hardware und Kommunikationstechnik organisiert wurden, welche Entscheidungen getroffen wurden, welche informationstechnische Rahmenkonzeption im Erzeugnisbereich daraus resultiert und welcher Realisierungsstand bis 1990 erreicht wurde.

2.5 Auswahlprozeß für Standard-Applikations-Software

Der in 1986 relativ niedrige DV-Durchdringungsgrad in den Erzeugnisbereichen der Industrietechnik war differenziert zu beurteilen:

- Im betriebswirtschaftlich-planerischen Funktionsbereich war die Ursache das geringe Entwicklungs- und Integrationsniveau der Anwendungen, durch die Informationssystem-Strategie war die Vorgehensweise zur Verbesserung der Situation vorgegeben: Auswahl und Einsatz eines marktgängigen, integrierten, modular aufgebauten Anwendungssystems.

- Im technischen Funktionsbereich war das Penetrationsniveau von CAD-Arbeitsplätzen ebenfalls verbesserungswürdig, das genutzte CAD-System UNIGRAPHICS hatte aber allgemeine Akzeptanz; als NC-Programmiersystem war EXAPT mit zufriedenstellender Funktionalität im Einsatz. Beide Anwendungssysteme waren unter VMS als HOST-/Workstationlösung implementiert; es stellte sich die Aufgabe, diese System weiter auszubauen.

Die Auswahl eines Systems für den betriebswirtschaftlich-planerischen Bereich umfaßte die Funktionen der Ebene Erzeugnisbereich im Anwendungs- und Integrationsmodell, als auch die Funktionen der Ebene Muttergesellschaft/KGaA. Das Strategieziel "Standardisierung" war so zu interpretieren, daß

a) das auszuwählende System von einem Anbieter geliefert wird, der eine verläßliche funktionale Releaseplanung und -realisierung nachweisen kann; die Weiterentwicklung des Systems ist Aufgabe des Anbieters, im Rahmen eines Wartungsvertrages werden die Entwicklungen ausgeliefert und dem Kunden zur Verfügung gestellt;
b) Organisation vor Modifikation, d. h. Anpassung der Organisation an den Standard und Vermeidung erzeugnisbereichsspezifischer Individualisierungen.

Das Anwendungssystem sollte lauffähig sein unter /370-Betriebssystemen, BS2000 oder VMS. Es sollte soweit mandantenfähig sein, daß sich mehrere Erzeugnisbereiche als eigenständige Abrechnungskreise auf **einer** Programm-Source abbilden lassen, wenn aus wirtschaftlichen Überlegungen mehrere Erzeugnisbereiche auf einem Hardware-System zusammengefaßt werden müßten.

Die untere Schranke des Zielerfüllungsgrades des Systems war mit 80 % definiert. Der Preis des Systems war kein Auswahlkriterium.

Bei den PPS-Funktionen wurde der Funktionsbereich Fertigungsvorbereitung ergänzt, da ein CAP-System erst in einer zweiten Phase angegangen werden sollte (siehe Kommentar zu Abb. 88).

Zur reproduzierbaren Darstellung der Anforderungsprofile der Erzeugnisbereiche und der Leistungsprofile der Standardsysteme mit Ermittlung des Erfüllungsgrades war kein geeignetes Werkzeug auf dem Markt. Im ersten Schritt wurde deshalb dieses Werkzeug in der FAG-Projektgruppe entwickelt, das als "Standardstrukturplan" bezeichnet wurde. Die bestehenden Inhouse-Systeme im betriebswirtschaftlich-planerischen Bereich wurden ebenfalls in die Marktanalyse einbezogen, um den DV-Durchdringungsgrad nachvollziehbar und objektiv für das Management zu dokumentieren und das Prädikat "relativ niedrig" durch einen operational ermittelten Erfüllungsgrad zu belegen.

Die Ebenen 1 und 2 im Anwendungs- und Integrationsmodul (Abb. 126/127) sind von der Funktionszuordnung für alle Erzeugnisbereiche im Produktgebiet Industrietechnik identisch.

2.5.1 Das Werkzeug "Standardstrukturplan"

Der Standardstrukturplan wird aus dem Anwendungs- und Integrationsmodell (vgl. Abb. 88) entwickelt, indem Systembereiche, Funktionsbereiche und die jeweils zugehörigen Einzelfunktionen gebildet und in Form einer Baumstruktur mit der zu beachtenden Integration dargestellt werden. Zur besseren Übersichtlichkeit bei der weiteren Detaillierung wurden die System-/Funktionsbereiche und die Funktionen numeriert. Abb. 128 zeigt die dadurch entstehende Strukturübersicht für die Funktionen der PPS.

Systembereich	Funktionsbereich	Funktion	Integration zu:
3 Produktionsplanung	5 Materialwirtschaft	1 Bestandsführung/-bewertung 2 Bruttobedarfsermittlung 3 Nettobedarfsermittlung . stochastisch . deterministisch 4 Beschaffungsrechnung extern 5 Auftragsbildung intern 6 Kundenauftragsbezug	. Vertrieb . Lagerwirtschaft . CAD . Dritte
	6 Fertigungsvorbereitung	1 Arbeitsplanung 2 Qualitätssicherung/Prüfplanung 3 Betriebsmittelplanung/Einstellplanung 4 Vorgabezeitwesen	. CAP . CAQ . CAM
	7 Termin- und Kapazitätsplanung	1 Auftragsarbeitsplanerstellung 2 Durchlaufterminierung . vorwärts . rückwärts . Mittelpunkt 3 Kapazitätsterminierung . vorwärts . rückwärts . Mittelpunkt 4 Reihenfolgeplanung	. CAP . CAM
4 Produktionssteuerung	8 Auftragsveranlassung	1 Verfügbarkeitsprüfung 2 Fertigungsauftragsfreigabe 3 Fertigungsbelegerstellung 4 Arbeitsverteilung	. CAM/NC
	9 Auftragsüberwachung	1 Materialbereitstellung 2 Reihenfolgefestlegung 3 Arbeitsfortschrittserfassung 4 Fertigungsauftragsüberwachung 5 Kapazitätsüberwachung	. Masch. Förder- und Transportsysteme . BDE/MDE

Abb. 128: Strukturübersicht: Funktionen (Auszug)

Im nächsten Schritt werden alle bekannten, möglichen bzw. denkbaren Merksmalsausprägungen für jede einzelne Funktion definiert. Dabei können sich Einzelmerkmale sowohl ergänzen als auch ausschließen (Plausibilitätsprüfungen). Abb. 129 zeigt einen Auszug aus der Merkmalssammlung für die Funktion Nettobedarfsermittlung im Funktionsbereich Materialwirtschaft.

Systembereich: 3. Produktionsplanung	
Funktions-bereich:	**Funktion/Merkmalsausprägung:**
5. Material-wirtschaft	3.5.3 Nettobedarfsermittlung - Simulation Zweck: Ermittlung Bedarfssituation unter Berücksichtigung der Bestände (ohne Fortschreibung) - Abwicklung autonomer Planaufträge 1 = mit Berücksichtigung der disponiblen Bestände auf Primärbedarfsebene 2 = ohne Berücksichtigung der disponiblen Bestände auf Primärbedarfsebene - Verfahren 1 = Neuaufwurf 2 = Net change (Aufplanung) - Durchführen Bedarfsermittlung 1 = stochastisch (verbrauchsgesteuert) 2 = deterministisch (bedarfsgesteuert) - Methoden der verbrauchsgesteuerten Bedarfsermittlung 1 = Exponentielle Glättung mit fixen Glättungsfaktoren 2 = Exponentielle Glättung mit variablen Glättungsfaktoren (Vorschlag durch System) . Konstant-Modell . Trend-Modell . Saison-Modell . Trend-Saison-Modell . Schwankender Verbrauch - Reservierungsfunktionen (ungleich Simulationsmodus) 1 = auf physische (disponible) Bestände 2 = auf disponible Bestellbestände - Reservierung in Abhängigkeit von Wunsch-Termin und Kundenauftrag 1 = Reservierung <u>ohne</u> Berücksichtigung des Zeitrasters 2 = Reservierung <u>mit</u> Berücksichtigung des Zeitrasters 3 = Reservierung anonym 4 = Reservierung <u>mit</u> Kundenauftragsbezug - usw.

Abb. 129: Formulierung von Einzelmerkmalen je Funktion

Für die Anforderungsanalyse ist noch eine Erweiterung um die Eingabe-/Verarbeitungsform SOLL notwendig. Daneben wird für die Projektdokumentation der IST-Zustand festgehalten. Irrelevant-Zuordnungen sind durch "-" gekennzeichnet.

Bedeutung der Einzelsymbole in Abb. 130:

IST

S = Funktion läuft bereits im IST systemgestützt
P = Funktion wird im IST personell (manuell) ausgeführt
n = Funktion wird in dieser Ausprägung im IST nicht ausgeführt

Die IST-Analyse wird ergänzt um eine Betriebstypisierung für jeden Erzeugnisbereich, aktualisierte Organigramme, Mengen-/Zeit-/Wertgerüste und ein Glossar, das alle in der Projektarbeit verwendeten Begriffe inhaltlich verbindlich festlegt.

SOLL

M = Funktion muß zukünftig systemgestützt laufen
E = Funktion stellt im SOLL eine sinnvolle Ergänzung dar
n = Systemunterstützung ist für diese Funktion im SOLL nicht notwendig

Bei der Eingabeform wurde nach den Möglichkeiten Dialog/Online oder Batch (eigentlich "Stapel") unterschieden; bei der Form der Transaktionsverarbeitung nach aktuell (d. h. Echtzeit) und Stapel. Die Differenzierung in Batch (Eingabeform) und Stapel (Transaktionsverarbeitungsform) wurde bewußt gewählt, um die Ausprägung der Eingabe- und Verarbeitungsform textlich voneinander abzusetzen.

Systembereich: 3. Produktionsplanung Seite 2

Funktionsbereich:	Funktion/Merkmalsausprägung:	IST		SOLL				
		Ausführungsart	System/ Hilfsmittel	System gest.	Eingabeform Dialog /on line	Eingabeform Batch	Transaktionsverarbeitung aktuell	Transaktionsverarbeitung Stapel
5.	3.5.3 Nettobedarfsermittlung	S P n		M E n	- -	- -	- -	- -
Material-wirtschaft	- Simulation	S P n		M E n	M E	M E	M E	M E
	Zweck: Ermittlung Bedarfssituation unter Berücksichtigung der Bestände (ohne Fortschreibung)							
	- Abwicklung autonomer Planaufträge	S P n		M E n	- -	- -	- -	- -
	1 = mit Berücksichtigung der disponiblen Bestände auf Primärbedarfsebene	S P n		M E n	M E	M E	M E	M E
	2 = ohne Berücksichtigung der disponiblen Bestände auf Primärbedarfsebene	S P n		M E n	M E	M E	M E	M E
	- Verfahren	S P n		M E n	- -	- -	- -	- -
	1 = Neuaufwurf	S P n		M E n	M E	M E	M E	M E
	2 = Net change (Aufplanung)	S P n		M E n	M E	M E	M E	M E
	- Durchführen Bedarfsermittlung	S P n		M E n	- -	- -	- -	- -
	1 = stochastisch (verbrauchsgesteuert)	S P n		M E n	M E	M E	M E	M E
	2 = deterministisch (bedarfsgesteuert)	S P n		M E n	M E	M E	M E	M E

Abb. 130: "Standardstrukturplan Anforderungsanalyse" für die Funktion Nettobedarfsermittlung vor Bearbeitung durch den Anwender bzw. Anforderer (Auszug) aus: Lang, Auswahl von Standard-Applikations-Software 1989, S. 197

Anmerkung zum "Standardstrukturplan" (SSP):

In der in Abb. 130 dargestellten Form wurden die zukünftig möglichen bzw. denkbaren Funktionsausprägungen für alle betriebswirtschaftlich-planerischen Funktionen und die bereichsübergreifenden Module durch die Projektgruppe vorgegeben. Insgesamt wurden dabei ca. 1.400 unterschiedliche Funktions- bzw. Merkmal-Ausprägungen erfaßt (in Abb. 130 z. B. 7 Ausprägungen). Diese Erhebungsunterlage zur Ermittlung des IST- und SOLL-Profils wird als "Standardstrukturplan Anforderungsanalyse" bezeichnet, weil

- jeder Anwender in den unterschiedlichen Erzeugnisbereichen die gleiche Erhebungsunterlage erhält;
- lediglich durch geänderte Spaltensymbole der Standardstrukturplan Marktanalyse für Funktionen und bereichsübergreifende Module gewonnen werden kann (als Bestandteil des Pflichtenheftes);
- mit der Struktur-Identität der Erhebungsunterlagen für Anforderungs- und Marktanalyse die Basis einer späteren maschinellen Auswertung (Erfüllungsgrade) gegeben ist.

Durch den Standardstrukturplan war es möglich, Anforderungsprofile für Einzelfertiger, Serienfertiger oder Kfz-Zulieferer mit einem Werkzeug zu erheben, indem die unterschiedlichen Anforderungen im SSP berücksichtigt waren, z. B:

- für den Einzelfertiger
  - . eine leistungsfähige Vorkalkulation (konstruktionsbegleitend);
  - . Varianten-Stücklisten und Alternativ-Arbeitspläne mit Arbeitsgangkatalog;
  - . Kopierfunktionen für Stücklisten, Arbeitspläne, Produktstämme etc.;
  - . ein gut ausgebautes Sachmerkmalklassensystem;
- für den Serienfertiger
  - . losgrößenabhängige Arbeitspläne;
  - . Splitten/Überlappen von Arbeitsgängen mit Teilmengen-

rückmeldung;
. Arbeitsplanung mit Vorgabezeitwesen und Übergangszeitenmatrix;
. etc.

2.5.2 Anforderungsanalyse

Funktionen und bereichsübergreifende Module wurden mit ihren möglichen Merkmalsausprägungen im "Standardstrukturplan Anforderungsanalyse" zusammengestellt. Der Anforderer (= späterer Anwender) hat jetzt die Aufgabe,

- den IST-Zustand pro Funktion in Kurzform darzustellen (Ausführungsart IST: Systemgestützt; Personell; Funktion wird nicht ausgeführt, z. B. aufgrund von Kapazitätsengpässen personeller Art; im IST genutztes System oder Hilfsmittel, z. B. Kartei);
- seinen Ideal-SOLL-Zustand darzustellen (Ausführungsart SOLL: Funktion muß systemgestützt laufen; stellt systemgestützt eine sinnvolle Ergänzung dar; wird nicht systemgestützt benötigt; bei Systemunterstützung: gewünschte Eingabe- und Transaktionsverarbeitungsform).

Abb. 131 zeigt einen Auszug aus dem "Standardstrukturplan Anforderungsanalyse" für die Funktion 3.6.1 Arbeitsplanung nach Bearbeitung durch den Anforderer, der bei Erstellung seines Anforderungsprofiles durch die Projektgruppe unterstützt wird. Diese Unterstützung ist wichtig, weil

- der Anwender einen erheblichen Zeitgewinn erzielen kann, wenn er Erläuterungen zum SSP sofort erhält;
- die Projektgruppe darauf achten kann, daß keine überzogenen Anforderungsprofile formuliert werden.

Beispiel zur Erläuterung der Abb. 131:
Die Arbeitsplanerstellung (erster Spiegelstrich der Abbildung) erfolgt bereits im IST systemgestützt ("S" wurde markiert) mit "AKUT" und muß auch zukünftig systemgestützt laufen ("M" wurde markiert) usw.

Systembereich: 3. Produktionsplanung		IST		SOLL					Seite 1
Funktionsbereich	Funktion/Merkmalsausprägung	Ausführungsart	System/Hilfsmittel	System gest.	Eingabeform Dialog /on line	Eingabeform Batch	Transaktionsverarbeitung aktuell	Transaktionsverarbeitung Stapel	
6.	3.6.1 Arbeitsplanung	(S) P n	AKUT	(M) E n	- -	- -	- -	- -	
Fertigungsvorbereitung	- Arbeitsplanerstellung	(S) P n	AKUT	(M) E n	- -	- -	- -	- -	
	1 = mit Standard-APL-Datei	(S) P n	AKUT	(M) E n	(M) E	M E	(M) E	M E	
	2 = mit Arbeitsgangkatalog (incl. Text)	S P (n)		M (E) n	(M) E	M E	(M) E	M E	
	- Feststellen von Ähnlichkeitsbeziehungen zu bestehenden Stamm-APL	(S) P n	AKUT	(M) E n	- -	- -	- -	- -	
	1 = über Vergabe von Produkt-/Teilegruppenschlüssel aus der Konstruktion	(S) P n		(M) E n	(M) E	M E	(M) E	M E	
	2 = über Sachmerkmalskatalog	S (P) n		(M) E n	(M) E	M E	(M) E	M E	
	3 = über Produktkonfigurator	S P (n)		M E (n)	M E	M E	M E	M E	
	4 = Standardarbeitspläne für Produkt- bzw. Teilegruppen	(S) P n	AKUT	(M) E n	(M) E	M E	(M) E	M E	
	- Erstellen von Nacharbeitsplänen	S (P) n		(M) E n	(M) E	M E	(M) E	M E	
	- Erstellen von Alternativarbeitsplänen	(S) P n	AKUT	(M) E n	- -	- -	- -	- -	
	1 = mit unterschiedlicher Teilenummer	S P (n)		M E (n)	M E	M E	M E	M E	
	2 = mit gleicher Teilenummer	(S) P n	AKUT	(M) E n	(M) E	M E	(M) E	M E	
	3 = mit unterschiedlicher Gültigkeitsdauer	S P (n)		(M) E n	(M) E	M E	(M) E	M E	

Abb. 131: Anforderungsanalyse mit Standardstrukturplan (Auszug); geforderte Ausprägung wurde mit Kreisen markiert.
*AKUT = bestehendes Zeitwirtschafts-System; Eingabeform = Dialog/on line oder Batch;
Transaktionsverarbeitung = aktuell oder Stapel
aus: Lang, Auswahl von Standard-Applikations-Software 1989, S. 74

2.5.3 Pflichtenheft, Marktanalyse

Für das Pflichtenheft soll der Standardstrukturplan, der die "Matrize" aller erhobenen Anforderungsprofile darstellt, weiterverwendet werden. Für die Funktionen und bereichsübergreifenden Module sind zunächst geänderte Spaltensymbole gegenüber dem "Standardstrukturplan Anforderungsanalyse" notwendig:

I = Funktion ist DV-gestützt implementiert/realisiert;

P = Funktion ist für das nächste Release in Planung/Entwicklung (in diesem Fall wichtig: geplanter Release-Termin und Hinweis, in welchem Software-Modul die Funktion realisiert wird).

Der Anbieter, der das Pflichtenheft erhält, kennt somit die dedizierten Anforderungsprofile der Benutzer nicht, sondern stellt benutzerneutral das Leistungsprofil seines Produktes dar.

Das Pflichtenheft umfaßt neben dem "Standardstrukturplan Marktanalyse" für Funktionen und die bereichsübergreifenden Module

- eine Projektbeschreibung;
- die Unternehmens-/Betriebsprofile;
- die Betriebstypisierungen;
- Auszüge aus dem Mengen-/Zeit-/Wertgerüst (Mengengerüste Stammdaten, Stücklisten, Arbeitspläne, Bewegungsdatenbestände);
- eine Anleitung zur Bearbeitung der Unterlagen durch den Anbieter;
- das Glossar;
- einen Fragenkatalog zu übergeordneten Kriterien.

Zu den übergeordneten Kriterien zählen Eigenschaften der **Applikations-Software**, die den Funktionsumfang überhaupt nicht oder nur indirekt tangieren, z. B. die Ausliefer-Version der Software und die Portabilität (auf welcher Hardware lauffähig?). Der **Anbieter** muß als potentieller langfristiger Partner beurteilt werden und damit seine Präsenz im Markt, die Verbreitung seiner Produkte, seine Leistungsfähigkeit und das Service-Konzept. Die **Basis-Software** soll durch ein leistungsfähiges Konzept gekennzeichnet sein, wozu die Organisation der Datenbasis, das Data Dictionary, Programmiersprachen und Tools gezählt werden müssen. Durch die Portabilität der Software ergeben sich u. U. Alternativen bezüglich der Hardware. Preis- und Kosten-Informationen sind für die Produkt-Entscheidung ebenfalls eine wichtige Information.

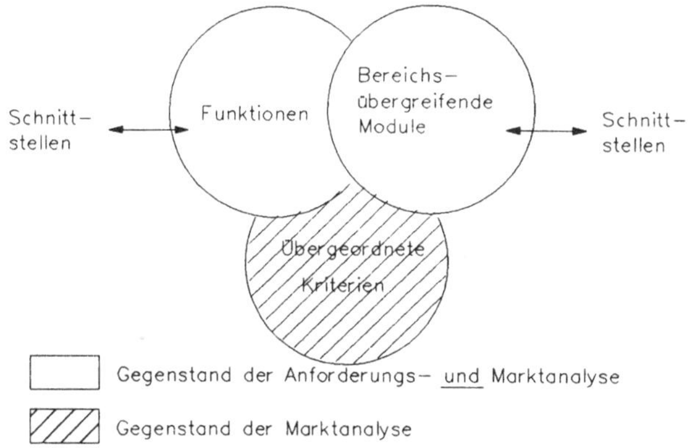

Abb. 132: Übergeordnete Kriterien in der Marktanalyse

aus: Lang, Auswahl von Standard-Applikations-Software 1989, S. 42

Übergeordnete Kriterien können i. d. R. nicht einfach mit "Ja/Nein" durch den jeweiligen Anbieter beschrieben werden; deshalb werden diese Merkmale mit einem standardisierten Fragenkatalog abgeklärt, den die Projektgruppe erstellt und die Anbieter in der Marktanalyse beantworten. In der folgenden Abbildung 133 sind exemplarisch einige mögliche Fragenobjekte zur Applikation aufgeführt.

Gliederungspunkt Applikation	Fragenobjekte
1 Ausliefer-version	Source Code oder Object Code
2 DV-technischer Aufbau	- Mandantenspezifische Differenzierungsmöglichkeiten - Integrationsgrad (der Module) - Modularität bzw. modulare Abhängigkeiten bei der Implementierung - Aktions-DB: integrierte Aktions- und Triggermeldungen
3 Individualisierungsmöglichkeiten für Schnittstellenanpassungen und Auswertungen	- Art und Umfang der Parametrierbarkeit, Hilfsmittel (z. B. Generatoren oder Tabellen) - Endbenutzersprache (auch als Entwicklungswerkzeug?) - Funktionsergänzungen (Sprachgeneration)
4 Benutzeroberfläche	- Help-Funktionen (Help-Erläuterungen durchgängig in deutscher Sprache? Felddokumentation im Data Dictionary möglich?) - On-line-Dokumentation (Durchgängig in deutscher Sprache? Hierarchische Dokumentation "System-/Funktionsbereich -> Funktion -> Transaktion -> Maske -> Feld" realisiert?) - Menue-Technik (Laien- und Expertenmodus, Menue-Zusammenstellung durch Anwender möglich?) - usw.

Abb. 133: Mögliche Fragenobjekte zur Applikation (Auszug)

aus: Lang, Auswahl von Standard-Applikations-Software 1989, S. 64

In Hinsicht auf den Umfang der später notwendigen Evaluation der Anbieter-Unterlagen sollten nicht mehr als maximal 10 Anbieter angeschrieben werden. Die Übergabe des Pflichtenheftes ist sinnvollerweise mit einem Gesprächs-Termin beim Anbieter zu verbinden, der dazu dient,

- das Pflichtenheft gegenüber dem Anbieter zu erläutern;

- dem Anbieter Gelegenheit zu geben, sich in einer "Firmen-/ Produkt-Präsentation" darzustellen.

Für die Rückgabe der Ausschreibungsunterlagen bzw. des bearbeiteten Pflichtenheftes wird ein verbindlicher Termin mit den Anbietern vereinbart. Realistischerweise sollten den Anbietern 5 bis 10 Kalenderwochen zur Bearbeitung der Unterlagen eingeräumt werden.

Es empfiehlt sich, den Anbieter im Pflichtenheft (Vorwort) darauf hinzuweisen, daß seine Angaben im Falle der späteren Auftragsvergabe zur verbindlichen Leistungsbeschreibung werden. Dadurch wird die Gefahr, daß Anbieter allzu großzügige Leistungsprofile liefern, kalkulierbar.

Das Anschreiben wird mit der Bitte ergänzt, die Unterlagen mit der notwendigen Vertraulichkeit zu behandeln.

In Abb. 134 ist ein Auszug aus dem Standardstrukturplan Marktanalyse dargestellt, nachdem er durch einen Anbieter bearbeitet wurde. Die jeweilige Ausprägung der Funktionen in dem angebotenen System wurde durch Einkreisen gekennzeichnet. Zur leichteren Vergleichbarkeit mit dem Standardstrukturplan Anforderungsanalyse wurde in diesem Beispiel ebenfalls die Funktion "Arbeitsplanung" - aus dem Funktionsbereich Fertigungsvorbereitung - gewählt (vgl. Abb. 131 "Anforderungsanalyse mit Standardstrukturplan").

Systembereich: 3. Produktionsplanung — Seite 1

Funktionsbereich	Funktion/Merkmalsausprägung	Syst. gest.	Eingabeform: Dial/online	Eingabeform: Batch	Transakt.-verarbeit.: aktuell	Transakt.-verarbeit.: Stapel	gepl. Realt MM.JJ	Bemerkungen/ realisiert in Modul:
6.	3.6.1 Arbeitsplanung	(I) P	- -	- -	- -	- -		
Fertigungsvorbereitung	- Arbeitsplanerstellung	(I) P	- -	- -	- -	- -		
	1 = mit Standard-APL-Datei	(I) P	(I) P	I P	(I) P	I P		
	2 = mit Arbeitsgangkatalog (incl. Text)	(I) P	(I) P	I P	(I) P	I P		
	- Feststellen von Ähnlichkeitsbeziehungen zu bestehenden Stamm-APL	(I) P	- -	- -	- -	- -		
	1 = über Vergabe von Produkt-/Teilegruppenschlüssel aus der Konstruktion	(I) P	(I) P	I P	(I) P	I P		
	2 = über Sachmerkmalskatalog	(I) P	(I) P	I P	(I) P	I P		
	3 = über Produktkonfigurator	I P	I P	I P	I P	I P		
	4 = Standardarbeitspläne für Produkt- bzw. Teilegruppen	(I) P	(I) P	I P	(I) P	I P		
	- Erstellen von Nacharbeitsplänen	(I) P	(I) P	I P	(I) P	I P		
	- Erstellen von Alternativarbeitsplänen	(I) P	- -	- -	- -	- -		
	1 = mit unterschiedlicher Teilenummer	I P	I P	I P	I P	I P		
	2 = mit gleicher Teilenummer	(I) P	(I) P	I P	(I) P	I P		
	3 = mit unterschiedlicher Gültigkeitsdauer	(I) P	(I) P	I P	(I) P	I P		

Abb. 134: Standardstrukturplan Marktanalyse als Bestandteil des Pflichtenheftes nach Bearbeitung durch den Anbieter (Auszug) aus: Lang, Auswahl von Standard-Applikations-Software 1989, S. 87

2.5.4 Grobauswahl

Die Grobauswahl ist der Meilenstein bei der Leistungsprofil-Analyse von marktgängigen Modularprogrammsystemen, da sie aufzeigt, ob

- marktgängige Modularprogrammsysteme einen Gesamterfüllungsgrad von 80 % und höher - bezogen auf die Anforderungsprofile - erzielen können;

- innerhalb definierter Programmsysteme nur tolerierbare Streuungen der Erfüllungsgrade in den Funktionsbereichen auftreten;

- die geforderte Integration innerhalb der Programmsysteme gegeben ist.

Die Dokumentation der Grobauswahl sollte folgenden Umfang aufweisen:

a) Erfüllungsgrade (Funktionalität)
b) Preise/Kosten
c) Prüfergebnisse in Kurzform
d) Anbieterprofile und Referenzen
e) Stärken-/Schwächenprofile der Software-Systeme
f) Wirtschaftlichkeitsbetrachtung

Zur Ermittlung der Erfüllungsgrade der in die Untersuchung einbezogenen Systeme wird eine zweistufige Gewichtung gewählt:

a) Auf der Ebene "Funktionsbereich" (vgl. Abb. 128) werden insgesamt 100 Gewichtungspunkte vom Anforderer verteilt. Die Vergabe einer hohen Gewichtungszahl läßt Rückschlüsse zu auf:
   - die Schwerpunkte einer DV-gestützten Organisation im Unternehmen;
   - die mögliche Implementierungsreihenfolge.

Dabei ist selbstverständlich zu berücksichtigen, daß der Umfang der Funktionalität pro Funktionsbereich mit einfließt (z. B. ist der Funktionsbereich Materialwirtschaft mächtiger als die Normung). Eine Plausibilitätsprüfung zur vorgenommenen Verteilung der Gewichtungspunkte (durch den späteren Anwender) sollte durch die Projektgruppe erfolgen.

b) Auf Merkmalsebene reduziert sich die Gewichtung auf eine Konvention zur Differenzierung von Muß-Funktionalität ("M" im Standardstrukturplan zur Anforderungsanalyse) und Kann-Funktionalität ("E" = sinnvolle Ergänzung). Im FAG-Projekt wurden die Gewichtsfaktoren 5 ("M") und 2 ("E") gewählt.

Anmerkung zu K.O.-Kriterien:

Die Formulierung realistischer K.O.-Kriterien ist äußerst anspruchsvoll; der unbefangene Umgang mit diesem Auswahl-Instrument kann dazu führen, daß kein Software-System den Ansprüchen genügt. Daneben kann der Fall eintreten, daß die Funktionalität in genau der formulierten Qualität von einem System nicht abgedeckt wird, aber die gegebene Ausprägung in Verbindung mit geringen (ablauf-)organisatorischen Änderungen ausreichend ist.

Es empfiehlt sich deshalb, die K.O.-Kriterien nicht starr vorzugeben, sondern im einzelnen in der Grobauswahl zu definieren (z. B. relationale Datenbank als unabdingbares Muß?).

Die Erfüllungsgradermittlung für Funktionen und bereichsübergreifende Module wurde mit PC-Unterstützung vorgenommen; der Ablauf des Evaluationsprogrammes war wie folgt:

a) Eingabe der Anforderungsprofile, die mit dem Standardstrukturplan (SSP) Anforderungsanalyse festgelegt wurden;

Eingabewerte:

- Gewichtsfaktor 5 für Muß-Ausprägungen;
- Gewichtsfaktor 2 für sinnvolle Ergänzungen;
- Wert 1 für die geforderte Ausprägung;
- Wert 0 für nicht benötigte Funktionen im SSP.

b) Eingabe der Leistungsprofile marktgängiger Applikationssysteme, die mit dem Standardstrukturplan (SSP) Marktanalyse bei den Anbietern erhoben wurden; analog: Eingabe der Leistungsprofile für Inhouse-Systeme, die mit dem SSP Marktanalyse beim Inhouse-Entwickler bzw. -Betreuer abgefragt wurden;

c) Eingabe der vergebenen Gewichtungspunktzahlen auf Funktionsbereichs-Ebene;

d) Maschineller Abgleich mit Gewichtung (Leistungsprofile : Anforderungsprofile);

e) Dokumentation mit Prints/Plots.

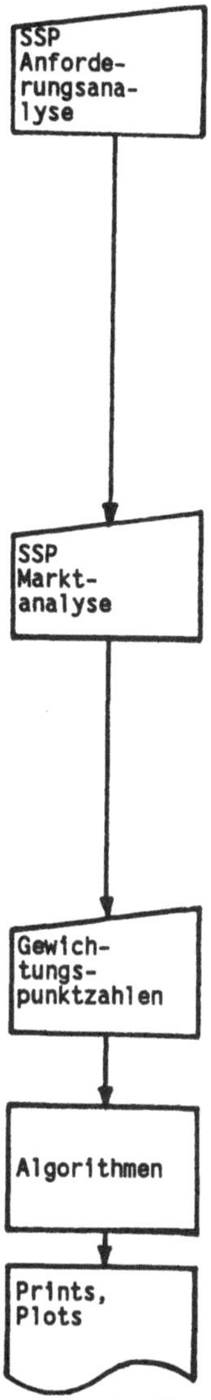

Diese Vorgehensweise läßt die n : n-Darstellung für Anforderungsprofile : Leistungsprofile mit vertretbarem Aufwand zu (vgl. Lang, Auswahl von Standard-Applikations-Software 1989, S. 95).

Die Abb. 135 zeigt eine Seite des Ergebnisausdruckes nach der PC-gestützten Erfüllungsgradermittlung.

Unternehmen: ABC Softwarepaket: 1 Funktion/Merkmal	Syst. gest.		Eingabe				Verarbeitung				Summe Merkmal		Summe Spiegels.		Summe Funktion		Summe Funktionsb.		Gew	% Erf.
			Dialog		Batch		aktuell		Stapel											
	Soll	Syst.	Soll	Syst.	Soll	Syst.	Soll	Syst.	Soll	Syst.	Soll	System	Soll	System	Soll	System	Soll	System		
3.6.Fertigungsvorbereitung																	35980	29730	7,5	82,62
3.6.1 Arbeitsplanung	5	5	-	-	-	-	-	-	-	-					12330	8830				
- Arbeitsplanerstellung	5	5	-	-	-	-	-	-	-	-			70	70						
1=mit Standard-APL-Datei	5	5	1	1	0	0	1	1	0	0	10	10								
2=mit Arbeitsgangkatalog (incl. Text)	2	2	1	1	0	0	1	1	0	0	4	4								
- Feststellen von Ähnlichkeitsbeziehungen zu bestehenden Stamm-APL	5	5	-	-	-	-	-	-	-	-			150	150						
1=über Vergabe von Produkt-/Teilegruppen-schlüssel aus der Konstruktion	5	5	1	1	0	0	1	1	0	0	10	10								
2=über Sachmerkmalskatalog	5	5	1	1	0	0	1	1	0	0	10	10								
3=über Produktkonfigurator	0	0	0	0	0	0	0	0	0	0	0	0								
4=Standardarbeitspläne für Produkt- bzw. Teilegruppen	5	5	1	1	0	0	1	1	0	0	10	10								
- Erstellen von Nacharbeitsplänen	5	5	1	1	0	0	1	1	0	0			50	50						
- Erstellen von Alternativarbeitsplänen	5	5	-	-	-	-	-	-	-	-			100	100						
1=mit unterschiedlicher Teilenummer	0	0	0	0	0	0	0	0	0	0	0	0								
2=mit gleicher Teilenummer	5	5	1	1	0	0	1	1	0	0	10	10								
3=mit unterschiedlicher Gültigkeitsdauer	5	5	1	1	0	0	1	1	0	0	10	10								

Abb. 135: PC-Print Erfüllungsgrade (Auszug aus dem Funktionsbereich Fertigungsvorbereitung)
aus: Lang, Auswahl von Standard-Applikations-Software 1989, S. 96

Die beiden vorletzten Spalten zeigen die Gewichtungspunktzahl (7,5) und den erzielten Erfüllungsgrad des Funktionsbereiches Fertigungsvorbereitung von 82,62 %.

Würde Abb. 135 nicht nur einen Ausschnitt aus dem Funktionsbereich "Fertigungsvorbereitung" zeigen, ergäbe sich im Beispiel ein Erfüllungsgrad von 100 %.

Weitere Möglichkeiten der Dokumentation der Ergebnisse sind PC-Prints zur Darstellung des Gesamterfüllungsgrades, Plots pro Funktionsbereich usw. Durch Variation der Gewichtung können auch Sensibilitätsanalysen durchgeführt werden.

Die Analysen in der Grobauswahl haben zu dem Ergebnis geführt, daß marktgängige Anwendungs-Systeme einen Erfüllungsgrad von 80 % und höher erzielen können. Die Feinauswahl hat jetzt zum Ziel, die geeignete Kombination aus Software, Hardware und zugehörigen Anbietern unter Berücksichtigung von Preisen bzw. Kosten zu ermitteln.

2.5.5 Feinauswahl

Aus der Grobauswahl können noch

- Fragen zur Funktionalität der Applikation offen sein (z. B.: wie werden potentielle K.O.-Merkmale vom Anbieter bereinigt: kostenpflichtige oder kostenneutrale Funktionsergänzung?)
- Fragen zu den allgemeinen Merkmalen offen sein, insbesondere zu Hardware und Betriebssystemen, da in der Marktanalyse der Schwerpunkt auf der Applikation lag.

Die Fragen werden in Abstimmunterlagen zusammengefaßt und in der Feinauswahl mit den Anbietern besprochen bzw. geklärt.

Die Anfrageunterlagen beschränken sich für den Software-Anbieter auf die Beschreibung der Installationstopologien, da die Lizenzierung davon abhängig ist (z. B. Lizenzierung im Hardware-Cluster) und auf die Abstimmunterlagen. Für den Hardware-Anbieter sind die Unterlagen umfangreicher:

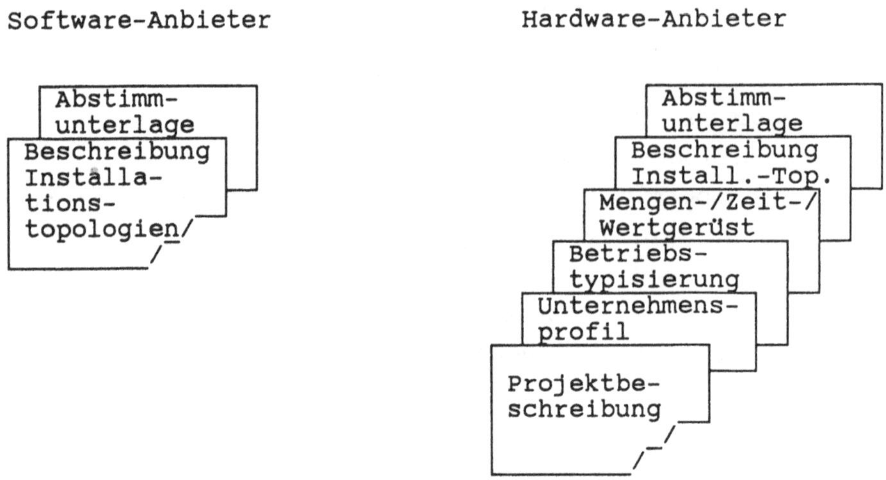

Abb. 136: Anfrageunterlagen Feinauswahl

aus: Lang, Auswahl von Standard-Applikations-Software 1989, S. 110

Die Anfrageunterlagen müssen den Anbietern inhaltlich erläutert werden. Bei diesen Terminen (für die Applikation sinnvollerweise beim Anbieter) werden die Abstimmunterlagen geklärt, offene Punkte (vor allem kostenpflichtige Funktionsergänzungen) sind in das Angebot aufzunehmen. Rückgrat-Funktionen der Applikation sollen in einer On line-Demonstration präsentiert werden; als Synergie-Effekt ergibt sich ein persönlicher Eindruck von den Anbietern, der im Hinblick auf die Abhängigkeit des Anwenders vom Standardsoftware-Lieferanten besonders wichtig ist.

Die Anbieter für Software und Hardware müssen miteinander kommunizieren, um ein abgestimmtes technisches Angebot und damit Lösungskonzept präsentieren zu können. Hier sollten keine einschränkenden Vorgaben durch die Projektgruppe gemacht werden.

Während die Anbieter die Angebote erstellen, hat die Projektgruppe Gelegenheit zu Referenzkundenbesuchen, um die Qualität installierter Lösungen beurteilen und die Erfahrungen von Anwendern aufnehmen zu können. Solche Besuche sind zur Gewinnung eines abgerundeten Gesamtbildes über die gegebenen Alternativen äußerst wertvoll. Nach Vorliegen der Angebote kann die Analyse, Bewertung und Dokumentation der Feinauswahl erfolgen. Sie wurde im FAG-Projekt nach den Hauptgliederungspunkten vorgenommen:

- Anwendungs-Software
  . Applikation
  . Anbieter
  . Basis-Software

- Hardware
  . Rechner
  . Betriebssystem
  . Anbieter

2.5.5.1 Anwendungs-Software

Die Bewertung der Anwendungs-Software erfolgte auf der Basis von Punktwerten von 0 bis 5, jeweils fallweise im Vergleich zur idealen Ausprägung (soweit definierbar, z. B. für die geforderte Funktionalität) bzw. zur besten gegebenen Ausprägung:

0 = nicht vorhanden
1 = ungenügende Merkmalsausprägung
2 = mangelhafte Merkmalsausprägung
3 = ausreichende Merkmalsausprägung
4 = befriedigende Merkmalsausprägung
5 = gute bis sehr gute Merkmalsausprägung

2.5.5.1.1 Applikation

Mit der Applikation wird die **Anwendungsfähigkeit** der Systeme bewertet; sie erhält eine Gewichtungspunktzahl von 60 (siehe links oben in Abb. 137). Innerhalb der Applikation wird in den Beurteilungsbereichen nochmals spezifisch gewichtet (Teilgewichtung). Die Zahlenangaben in den Spalten "Softwarepaket X" sind die vergebenen Punktwerte.

Gewichtungspunktzahl 60	Applikation	Teilgewichtung	Softwarepaket 1	Softwarepaket 2	Softwarepaket 3
Beurteilungsbereiche:					
1.	Funktionalität der Standardapplikation	40	4	4	3
2.	DV-technischer Aufbau (mandantenspezifische Differenzierungsmöglichkeiten, Integrationsgrad, Modularität, Aktions-DB/ Methoden-DB)	10	5	5	1
3.	Individualisierungsmöglichkeiten für Schnittstellenanpassungen und Auswertungen (Parametrierbarkeit, Endbenutzersprache, Funktionsergänzungen)	10	4	5	2
4.	Benutzeroberfläche (Helps, on-line-Dokumentation, Menue-Technik, Funktionstasten, Masken-Design, Graphik/Farbe)	10	5	5	3
5.	Portabilität (Hardware, Betriebssystem, Software-Segmentierung/hierarchisches Konzept)	10	4	3	4
6.	Datenschutz (Änderungsberechtigungen, Zugriffsberechtigungen, Nachweis der Zugriffsversuche)	10	5	4	5
7.	Schnittstellen zu Umsystemen (Technische Systeme, Lagerverwaltungs- und Transportsysteme, PC-Host-Verbindung, Unterstützung der DFÜ)	5	3	3	2
8.	Anbindungsfreundlichkeit an Zentralstellen-Systeme	5	4	1	1
Gewichtete Punktwertsumme (max. 500)		100	425	400	285
Rang			1	2	3

Abb. 137: Bewertung Applikation

aus: Lang, Auswahl von Standard-Applikations-Software 1989, S. 114

Auch der funktionale Erfüllungsgrad aus der Grobauswahl wird im Beurteilungsbereich 1 in Punktwerte umgesetzt. Die Punktwerte sind mit den einzelnen Teilgewichtungen zu multiplizieren und spaltenweise zu addieren (z. B. 40 x 4 + 10 x 5 ...

5 x 4, Summe: 425). Aus Gründen der Übersichtlichkeit werden hier und in den folgenden Darstellungen die Zwischenergebnisse unterdrückt.

2.5.5.1.2 Anbieter

Der Anbieter erhält eine Gewichtungspunktzahl von 30. Die Anbieterbewertung bringt die **mittel-/langfristige Tragfähigkeit der Anwendungen** zum Ausdruck und sollte deshalb eine angemessene Punktzahl erhalten.

Gewichtungspunktzahl 30	Anbieter	Teilgewichtung	Anbieter 1	Anbieter 2	Anbieter 3
Beurteilungsbereiche:					
1.	Firmenprofil (Rechtsform, Gründungsjahr, Stammhaus, Mitarbeiter)	5	5	2	1
2.	Entwicklungsorganisation	15	5	2	3
3.	Einflußnahme-Möglichkeiten des Anwenders (Einflußnahme auf Anbieterentwicklungen, gemeinsame Entwicklungen, Benutzer-Kreise, Releasefähigkeit von Anwender-Entwicklungen)	10	4	4	3
4.	Service-Konzept (nächster Stützpunkt, Fernwartung, Testverfahren, Schnelligkeit)	10	3	3	2
5.	Releases (Zeitversatz, Dokumentation, Einsatzhilfen)	15	4	5	3
6.	Projekt-Management (Tools, Implementierungsunterstützung)	15	4	5	5
7.	Schulung	10	5	3	2
8.	Produkt-Verbreitung (Installationsdichte, Referenzen, Zukunftsentwicklung)	20	5	2	1
Gewichtete Punktwertsumme (max. 500)		100	440	330	260
Rang			1	2	3

Abb. 138: Bewertung Applikations-Anbieter

aus: Lang, Auswahl von Standard-Applikations-Software 1989, S. 115

2.5.5.1.3 Basis-Software

Mit der Bewertung der Basis-Software lassen sich die Wartbarkeit und Anpassungsfähigkeit beurteilen. Da die Standard-Software nach Möglichkeit nicht wesentlich modifiziert werden soll (Releasefähigkeit), verliert die Basis-Software an Bedeutung und gewinnt die Applikation an Gewicht; die Basis-Software erhält deshalb eine Gewichtungspunktzahl von 10.

Gewichtungspunktzahl 10	Basis-Software ohne Betriebssystem	Teilgewichtung	Softwarepaket 1	Softwarepaket 2 ▽	Softwarepaket 3
Beurteilungsbereiche:					
1.	Datenbasis	25	4	3	2
2.	Programmiersprachen	25	4	4	2
3.	Data Dictionary	25	4	5	2
4.	Tools	25	3	4	3
Gewichtete Punktwertsumme (max. 500)		100	375	400	225
Rang			2	1	3

Abb. 139: Bewertung Basis-Software

aus: Lang, Auswahl von Standard-Applikations-Software 1989, S. 116

2.5.5.1.4 Preise/Kosten

Die Preise bzw. Kosten gehen nicht in die gewichtete Bewertung ein; die Zusammensetzung der Einzelpositionen muß kommentiert werden.

Kommentar zu Preise/Kosten

- Die Preise für die "Standardapplikation" umfassen die Nettopreise für die Module gemäß Angebot für insgesamt 3 CPU-Installationen (räumlich getrennt), wobei 2 Installationen

Preise/Kosten	Einmalpreise in TDM			laufende Kosten TDM/a		
	Software-paket 1	Software-paket 2	Software-paket 3	Software-paket 1	Software-paket 2	Software-paket 3
1. Standardapplikation	1.588	1.560	1.328	-	-	-
2. Softwarewartungskosten (Release, Fehlerbereinigung, Anwender-Support)	-	-	-	159	156	133
3. Basis-Software ohne Betriebssystem	311	1.226	571	-	-	-
4. Basis-Softwarewartungskosten	-	-	-	31	123	49
5. Schulungskosten						
Alternative 1: Inhouse beim Anwender	540	600	570	-	-	-
Alternative 2: beim Anbieter	1.500	2.100	1.755	-	-	-
6. Beratungs-/Projektunterstützungskosten (Personal, Tools)	189	243	230	-	-	-
Summe						
a) Inhouse-Schulung beim Anwender	2.628	3.629	2.699	190	279	182
b) Externe Schulung beim Anbieter	3.588	5.129	3.884	-	-	-

Abb. 140: Preise/Kosten

als Mandantensysteme ausgelegt sind (mehr als ein Erzeugnisbereich als Anwender). Der Erzeugnisbereich Bremshydraulik erhält aufgrund seines Mengengerüstes und der notwendigen Koppelung mit dem LMV eine dedizierte CPU.

- Die "Softwarewartungskosten für die Applikation" betragen für jedes Softwarepaket 10 % des Einmalpreises p. a.

- Die Beträge für "Basis-Software ohne Betriebssystem" umfassen die Preise für Datenbanksystem, Endbenutzersprache, Data Dictionary, PC-Connection und DFÜ-Software, soweit sie vom Anbieter der Applikation angeboten werden.

2.5.5.1.5 Aggregierte Bewertung der Anwendungs-Software

Applikation, Anbieter und Basis-Software werden in einer aggregierten Bewertung zusammengefaßt. Die Ergebnisse wurden in Tabellenform in Abb. 141 dargestellt. Die Zeilenwerte für die Applikation, den Anbieter und die Basis-Software in Abb. 141 sind die gewichteten Punktwertsummen aus den Abb. 137, 138 und 139.

Anwendungs-Software	Gewichtungspunktzahl	Software-paket 1	Software-paket 2	Software-paket 3
1. Applikation	60	425	400	285
2. Anbieter	30	440	330	260
3. Basis-Software	10	375	400	225
Gewichtete Punktwertsumme (max. 50.000)	100	42.450	37.900	27.150
Rang		1	2	3
4. Preisübersicht Applikations- und Basis-Software für drei CPU-Installationen				
- Einmalpreise TDM				
a) Inhouse Schulung beim Anwender		2.628	3.629	2.699
b) Externe Schulung beim Anbieter		3.588	5.129	3.884
- laufende Kosten TDM/p. a.		190	279	182

Abb. 141: Aggregierte Bewertung der Anwendungs-Software

aus: Lang, Auswahl von Standard-Applikations-Software 1989, S. 119

2.5.5.2 Hardware

Die Hauptgliederungspunkte für Analyse, Bewertung und Dokumentation der Hardware-Angebote sind die Hardware selbst (Rechner), das Betriebssystem und der Anbieter.

Die Logik der Gewichtung entspricht dem bereits applizierten Verfahren bei der Anwendungs-Software.

Hardware	Gewichtungspunktzahl	Softwarepaket 1		Softwarepaket	
		Hardware 1	Hardware 2	2 Hardware 1	3 Hardware 3
1. Hardware	25	370	425	450	345
2. Betriebssystem	45	355	455	355	355
3. Anbieter	30	465	390	465	290
Gewichtete Punktwertsumme (max. 50.000)	100	39.175	42.800	41.175	33.300
Rang		3	1	2	4
4. Preisübersicht					
- Einmalpreise für 3 Installationen TDM		9.573	8.927	11.757	6.333
- laufende Kosten TDM/p. a.		486	618	597	412

Abb. 142: Aggregierte Bewertung der Hardware

aus: Lang, Auswahl von Standard-Applikations-Software 1989, S. 120

Softwarepaket 1 läuft auf der Hardware zweier Anbieter, Softwarepaket 2 läuft ebenfalls auf der Hardware-Alternative 1, jedoch mit abweichendem Konfigurationsvorschlag (siehe Preisunterschiede und die differierenden Punktwertsummen, die den unterschiedlichen technischen Lösungskonzepten Rechnung tragen).

Die Gewichtung unterstreicht die Bedeutung des Betriebssystems und des Anbieters. Die Hardware erhält bei vergleichbarer Technologie eine geringere Gewichtungspunktzahl. Muß der strategischen Einbindung der Hardware in die bestehende/zukünftige Hardware-Landschaft im Unternehmen Rechnung getragen werden, ist die Gesamtbewertung um einen Gliederungspunkt zu erweitern und die vergebenen Gewichtungspunktzahlen proportional zu kürzen; im FAG-Projekt war dies nicht der Fall, die Software-Auswahl konnte hardwareneutral erfolgen.

2.5.5.3 Gesamtbewertung und Entscheidung

In der Gesamtbewertung werden Anwendungs-Software und Hardware zusammengefaßt. Zur Prüfung der Stabilität des Schlußergebnisses kann eine Sensibilitätsanalyse durch Variation der Gewichtung durchgeführt werden (0,6/0,4, 0,5/0,5 etc.). Im Beispiel (Abb. 143) ändert sich die Reihenfolge erst dann, wenn die Anwendungs-Software eine Gewichtungspunktzahl von 0,3 und die Hardware 0,7 erhält; dann rückt Softwarepaket 2 mit Hardware 1 auf Rang 2 vor.

Mit der Dokumentation der Feinauswahl und der Empfehlung der Projektgruppe für eine Kombination Anwendungs-Software/Hardware ist der Auswahlprozeß abgeschlossen; Softwarepaket 1 ist das Produkt SAP R/2, die beurteilten Hardware-Systeme wurden von IBM und SIEMENS angeboten. Die Geschäftsleitung traf - zeitlich versetzt - folgende Entscheidungen:

a) Im Produktgebiet Industrietechnik wird das Anwendungssystem SAP R/2 für die Erzeugnisbereiche der KGaA mit dem Betriebssystem BS2000 eingesetzt;

b) in der Muttergesellschaft und den Erzeugnisbereichen der Lagerungstechnik in der KGaA wird SAP mit dem Betriebssystem MVS eingesetzt;

c) in den Beteiligungsgesellschaften wird SAP mit MVS eingesetzt, solange das R/3-System von SAP nicht verfügbar ist.

Gesamtbewertung	Gewichtung	Softwarepaket 1		Softwarepaket 2	Softwarepaket 3
		Hardware 1	Hardware 2	Hardware 1	Hardware 3
1. Anwendungs-Software	0,7	42.450		37.900	27.150
2. Hardware	0,3	39.175	42.800	41.175	33.300
Gewichtete Punktwertsumme (max. 50.000)	1,0	41.468	42.555	38.883	28.995
Rang		2	1	3	4
Einmalpreise für 3 Installationen TDM (Applikation und Hardware)	-	11.472	10.826	14.543	8.232
Laufende Kosten TDM/p. a. (Applikation und Hardware)	-	676	808	876	594

Abb. 143: Gesamtbewertung Anwendungs-Software und Hardware

aus: Lang, Auswahl von Standard-Applikations-Software 1989, S. 121

2.6 Informationstechnische Rahmenkonzeption

Mit den Geschäftsleitungsbeschlüssen waren die wesentlichen Produkte für die informationstechnische Rahmenkonzeption definiert. Nach den umfangreichen konzeptionellen Vorarbeiten für die Entwicklung des Anwendungs- und Integrationsmodells reduziert sich die Entwicklung der informationstechnischen Rahmenkonzeption für den Erzeugnisbereich Bremshydraulik auf das Zuordnen der Produktentscheidungen auf den jeweiligen Funktionsbereich/die jeweilige Funktion in der zu betrachtenden Ebene.

In den folgenden Abbildungen 144 und 145 wurde die Struktur des Anwendungs- und Integrationsmodells aus den Abbildungen 126/127 zugrundegelegt und die jeweiligen Funktionsbereichsbezeichnungen durch die Namen der Anwendungs-Produkte ersetzt, die für das Projekt ausgewählt wurden; die Betriebssystembezeichnungen wurden dem jeweiligen Rechnersystem zugeordnet. Für die Kommunikation im Weitverkehrsbereich wird X.25 als Standard eingesetzt, im Lokalbereich wurde Ethernet als LAN gewählt, die Installation spezifischer Fabriknetze hat sich als nicht notwendig erwiesen.

Kurzer Kommentar zu den Abbildungen 144/145:

- Ebene Muttergesellschaft/KGaA

  Die Fachanwendungen werden mit der Standardsoftware SAP abgedeckt; eine Ausnahme bildet noch der Funktionsbereich Konzernabschlüsse und -budgets, da die heute im Einsatz befindlichen Individualprogramme für die Planungsrechnung funktional noch nicht durch die SAP-Software abgelöst werden können. Die SAP-Teilsysteme für Finanzbuchhaltung und Anlagenbuchhaltung (RF und RA) und für die Personalverwaltung und -abrechnung (RP) sind zentral installiert. Die Funktionswahrnahme im Bereich Personal erfolgt dezentral in den Erzeugnisbereichen.

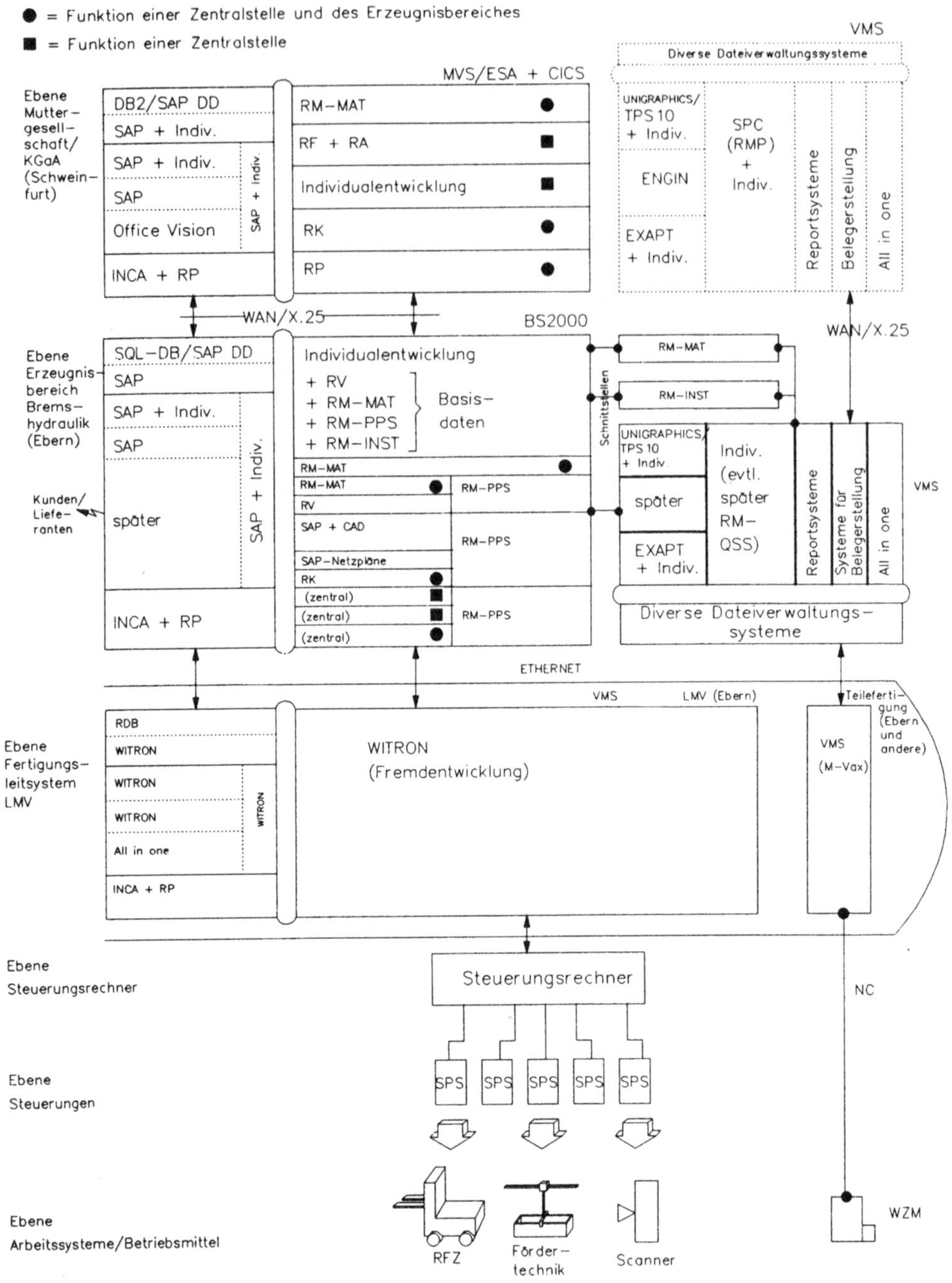

Abb. 144: Informationstechnische Rahmenkonzeption des Erzeugnisbereiches Bremshydraulik mit dem Werk LMV (rechts oben das CA-System des EB Wälzlager)
Anm: Indiv. = Individualentwicklungen; Später = Produktentscheidung stand zum Zeitpunkt der Manuskripterstellung noch aus

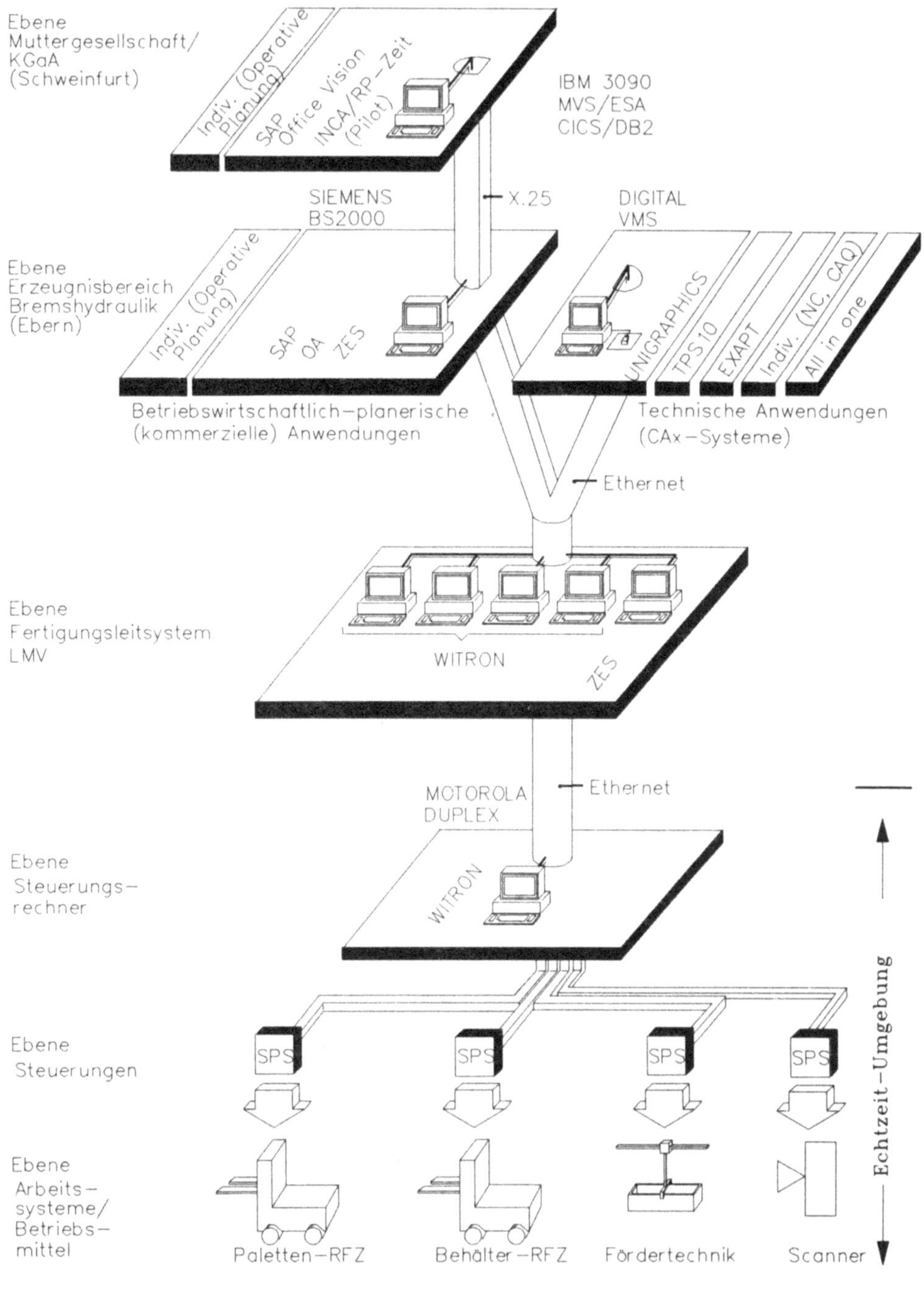

Abb. 145: Informationstechnische Rahmenkonzeption des Erzeugnisbereiches Bremshydraulik mit dem Werk LMV

Als Datenverwaltungssystem wird das Standard-Datenbanksystem DB2 und das SAP-Data Dictionary eingesetzt. Im Bereich der Methoden und Verfahren wird die SAP-Funktionalität genutzt, die bereits heute bereichsübergreifenden Charakter hat (z. B. Nutzung der exponentiellen Glättung für die Materialdisposition und die operative Planung).

Individualisierungen werden im Report-System vorgenommen, indem das Angebot an Standard-Auswertungen von SAP (sogenannte "ABAPs") auf die Anforderungen von FAG angepaßt wird und neben den internen Daten die notwendigen externen Zeitreihen ergänzt werden (für Planungsfunktionen). Die Belegerstellung für Standarddokumente (Auftragsbestätigungen, Rechnungen etc.) erfolgt innerhalb der SAP-Fachanwendungen, die Belegerstellung für Nicht-Standarddokumente und die restlichen in Abbildung 126 dargestellten Funktionen der Bürokommunikation werden mit dem System Office Vision abgedeckt. Im Entscheidungsunterstützungs-System sind ebenfalls individuelle Ergänzungen notwendig, analog dem Reportsystem.

Bei der Zeiterfassung werden INCA-Zeiterfassungsterminals und INCA-Software für den Datenaustausch mit dem RP-System auf dem Host eingesetzt. Die Betriebssystem-Plattform ist MVS/ESA mit dem TP-Monitor CICS.

- Ebene Erzeugnisbereich Bremshydraulik

Im Bereich der kommerziellen Anwendungen werden für die Funktionen der operativen Planung ebenfalls noch Individualentwicklungen eingesetzt, wobei die SAP-Systeme RV, RM-MAT, RM-PPS und RM-INST die Lieferanten für die Basis-Daten sind.

Als Datenverwaltungssystem wird auf dieser Ebene ISAM/PAM eingesetzt, zukünftig soll eine ANSI-SQL-Datenbank eingesetzt werden (SESAM/SQL oder ADABAS). Das SAP-Data Dictionary ist ebenfalls installiert. Für die Bürokommunikation wird in der Zukunft ein System konzipiert und eingesetzt, die Produktentscheidung stand bei Manuskripterstellung noch nicht fest; dann wird auch sukzessive eine Ablösung konventioneller kommerzieller Terminals durch intelligente, graphikfähige Workstations erfolgen.

Als Betriebssystem für die betriebswirtschaftlich-planerischen Funktionen im Erzeugnisbereich wird BS2000 eingesetzt.

Im technischen Bereich sind für die Funktionen Entwicklung/Konstruktion das CAD-System UNIGRAPHICS und das Finite-Elemente-Berechnungssystem TPS10 im Einsatz. Ein CAP-System ist für eine spätere Phase vorgesehen. Das NC-Programmiersystem EXAPT wurde anwendungsspezifisch erweitert (z. B. maschinenspezifische Postprozessoren, Geometrie- und Bearbeitungsmakros, Weiterentwicklung der CAD-Schnittstellen und des NC-Archives). Im Bereich CAQ herrschen noch Eigenentwicklungen vor, die später durch RM-QSS abgelöst werden sollen. Bürokommunikationssystem ist All in one.

Die Betriebssystem-Plattform für alle technischen Anwendungen im Konzern und damit auch im Erzeugnisbereich Bremshydraulik ist VMS.

- Ebene Werk LMV

  Die Anwendungen für das Fertigungsleitsystem LMV wurden von WITRON realisiert. Als Datenbanksystem wird RDB eingesetzt; Bürokommunikationssystem: All in one. Als Hardware für die DNC-Leitrechner in den Teilefertigungen werden µ-Vax-Systeme mit VMS eingesetzt.

In Abb. 146 ist abschließend die Rechnerhierarchie im Erzeugnisbereich Bremshydraulik mit dem Werk LMV dargestellt. Mit dieser Abbildung ist ein hinreichender Detaillierungsgrad für die Beschreibung der informationstechnischen Rahmenkonzeption im Erzeungisbereich Bremshydraulik erreicht.

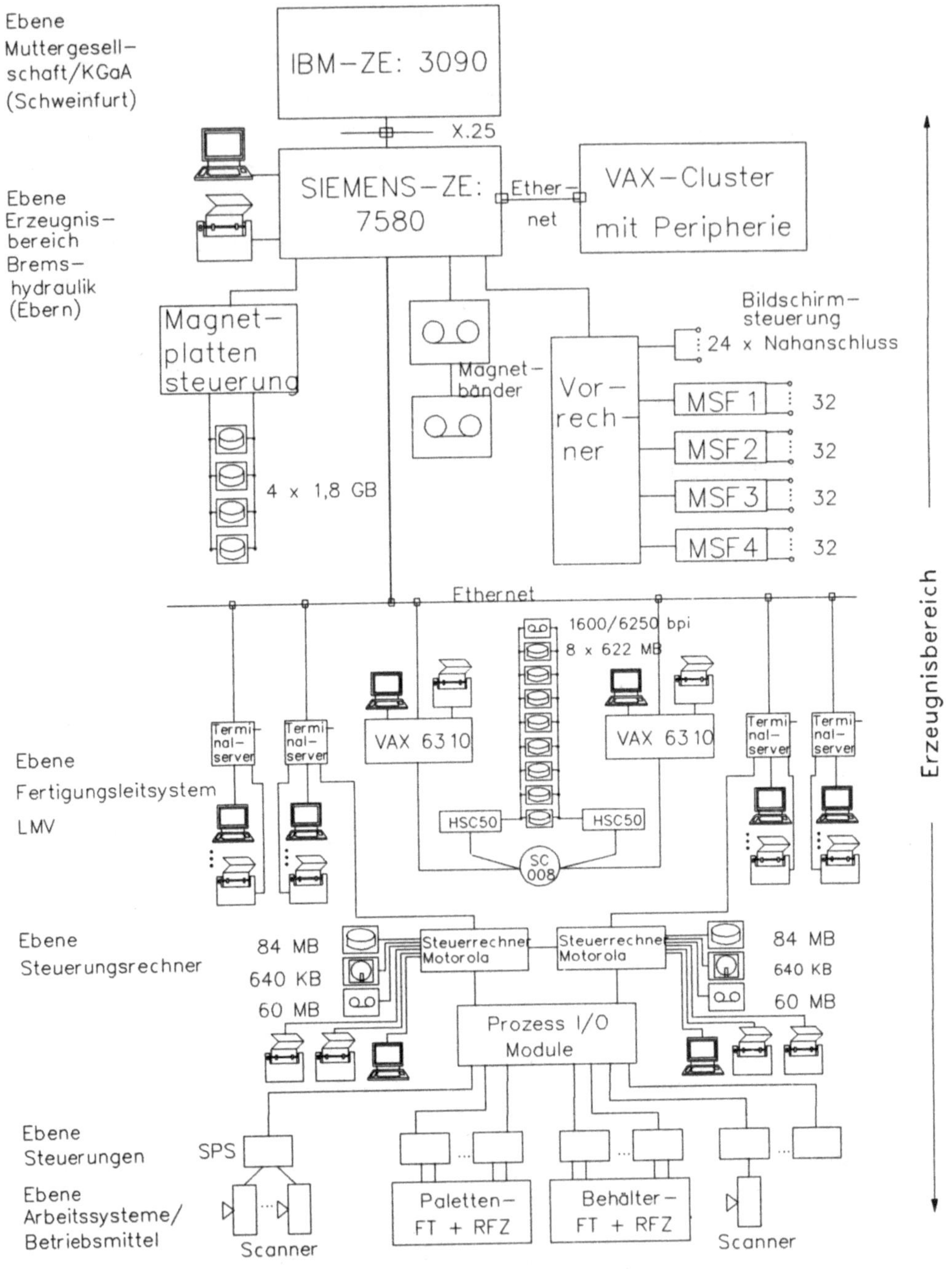

Abb. 146: Rechnerhierarchie im Erzeugnisbereich Bremshydraulik mit dem Werk LMV

2.7 Projektorganisation

Bis zur Phase der informationstechnischen Rahmenkonzeption für die Erzeugnisbereiche der Industrietechnik waren die Projekte im wesentlichen zentral organisiert, d. h. die Mitarbeiter der zuständigen Abteilung in GL-1 waren zwar für Ist- und Anforderungsanalysen, Informations- und Abstimmgespräche vor Ort, hatten aber ihren festen Arbeitsplatz im Stammhaus Schweinfurt. Für die Phase Implementierung bzw. Realisierung wurde die Vorgehensweise gewählt, daß die Projekte parallel realisiert werden, wobei die Implementierung der Standard-Software SAP den Takt gibt; die zentrale Projektorganisation war zu überdenken.

2.7.1 Implementierung der Standard-Software SAP in den Erzeugnisbereichen Industrietechnik

Für die Implementierung der SAP-Systeme wurden 9 Thesen bzw. Grundsätze bezüglich der Projektorganisation formuliert, die sich bis heute bewährt haben.

These 1:
Die mit den Projekten angestrebte Dezentralisierung der DV-Systeme führt zu einer **dezentralisierten** und **vermaschten** Form der **Projektorganisation** zwischen GL-1 (Informationssysteme, Logistiksysteme und Organisation, vgl. Abb. 118) und dem Anwender, d. h. dem Erzeugnisbereich.

Für jeden Erzeugnisbereich wurde ein Projektteam gebildet, das sich aus Mitarbeitern der GL-1 und dem jeweiligen Erzeugnisbereich - nach Möglichkeit paritätisch - zusammengesetzt (Aufgabenschwerpunkt: Organisation). Das Projektteam ist vor Ort im Erzeugnisbereich installiert. Die Mitarbeiter sind **Vollzeit** für das Projekt abgestellt und werden von einem Installationsleiter geführt, dem sie fachlich unterstellt sind. Die Installationsleiter (IL) berichten dem Projektleiter (PL).

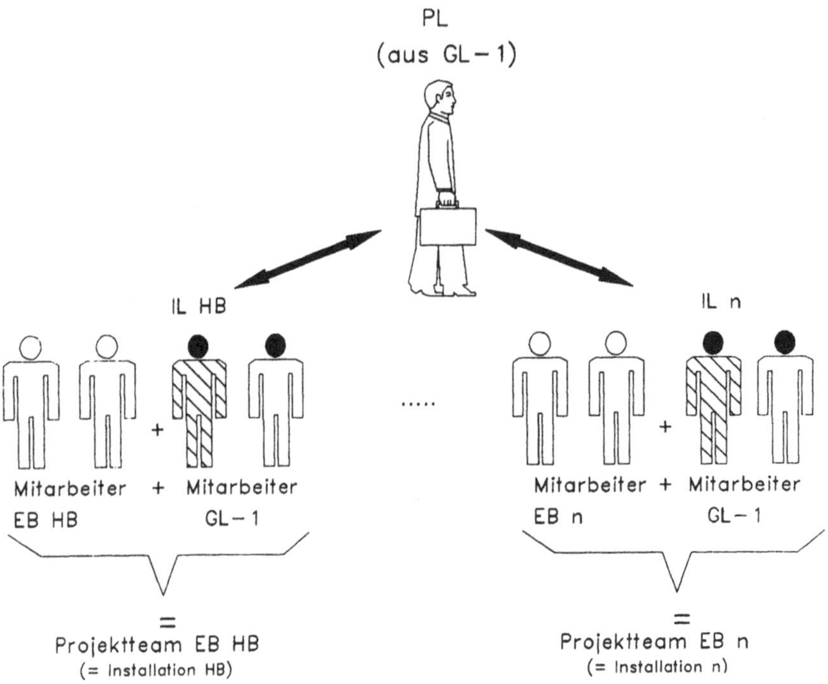

Abb. 147: Grundmuster der Projektorganisation SAP
PL = Projektleiter GL-1 = Hauptabteilung "Informationssysteme, Logistiksysteme und Organisation"
IL = Installationsleiter
EB HB = Erzeugnisbereich Bremshydraulik

Diese Organisationsform garantiert die Nähe zum Projekt und weist eine klare fachliche Kompetenzregelung auf.

These 2:

Es werden **Linienverantwortliche und Fachkoordinatoren** (L+F) in den Erzeugnisbereichen benannt, die das Projektteam als kompetente Ansprechpartner **temporär** unterstützen. Externe **Software- bzw. SE-Berater** (SE = Systementwicklung) werden dem Projekt zentral zugeordnet. Die projektbezogene Ausrichtung schließt auch die Mitarbeiter ein, die für die Informations- und Kommunikationstechnik zuständig sind (Planen und Einrichten der Rechenzentren, Netze, Verkabelungen, Installation von Endgeräten etc.).

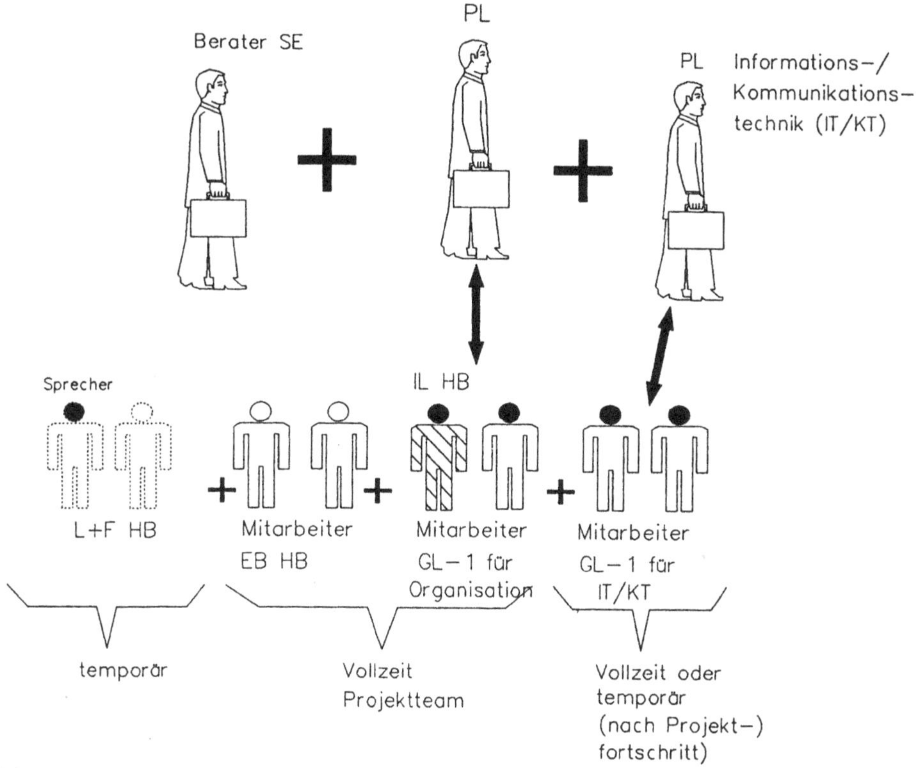

Abb. 148: Linienverantwortliche/Fachkoordinatoren (L+F) und Berater im Projekt

Linienverantwortliche und Fachkoordinatoren sind Mitarbeiter, die entweder aufgrund ihrer Funktion, ihres Know hows oder ihrer hierarchischen Stellung das Projekt in besonderem Maße fördern oder behindern können; ihre Einbindung (temporär) stellt sicher, daß diese Mitarbeiter immer aktuell informiert sind. Als weitere Vorteile ergeben sich:

- Möglichkeit der partizipativen Systemplanung, -entwicklung und -implementierung mit dem Anwender;
- gemeinsame Verantwortung aller am Projekt Beteiligten.

These 3:

Die **Mitarbeiter im Erzeugnisbereich**, die dem Projektteam Vollzeit zugeordnet sind, müssen aufbauorganisatorisch linienneutral angesiedelt sein.

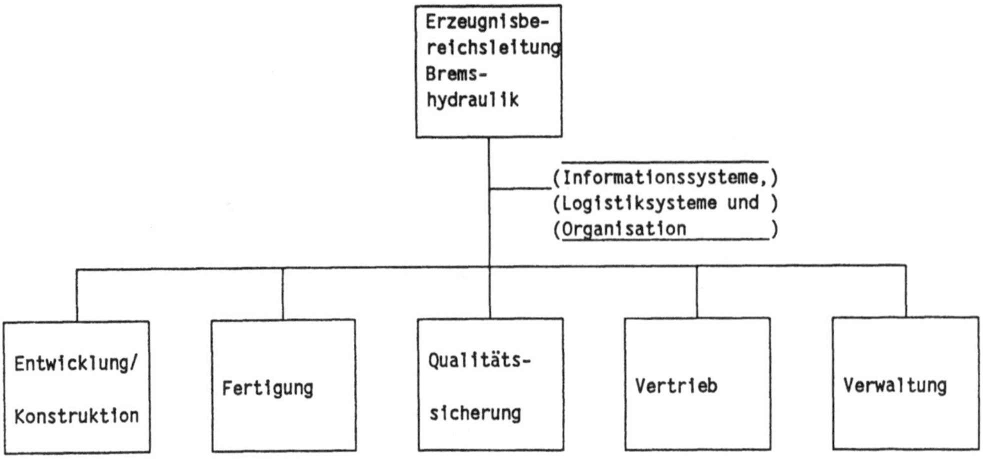

Abb. 149: Linienneutrale Ansiedelung des Projektes

In jedem Erzeugnisbereich wurde eine Stabstelle eingerichtet, die direkt an den Erzeugnisbereichsleiter berichtet (analog GL-1: Berichtsweg an den Sprecher der Geschäftsleitung); dieser Stabstelle wurden **ausschließlich** die EB-Mitarbeiter zugeordnet, die **Vollzeit** für das Projekt SAP oder andere informationstechnische bzw. logistische Projekte tätig sind. Dies stellt sicher, daß Linieninteressen nicht grundsätzlich vor Projektinteressen gehen.

These 4:

Gemeinsame Basis der Projektaktivitäten ist ein **Implementierungsrahmenplan**. Konzepte werden durch **Prototyping** mit dem Anwender am System entwickelt, nicht am grünen Tisch.

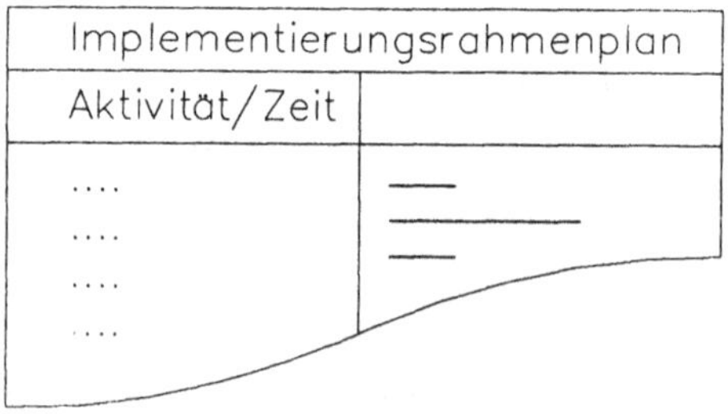

Abb. 150: **Ein** Implementierungsrahmenplan bei paralleler Projektrealisierung

Durch die parallele Realisierung (Alternative: sequentiell) ist der horizontale Erfahrungsaustausch zwischen den Projektteams in allen Phasen möglich bzw. gegeben. Der Implementierungsrahmenplan bildet die gemeinsame Aktivitätenbasis. Gegenüber der sequentiellen Realisierung (Erzeugnisbereich nach Erzeugnisbereich) ergeben sich erhebliche Zeitgewinne.

These 5:

Das Berichts- und Informationswesen im Projekt muß institutionalisiert werden.

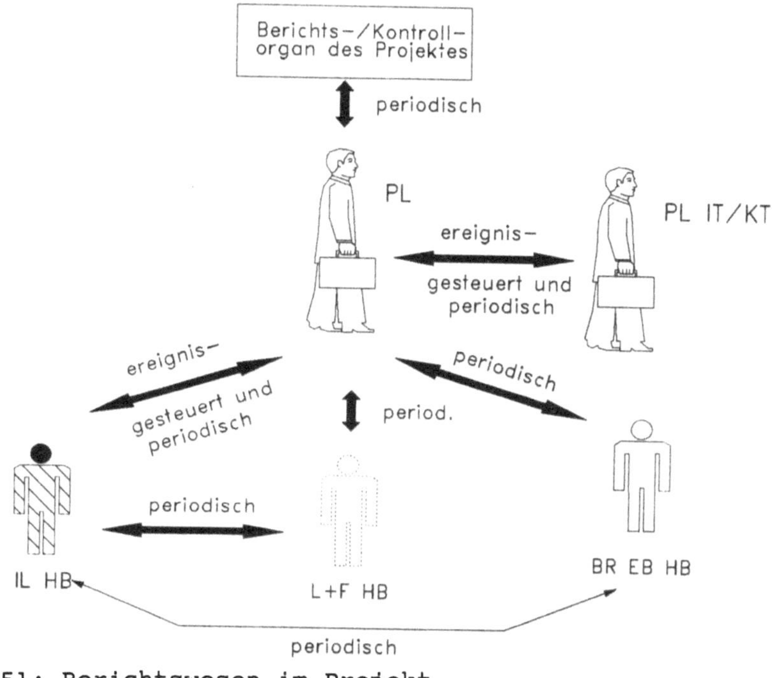

Abb. 151: Berichtswesen im Projekt

Informiert werden müssen die Linienverantwortlichen und Fachkoordinatoren (L + F) periodisch, ebenso der Betriebsrat (BR) und das Berichts-/Kontrollorgan des Projektes. Der Projektleiter (PL) tauscht sich sowohl ereignisgesteuert als auch periodisch mit seinen Installationsleitern und dem Projektleiter für die Informations- und Kommunikationstechnik aus. Im FAG-Projekt haben sich vor allem die in wöchentlichem oder 14tägigem Rhythmus stattfindenden Installationsleiterbesprechungen (IL + PL) als wichtig erwiesen. Abstimmungen mit externen Partnern gehören ebenso zum Berichts-/ Informationswesen im Projekt.

These 6:

Die Mitarbeiter des **Projektteams** wirken als **Multiplikatoren** für die Anwender eines Erzeugnisbereiches. Sie übernehmen die Ausbildung für die Anwender.

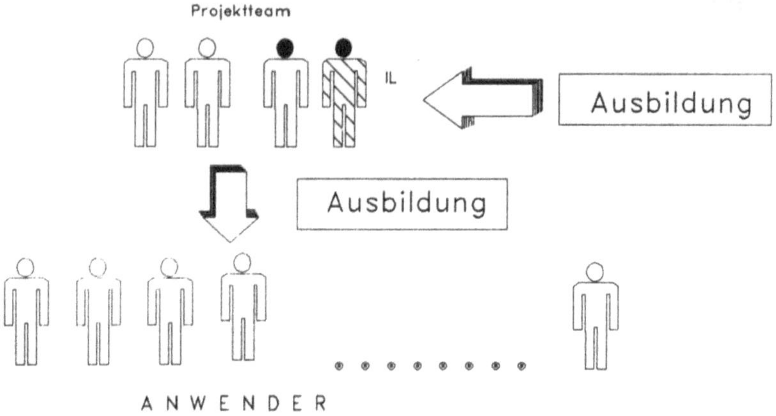

Abb. 152: "Multiplikator" Projektteam

These 7:

Eine **zentrale Systemgruppe** betreut das **SAP-Basissystem**. Sie richtet die **Entwicklungs-** und **Test-(Qualitätssicherungs-) Systeme** auf den **Rechnern** ein und betreut die **Produktiv-Systeme**.

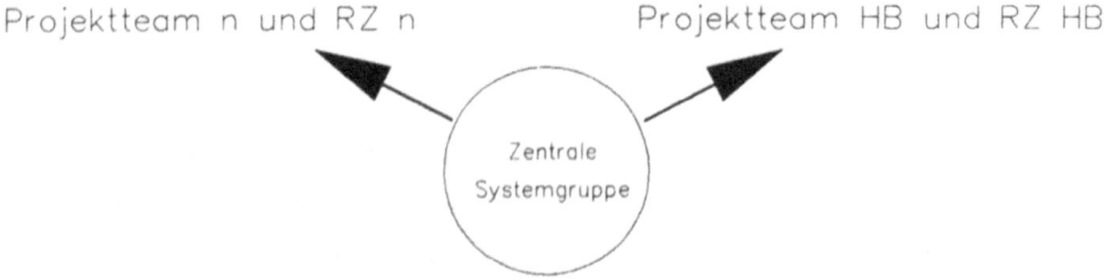

Abb. 153: Zentrale SAP-Systemgruppe

Die zentrale Systemgruppe hat daneben die Aufgabe der ABAP-Programmierung (4. GL-Sprache von SAP) für das FAG-Berichtswesen (Reportsystem) und der systemtechnischen Realisierung von maschinellen Schnittstellen zu den Umsystemen im Anwendungs- und Integrationsmodell.

Put level- und Release-Wechsel werden von der Systemgruppe vorbereitet und mit den Projektteams (anwendungsorganisatorischer Teil) durchgeführt.

Die Systemgruppe bietet Hot-line-Telefonservice für die Projektteams und übernimmt die Fehlerbereinigung in den Systemen, in schwierigen Fällen in Zusammenarbeit mit SAP.

These 8:

Bereits während der Implementierung der Systeme, die sich über ca. 4 Jahre erstreckt, werden **strategische Releases** definiert und der Zeitbedarf für den Release-Wechsel im Implementierungsplan berücksichtigt. Dabei hat sich als realistisch erwiesen:

- Put level-Wechsel (Fehlerbereinigung und geringere Funktionsergänzungen): 2 - 5 Monate;
- Release-Wechsel (Änderungen in den Satzbetten und teilweise komplexe Funktionsergänzungen): 4 - 7 Monate.

Die Systeme sollen grundsätzlich den gleichen (aktuellen) Release-Stand aufweisen.

These 9:

Organisation vor **Modifikation** oder in anderen Worten: **Standard-Software** vor **Individual-Software**; dadurch:

- Reduzierung des Modifikationsaufwandes, geringerer Bedarf an Systemanalytikern und Programmierern;

- Chance für organisatorische Veränderungen;
- Bewahrung der Releasefähigkeit;

denn: strukturelle Probleme löst kein DV-System.

Anmerkung:

Nach der Grobauswahl von Standard-Software muß die Einsatz-Strategie für die Systeme verbindlich fixiert werden, da die nachgelagerten Aktivitäten, nämlich Feinauswahl und Implementierung, davon erheblich beeinflußt werden. Als Einsatz-Strategien sind denkbar:

a) Nutzung des Standardsystems und permanente funktionale Erweiterung durch Einsatz neuer Releases, die vom Anbieter im Rahmen eines Wartungsvertrages angeboten werden (Vorgehensweise bei FAG, siehe Thesen 8 und 9).

   Dieser Weg bietet sich an, wenn marktgängige Systeme einen Erfüllungsgrad $\geq$ 80 % (Grobauswahl!) aufweisen. Die Gewichtung der Objekte Applikation, Anbieter und Basis-Software in der Feinauswahl kann dann wie unter Punkt E.2.5.5.1 erfolgen, d. h. Applikation (Anwendungsfähigkeit) und Anbieter (mittel-/langfristige Tragfähigkeit der Anwendungen) werden relativ stark gewichtet, die Basis-Software (Wartbarkeit/Anpassungsfähigkeit) verliert an Bedeutung.

b) Zukauf eines Anwendungssystems zur kurzfristigen Erhöhung des DV-Durchdringungsgrades und weitere Eigenentwicklung auf erhöhtem Durchdringungsniveau.

   Diese Einsatzstrategie bietet sich an, wenn der Erfüllungsgrad der Systeme deutlich unter 80 % liegt und auch die Releaseplanung des Anbieters diese Situation nur unwesentlich verbessert. Eine Wartungsvereinbarung wird dann hinfällig. Es ist aber zu beachten, daß die Schwerpunkte der Gewichtung in der Feinauswahl völlig anders gesetzt werden müssen, d. h. der Anbieter wird nahezu bedeutungslos und die Basis-Software erhält einen sehr hohen Stellenwert.

c) Schließen eines Entwicklungsvertrages mit einem Software-Anbieter (Joint development), d. h. Verhandeln eines Gesamtpaketes aus Standardsystem (Entwicklungsbasis) und Individualentwicklungen, die gemeinsam realisiert werden (siehe Punkt A.2.4).

   In diesem Fall sind die Objekte Applikation, Anbieter und Basis-Software in gleicher Höhe zu gewichten, da sie gleichermaßen wichtig sind. Die Preise bzw. Kosten, die normalerweise bei der Software-Auswahl **kein** entscheidendes Kriterium darstellen sollten, können bei dieser Vorgehensweise u. U. den Ausschlag geben.

2.7.2 CIL-Projekte im Erzeugnisbereich Bremshydraulik

Das Lager-, Montage- und Versandzentrum wurde ebenfalls bis zur Auswertung der Anbieter-Lösungen zentral betreut. Danach wurde die Projektverantwortung für das logistische Projekt auf den Leiter der neugebildeten Stabstelle "Informationssysteme, Logistiksysteme und Organisation" im Erzeugnisbereich übertragen, um die Koordination mit der SAP-Implementierung sicherzustellen. Beim Aufbau der Kommunikationssysteme/DFÜ im Rahmen der SAP-Implementierung kann auf die Erfahrungen zurückgegriffen werden, die mit der DFÜ zu Kunden und Lieferanten seit 1985 gesammelt wurden.

Die Bauprojekte und die Restrukturierung und Modernisierung der Produktions- und Materialflußtechnik wurden den zuständigen Fachabteilungen im Erzeugnisbereich übertragen. Der Ausbau der CA-Systeme erfolgt durch GL-1 und der eingerichteten Stabstelle im Erzeugnisbereich, die Mitarbeiter der GL-1 sind für diese Aufgabe jedoch nicht permanent vor Ort.

Für die abgestimmte Realisierung aller Projekte wurde ein Gesamtprojektplan verabschiedet, definierte Meilensteine waren von den Teilprojektverantwortlichen verbindlich einzuhalten.

2.8 Stand der Projekte 1990

Auf der Ebene **Muttergesellschaft/KGaA** sind die SAP-Anwendungen im wesentlichen realisiert (RM-MAT, RF, RA, RK, RP). Bei den Anwendungen Bürokommunikation und Zeiterfassung wird sukzessive (sequentiell) realisiert, d. h. Erzeugnisbereich für Erzeugnisbereich bzw. Werk für Werk. Diese Vorgehensweise ist auch durch den hohen Investitionsbedarf angezeigt, der durch den Einsatz intelligenter Workstations im Verwaltungsbereich mit dem Einsatz von Bürokommunikationssystemen entsteht.

Im **Erzeugnisbereich Bremshydraulik** ist die Rechnerhierarchie gemäß Abb. 146 vollständig realisiert, im Dezember 1989 erfolgte die Inbetriebnahme des Lager-, Montage- und Versandzentrums mit konventionellen Materialfluß, im Juli 1990 wurde die maschinelle Fördertechnik (2000 m staudrucklose Rollenbahnen) in Betrieb genommen.

Die SAP-Grundsysteme sind implementiert, im Bereich PPS steht für 1991 noch die Realisierung der Materialdisposition mit Prognosemodul an. Im Funktionsbereich Vertrieb wird z. Z. noch ein eigenentwickeltes Vertriebsinformationssystem eingesetzt, das einen leistungsfähigen DFÜ-Modul besitzt. Die Ablösung dieses Systems durch RV ist 1992 geplant. Weitere Projekte im Erzeugnisbereich ergeben sich mit dem Einsatz von CAQ-Systemen (RM-QSS), den Aufbau einer leistungsfähigen Instandhaltung (RM-INST) und evtl. eines entscheidungstabellenorientieren CAP-Systems. Bezüglich der Bürokommunikation und der Zeiterfassung gelten die gleichen Aussagen wie auf der Ebene Muttergesellschaft/KGaA.

Der bisherige und zukünftige zeitliche Ablauf kann in 3 Phasen eingeteilt werden, nämlich

a) 1986/1987: Planung, Konzeption und Produktauswahl; Projektorganisation: überwiegend zentral;

b) 1988 - 1990: Aufbau der informationstechnischen Infrastruktur inkl. Rechenzentren, Schulung der Projektteams am SAP-System, Implementierung der SAP-Grundfunktionalität für Bestandsführung, Beschaffung, Stücklisten, Arbeitspläne, Fertigungsauftragsverwaltung und Kalkulation sowie Ausbau der Arbeitsplätze für CAD und EXAPT; Projektorganisation: dezentrale Organisation mit zentraler SAP-Basisgruppe;

c) 1991 - 1993: Abrundung der SAP-Funktionalität (Materialdisposition mit Prognosemodul, Instandhaltung, Qualitätssicherung, evtl. CAP) und weiterer Ausbau der CAD-/EXAPT-Systeme; Projektorganisation: analog b).

Für die Schulung des Projektteams am SAP-System und die bisher durchgeführten Put level-/Release-Wechsel sind kumuliert 11 - 12 Kalendermonate anzusetzen, die in den Jahren 1988 - 1990 verfügbare Implementierungszeit verkürzt sich entsprechend.

Die Erfahrungen, die bisher im FAG-Projekt gesammelt wurden, decken sich in vielen Punkten mit den Erfahrungen im CIM-Projekt bei SULZER, die VEIT unter Punkt B.2.2.3.5 beschrieben hat. Die mit dem Projekt verbundenen Ziele konnten bisher im wesentlichen realisiert werden, allerdings ist auch die Erfahrung übertragbar, daß die positiven Wirkungen mit hohem Aufwand und beharrlicher Arbeit erkauft werden müssen.

Wesentliche Voraussetzungen für das bisher Erreichte waren, daß

- die Hauptabteilung "Informationssysteme, Logistiksysteme und Organisation GL-1" linienneutral operieren konnte und direkt an den Sprecher der Geschäftsleitung berichtet;

- das Management bei FAG hinter den Projekten steht;

- in einer 2jährigen Konzeptionsphase die Strategie und die Anwendungs- und Integrationsmodelle entwickelt wurden, die mittelfristigen Bestand haben und die Entscheidungen für die Installation bzw. Implementierung von Software- und Hardwareprodukten erleichtert haben;

- eine dezentrale Form der Projektorganisation für die Realisierung gewählt wurde.

Zeitlich belastet wurde das Projekt dadurch, daß die bestehenden Systeme im betriebswirtschaftlich-planerischen Bereich nicht zu einem Stichtag vollständig ersetzt werden konnten ("Big Bang"), sondern sukzessive abgelöst werden müssen. Dadurch war es notwendig, jeweils bei Einsatz einer neuen SAP-Funktion die Schnittstellen zu den "Altsystemen" neu aufzubauen, teilweise in automatisierter Form. In absehbarer Zeit wird es allerdings in der FAG Industrietechnik keine "Altsysteme" mehr geben.

F. Schlußwort

Die Informationsverarbeitung ist heute in mehrfacher Hinsicht im Umbruch. Integration, Rechnerhierarchien, Standard-Software und intelligente Workstations im betriebswirtschaftlich-planerischen Bereich werden die Zukunft bestimmen.

Die Integration wird zunehmend neben der horizontalen Komponente (produktbezogene Integration) eine auftragsbezogene, vertikale Richtung erhalten. Damit verschmilzt die Integration mit der Logistik, der Organisation und der Produktions- und Automationstechnik, konventionelle Projekte der Informationsverarbeitung wie Konzeption und Realisierung einer Finanzbuchhaltung oder einer Materialwirtschaft sind passé. Wer heute noch das Projekt "Auswahl eines PPS-Systems" oder "Auswahl eines Vertriebsinformationssystems" startet, hat die Zeichen der Zeit nicht erkannt. Diese Projekte müssen den Titel "Auswahl integrierter betriebswirtschaftlich-planerischer Anwendungen" haben und können nur auf der Basis eines sorgfältig entwickelten Anwendungs- und Integrationsmodells für das Unternehmen angegangen werden.

Systeme müssen so geplant und installiert werden, daß sie so resistent wie möglich gegen aufbauorganisatorische Veränderungen werden, d. h. sie bilden ein geschlossenes Anwendungssystem (informationslogistische Prozeßkette) von der operativen Planung bis zum Versand mit Integration der technischen Systeme; die Aufbauorganisation wird auf dieser integrierten Basis durch Funktionsberechtigungen abgebildet.

Durch den Einsatz und die Möglichkeiten der Workstations im betriebswirtschaftlich-planerischen Bereich wird es eine sehr starke Annäherung und Vergleichbarkeit der Anforderungen von kommerziellen und technischen Systemen an die Datenverwaltungssysteme geben. Es ist offen, ob die Lösung der Zukunft heterogene verteilte Datenbankmanagementsysteme sind (Standard-Datenbanksysteme im kommerziellen Bereich und

Non-Standard-Datenbanksysteme im technischen Bereich) oder ob sich objektorientierte bzw. relationale Datenbanksysteme so weiterentwickeln, daß sie die gemeinsame Basis für kommerzielle und technische Systeme bilden können. Die Verteilung von Daten und Funktionen ist heute schon teilweise Realität (mit relationalen Datenbanksystemen).

Anbieter im betriebswirtschaftlich-planerischen Bereich werden gezwungen sein, ihre Anwendungen zu segmentieren und vertikal zu verteilen. PPS-Systeme erhalten damit völlig neue Architekturen, die Planungsfunktionen und die Durchsetzungsfunktionen werden entzerrt und den jeweiligen Ebenen im Anwendungs- und Integrationsmodell zugeordnet. Die Kommunikation der Planungsebene mit der Durchsetzungsebene wird auf der Basis der Programm-zu-Programm-Kommunikation in leistungsfähigen LAN zwischen den Rechnern in den Ebenen erfolgen.

UNIX-Systeme haben auf den unteren Ebenen des Anwendungs- und Integrationsmodells gute Einsatzmöglichkeiten, wenn das Angebot an Standardsoftware reichhaltiger wird und die Anwendungssysteme im Schichtenmodell portiert werden können. Mit dem Vordringen des Rechners an den Arbeitsplatz werden die HOST-Systeme immer mehr Server-Funktionen übernehmen und die Anwendungssysteme im Benutzerbereich auf dedizierten Rechnern installiert werden (Client-Server-Konzept).

Die Unternehmen als Anwender der Informations- und Kommunikationstechnik werden bei kritischer Betrachtung ihrer bestehenden Systemlandschaft häufig eine mehr oder weniger stark ausgeprägte Diskrepanz in bezug auf das heute schon oder in naher Zukunft Machbare erkennen. Es ist aber wichtig zu sehen, daß die Systemlandschaft im Unternehmen historisch gewachsen ist; sie ist nicht das Ergebnis einer langjährigen gezielten Fehlplanung, sondern das Produkt fehlender genormter Lösungen und diverser Sachzwänge, die nur pragmatisch lösbar waren. Es gilt deshalb, sich nicht in Rechtfertigungen zu verlieren, sondern die Planung der zukünftigen Systemlandschaft mit einem modernen Anwendungs- und Integrationsmodell und einem strategisch abgesicherten Rahmenkonzept anzugehen und die informationstechnische Zukunft als fordernder Anwender aktiv mitzubestimmen.

G. Literaturverzeichnis

Bullinger H.-J./Niemeier J./Huber H.: Computer Integrated Business (CIB)-Systeme, Entwicklungspfade für eine Integration von CIM- und Büroautomations-Konzepten, in: CIM MANAGEMENT, München, 3/87, S. 12 - 19

CAI im Spiegel der Presse 1988, SIEMENS; 1989

Dernbach W.: CIM-Konzeption zur Stärkung der Marktposition, DIEBOLD-Symposium 1985, Procceedings, S. A1 - A38

Effelsberg W.: Datenbankzugriff in Rechnernetzen, in: it 29(1987)3, S. 140 - 152

Fagenzer K.: Zukunftsweisende Logistiksoftware-Konstruktion, Deutscher Logistik-Kongreß 1989, Proceedings, München, 1989, S. 634 - 657

Forschungsinstitut für Rationalisierung an der Rheinisch-Westfälischen Technischen Hochschule Aachen: Auswertung der CIM-Expertenbefragung (Februar 1988), Aachen

Ganzhorn K. E./Schulz K. M./Walter W.: Datenverarbeitungssysteme, Berlin, 1981

Gröner L., Roth L.: CIM-Handler für die Verbindung von Softwaresystemen, in: CIM MANAGEMENT, München, 4/87, S. 14 - 19

Hackstein R.: Produktionsplanung und -steuerung (PPS), Düsseldorf, 1984

Hackstein R.: CIM-Begriffe sind verwirrende Schlagwörter - Die AWF-Empfehlung schafft Ordnung, in: AWF-Ausschuß für wirtschaftliche Fertigung e. V. (Hrsg.), Kongreß PPS 85, Böblingen, Proceedings

Hafen F. G., Veit K. R.: CIM mit Schweizer Präzision, in: CIM PRAXIS, Landsberg, 02.1989, S. 10 - 14

Henn O.: Schnittstellen für die Automatisierungstechnik: Evolution zu MAP/TOP3.0, in: CIM MANAGEMENT, München, 06/89, S. 59 - 68

Herterich R., Zell M.: Dezentrale Fertigungssteuerung - Neue Ansätze zur interaktiven Steuerung teilautonomer Bereiche bei Einzel- und Kleinserienfertigern, in VDI-Z 131 (1989), Nr. 5, S. 19 - 25

Horvath P./Petsch M./Weihe M.: Standard-Anwendungssoftware für das Rechnungswesen, 2. Auflage, München, 1986

IBM European Telecommunications Marketing Centre: Local Area Networks, The Strategic choice for establishment of connectivity; Broschüre der IBM France

Ispan E.: EDI-Strategie der SAP, in: SAP-Information 19(1989), S. 10 - 11

Jourdan H.: Logistik und Informationstechnik, in: it 5/90, S. 303 - 304

Krallmann H.: Expertensysteme in der Produktionsplanung und -steuerung, in: CIM MANAGEMENT, München, 4/87, S. 60 - 69

Kraus P.: Verbesserung der Leistungsfähigkeit und Reduzierung der Kosten, Eine schlagkräftige Logistik macht beides möglich, Deutscher Logistik-Kongreß 1988, Proceedings, München, 1988, S. 43 - 70

Küspert K.: Das Aktuelle Schlagwort: Non-Standard-Datenbanksysteme, in: Informatik-Spektrum 9(1986)3, S. 184 - 185

Lang G.: Auswahl von Standard-Applikations-Software, Organisation und Instrumentarien, Berlin, 1989

Lang G.: Hierarchie in der rechnergestützten Fertigung - Software-Architekturen und Leitstandskonzepte, in: CIM MANAGEMENT, München, 3/87, S. 66 - 72

Lochmann G.: CIM erhöht Produktivität durch den Verbund aller Automatisierungssysteme, in: "CAI - Computer Aided Industry, Perspektiven und Anwendungen", Sonderdruck aus SIEMENS-Magazin COM, Hefte 1, 2 und 6/86

Markmiller R.: Erfahrungen eines Zulieferunternehmens bei der Suche nach Logistik-Software, Deutscher Logistik-Kongreß 1988, Proceedings, München, 1988, S. 587 - 606

Merkel H.: Von der klassischen Sicht der Materialwirtschaft zur neuen Sicht der Logistik, Deutscher Logistik-Kongreß 1988, Proceedings, München, 1988, S. 26 - 42

Müller J.: Integrierte Werksrahmenplanung, Schritte zu einem CIM-Konzept in einer Factory of the Future (FOF), Kongreß PPS 87, Böblingen, Proceedings, Register 3, S. 1 - 17

Oswald G.: SAA - Basis der SAP-Entwicklungen, in: SAP Sonderdruck SYSTEMS'89, S. 2 - 5

Plattner H.: Nur Standards können aus der Misere führen, Thesenpapier zu verteilten Systemen und was dies für Anwendungssoftware bedeutet, in: CZ, Sonderdruck 6/89, S. 1 - 6

Pritschow G.: Integrationskonzepte für rechnerunterstützte Produktionsstrukturen, Produktionstechnisches Kolloquium, Berlin 1986, Proceedings, S. 90 - 96

Scheer A.-W.: CIM Computer Integrated Manufacturing, Der computergesteuerte Industriebetrieb, 2. Auflage, Berlin, 1987

Scheer A.-W.: Unternehmens-Datenbanken - Der Weg zu bereichsübergreifenden Datenstrukturen, IBM Anwenderkongreß '89, Garmisch-Partenkirchen, Proceedings, Referat 36, 12 Seiten

Scheer A.-W.: Wirtschaftsinformatik, Informationssysteme im Industriebetrieb, Berlin, 1988

Schnupp P., Swiderski D.: Wissensbasierte Methoden für die Fertigung, in: CIM MANAGEMENT, München, 4/87, S. 4 - 11

Scholz B.: CIM-Seminar: Lokale Netze, in: CIM MANAGEMENT, München, 6/89, S. 21 - 24

Scholz B.: CIM-Seminar: Datenbanken zur Kommunikation zwischen DV-Applikationen, in: CIM MANAGEMENT, München, 3/89, S. 9 - 12

Suppan-Borowka J., Simon T.: MAP, Datenkommunikation in der automatisierten Fertigung, Pulheim, 1986

Tress D. W.: Wer wachsen will, muß kleiner werden, Kongreß PPS 87, Böblingen, Proceedings, Register 3, S. 1 - 14

VDMA (Hrsg.), Abt. Informatik: Datenaustausch zwischen CAD- und PPS-Systemen - Leitfaden zur praxisorientierten Gestaltung der Schnittstelle, Frankfurt, 12.1988

Veit K. R.: Die Fabrik der Zukunft auf dem Weg zur Realisierung, Kongreß PPS 86, Böblingen, Proceedings, Register 3, S. 1 - 25

Waller S.: Strategien für die Produktionsautomatisierung, Produktionstechnisches Kolloquium, Berlin 1986, Proceedings, S. 67 - 72

Wöhe G.: Einführung in die Allgemeine Betriebswirtschafts-lehre, 11. Auflage, München, 1975

Zülch G.: Der strategische Steuerungsraum - Ein Ansatz zur Systematisierung von Strategien der Fertigungssteuerung, in: VDI-Z 131(1989), Nr. 5, S. 58 - 65

H. Abbildungsverzeichnis

I. Stichwortverzeichnis

Wirtschaftsinformatik, EDV/Informatik, Organisation, Planung, Betriebswirtschaft, Industriebetriebslehre

Interessiert sind Praktiker, Beratungsunternehmen, Software-Anbieter, Management, Studenten. – Level: Monographie

---

G. Lang, Schweinfurt

Auswahl von Standard-Applikations-Software

Organisation und Instrumentarien

1989. XIV, 278 S. 65 Abb. Geb. DM 120,- ISBN 3-540-51363-9

Das vorliegende Buch ist ein Wegweiser zur Auswahl von Standard-Applikations-Software. Ausgehend von ersten Überlegungen zum Einsatz von Standard-Software bis zur konkreten Entscheidung für ein Standard-Software-Produkt, erhält der Leser für alle Phasen dieses Auswahl- und Entscheidungsprozesses wichtige Orientierungshilfen, konkrete Werkzeuge und praktische Fallbeispiele an die Hand. Die vorgestellten Werkzeuge, wie z. B. die „Standardstrukturpläne", wurden in einem komplexen Projekt zur Software-Auswahl in einem Großunternehmen des Maschinen- bzw. Fahrzeugbaus entwickelt, da geeignete Instrumentarien für diese Aufgabe bisher nicht am Markt verfügbar sind.
Die Lektüre des Fachbuches bringt für das Management das notwendige Verständnis für die Problematik eines solchen Projektes und für die mit der Durchführung des Projektes Beauftragten das Rüstzeug für eine konsequente wirtschaftliche und reproduzierbare Software-Auswahl. Die Software-Auswahl wird nicht als isolierte Aufgabe beschrieben, sondern eingebettet in den Rahmen Informationslogistik/CIM/Organisationsentwicklung; das Buch ist deshalb auch für Beratungsunternehmen, Software-Häuser und betriebswirtschaftliche Praktiker sowie Studenten interessant.

SPRINGER NATURE

GPSR Compliance

The European Union's (EU) General Product Safety Regulation (GPSR) is a set of rules that requires consumer products to be safe and our obligations to ensure this.

If you have any concerns about our products, you can contact us on ProductSafety@springernature.com

In case Publisher is established outside the EU, the EU authorized representative is:

Springer Nature Customer Service Center GmbH
Europaplatz 3
69115 Heidelberg, Germany

FSC
www.fsc.org
MIX
Papier | Fördert
gute Waldnutzung
FSC® C083411

Kolibri 360 GmbH
Ferdinand-Jühlke-Straße 7
99095 Erfurt, Deutschland
produktsicherheit@kolibri360.de